21世纪高等学校计算机教育实用系列教材

U0187367

大学计算机 （第2版）

彭慧卿　主编

李　玮　孙莹光　戴春霞　高　晗　刘　琦　李耀芳　编著

清华大学出版社

北　京

内 容 简 介

"大学计算机"是高等学校本专科非计算机专业的一门公共基础课,课程目标是培养学生的计算思维能力、学生应用计算机解决在本领域中遇到的实际问题的能力。本书以计算思维统领全书,兼顾不同专业、不同层次学生对计算机知识的需求,最大限度地涉及计算机学科更多更新的知识,将非计算机专业的计算机教育从以学习基本知识、掌握基本工具为核心要求,提升到以培养学生的计算机文化素养及应用计算机和计算思维解决实际问题的基本能力为核心要求。本书主要内容包括计算机基础知识、计算机硬件、计算机软件、实用软件、数据管理与数据库和计算机网络等内容。

图书在版编目(CIP)数据

大学计算机/彭慧卿主编.—2 版.—北京:清华大学出版社,2023.9
21 世纪高等学校计算机教育实用系列教材
ISBN 978-7-302-64648-8

Ⅰ.①大… Ⅱ.①彭… Ⅲ.①电子计算机—高等学校—教材 Ⅳ.①TP3

中国国家版本馆 CIP 数据核字(2023)第 168647 号

责任编辑:贾　斌
封面设计:常雪影
责任校对:胡伟民
责任印制:刘海龙

出版发行:清华大学出版社
　　　　网　　　址:http://www.tup.com.cn,http://www.wqbook.com
　　　　地　　　址:北京清华大学学研大厦 A 座　　　　邮　　编:100084
　　　　社 总 机:010-83470000　　　　邮　　购:010-62786544
　　　　投稿与读者服务:010-62776969,c-service@tup.tsinghua.edu.cn
　　　　质量反馈:010-62772015,zhiliang@tup.tsinghua.edu.cn
　　　　课件下载:http://www.tup.com.cn,010-83470236
印 装 者:三河市天利华印刷装订有限公司
经　　销:全国新华书店
开　　本:185mm×260mm　　　　印　张:15.5　　　　字　数:395 千字
版　　次:2019 年 10 月第 1 版　2023 年 9 月第 2 版　　　印　次:2023 年 9 月第 1 次印刷
印　　数:1~4500
定　　价:49.00 元

产品编号:103306-01

前　言

"大学计算机"课程是面向非计算机专业的公共基础课程,为了进一步推动高等学校计算机基础的教学改革与发展,深入贯彻教育部高等学校大学计算机课程教学指导委员会于2015年制定的《大学计算机基础课程教学基本要求》,编者组织多年从事计算机基础教学工作的教学团队编写此书,明确以计算思维为导向的改革方向,积极探索以提高学生计算思维能力为培养目标的教学内容改革,推动计算思维观念的普及。

为了在教学过程中加强学生计算思维能力的培养,本书兼顾不同专业、不同层次的学生对计算机知识的需求,最大限度地涉及计算机学科更多最新的知识,将非计算机专业的计算机教育从以学习基本知识、掌握基本工具为核心要求,提升到以培养学生计算机文化素养、应用计算机和计算思维解决实际问题的基本能力为核心要求。

随着我国高等教育规模的扩大以及社会对高层次应用型人才的迫切需求,各高校加大了使用信息科学等现代科学技术提升、改造传统学科专业的力度,以实现传统学科专业向工程型和应用型学科专业的发展与转变。为配合高校工程型、应用型学科专业的建设和发展,"大学计算机"作为一门计算机相关的基础课程,为其他课程的学习提供了基础性的工具和方法。《大学计算机》教材的编写理念和教材内容同样需要与时俱进、及时修订。

"为党育人,为国育才,全面提高人才自主培养质量"同样是教材编写者的使命和责任,《大学计算机》教材与课程思政协同向前,将家国情怀、法制意识、人文精神、探索创新、社会责任等思政元素融入教材中,以社会主义核心价值观贯穿全教材,培养德智体美劳全面发展的社会主义建设者,是教材修订的另一宗旨。

经过三年多的讲授与实践,综合各方面的反馈,编者对《大学计算机》第1版进行了改版。在第1、3、4、7章中新增了我国计算机、芯片、网络等领域的新发展与前沿知识。将第4章的实用操作系统更新为 Windows 10,第5章所使用的 Office 软件更新为2016版本,并对其中的案例和例题进行了同步更新。在第7章新增了网络道德规范内容,向学生普及计算机网络道德、法律、规范、常识,使学生遵守网络安全制度,建立网络安全意识和网络道德规范,肩负起维护信息安全的社会责任。

总之,本次修订重点突出教材的基础性、应用性、操作性和前沿性,同时深度挖掘教材内容中的德育元素,将中国的好故事、好素材"植入"教材中,让学生在潜移默化之中受到教育。

第2版教材分为8章。第1章介绍计算机基础知识,主要包括计算机的发展与应用、计算技术与计算思维。第2章介绍计算基础,主要包括计算机中的数制、字符编码、多媒体信息编码和数据压缩等。第3章介绍计算机硬件,主要包括计算机系统的基本组成和工作原理、微型计算机的硬件系统。第4章介绍计算机软件,主要包括计算机软件的概念、分类,操作系统的概述、基本功能,以及 Windows 10 简介。第5章介绍实用软件,主要包括文字处理、电子表格处理、演示文稿制作及多媒体处理软件。第6章介绍数据管理与数据库,主要包括数据管理基础、数据库管理系统、关系数据库、结构化查询语言——SQL。第7章介绍计算机网络,主要包括计算机网络的工作原理和组成、IP地址和域名、Internet应用、网络安全防护等。第8章介绍计算机新技术,包括大数据、人工智能、云计算和BIM等新技术,深入理解这些技术的特点、应用场景、研究领域及发展趋势。

第2版教材除保持了内容丰富、层次清晰、图文并茂等特色外,还根据编者多年的教学经验,为提高教学实效、促进学生自主学习提供了丰富的教学资源。

(1) 书中配有二维码,可通过扫描二维码观看教学视频、电子教案和动画等。

(2) 配套的实验教程包括完备的实验方案、详细的实验指导、习题和习题答案及解析等。

(3) 与课程配套有网络教学平台,学生可在线学习。

第2版教材由彭慧卿主编,李玮、孙莹光、戴春霞、高晗、刘琦、李耀芳参编,戴华林、洪姣对本书的修改提出了许多宝贵意见,在此一并表示感谢。也深深感谢国内各高校的专家、同仁、一线教师的支持与帮助。

鉴于编者水平有限,书中难免有不足之处,恳请各位同行专家和读者批评指正。

编　者

2023 年 3 月

目　　录

第1章　计算机基础知识 ………………………………………………………… 1

1.1　计算机的发展与应用 …………………………………………………… 1

1.1.1　计算机的诞生与发展历程 …………………………………… 1

1.1.2　计算机的特点 ………………………………………………… 5

1.1.3　计算机的分类 ………………………………………………… 6

1.1.4　计算机的应用领域 …………………………………………… 7

1.1.5　未来新型计算机 ……………………………………………… 8

1.2　基于计算机的问题求解 ………………………………………………… 10

1.2.1　计算思维 ……………………………………………………… 10

1.2.2　基于计算机的问题求解方法 ………………………………… 12

思考题 ……………………………………………………………………… 14

第2章　计算基础 ……………………………………………………………… 15

2.1　计算机中的"0"和"1" ………………………………………………… 15

2.2　数制 ……………………………………………………………………… 16

2.2.1　进位计数制 …………………………………………………… 16

2.2.2　数制转换 ……………………………………………………… 17

2.3　数值型数据在计算机中的表示 ………………………………………… 20

2.4　字符编码 ………………………………………………………………… 23

2.4.1　西文字符编码 ………………………………………………… 23

2.4.2　汉字字符编码 ………………………………………………… 24

2.5　多媒体信息编码和数据压缩技术 ……………………………………… 28

2.5.1　声音信息的数字化 …………………………………………… 28

2.5.2　图形和图像编码 ……………………………………………… 31

2.5.3　视频数据表示 ………………………………………………… 34

2.5.4　多媒体数据压缩技术 ………………………………………… 36

2.6　条形码与RFID技术 …………………………………………………… 38

2.6.1　一维条形码 …………………………………………………… 38

2.6.2　二维码 ………………………………………………………… 39

2.6.3　RFID技术 …………………………………………………… 39

思考题 ……………………………………………………………………… 40

第3章 计算机硬件 ……………………………………………………… 41

3.1 计算机系统的基本组成和工作原理 ……………………………… 41
3.1.1 计算机硬件系统 …………………………………………… 41
3.1.2 计算机基本工作原理 ……………………………………… 43

3.2 微型计算机的硬件系统 …………………………………………… 44
3.2.1 主机系统 …………………………………………………… 44
3.2.2 总线与接口 ………………………………………………… 48
3.2.3 微机常用外部设备 ………………………………………… 51
3.2.4 微机计算机的性能指标 …………………………………… 56

思考题 ……………………………………………………………………… 56

第4章 计算机软件 ……………………………………………………… 57

4.1 计算机软件概述 …………………………………………………… 57
4.1.1 软件相关概念 ……………………………………………… 57
4.1.2 软件分类 …………………………………………………… 58
4.1.3 程序及程序设计语言 ……………………………………… 59

4.2 操作系统概述 ……………………………………………………… 61
4.2.1 操作系统的概念及作用 …………………………………… 61
4.2.2 操作系统的分类 …………………………………………… 62
4.2.3 常用操作系统简介 ………………………………………… 63

4.3 操作系统的基本功能 ……………………………………………… 65
4.3.1 处理器管理 ………………………………………………… 65
4.3.2 存储器管理 ………………………………………………… 67
4.3.3 文件管理 …………………………………………………… 71
4.3.4 设备管理 …………………………………………………… 72

4.4 Windows 10 简介 …………………………………………………… 74
4.4.1 用户界面 …………………………………………………… 74
4.4.2 剪贴板、回收站及帮助系统 ……………………………… 78
4.4.3 用户工作环境设置 ………………………………………… 79
4.4.4 文件及文件资源管理器 …………………………………… 80
4.4.5 程序及任务管理器 ………………………………………… 81

思考题 ……………………………………………………………………… 83

第5章 实用软件 ………………………………………………………… 84

5.1 常用办公软件介绍 ………………………………………………… 84

5.2 文字处理 …………………………………………………………… 85
5.2.1 Word 2016 的工作界面 …………………………………… 85

    5.2.2　文档的创建和编辑 ·· 85

    5.2.3　文档的格式设置 ·· 89

    5.2.4　图文混排 ··· 96

    5.2.5　表格处理 ·· 104

    5.2.6　Word 高级应用 ··· 107

5.3　电子表格处理 ··· 118

    5.3.1　Excel 2016 基础知识 ······································ 118

    5.3.2　Excel 2016 基本操作 ······································ 119

    5.3.3　公式与函数 ·· 127

    5.3.4　图表 ··· 135

    5.3.5　数据管理 ·· 137

5.4　演示文稿制作 ··· 143

    5.4.1　PowerPoint 2016 工作环境 ································· 143

    5.4.2　制作演示文稿 ·· 143

    5.4.3　为幻灯片添加对象 ·· 147

    5.4.4　美化幻灯片 ·· 152

    5.4.5　设置幻灯片的切换方式与动画效果 ·························· 154

    5.4.6　放映演示文稿 ·· 158

    5.4.7　幻灯片设计原则及新增功能 ································ 158

5.5　多媒体处理软件 ··· 160

    5.5.1　图形图像处理软件 ·· 160

    5.5.2　屏幕抓取软件 ·· 161

    5.5.3　动画制作软件 ·· 162

    5.5.4　音频视频处理软件 ·· 163

思考题 ·· 166

第 6 章　数据管理与数据库 ·· 167

6.1　数据管理基础 ··· 167

    6.1.1　信息、数据与数据处理 ····································· 167

    6.1.2　数据管理技术的发展 ······································ 168

6.2　数据库技术基础 ··· 171

    6.2.1　数据库系统 ·· 171

    6.2.2　数据模型 ·· 173

    6.2.3　关系数据库 ·· 178

    6.2.4　数据库设计 ·· 179

    6.2.5　常用的数据库管理软件 ···································· 180

6.3　结构化查询语言——SQL ·· 182

思考题 ·· 184

第 7 章　计算机网络 ··· 185

　7.1　计算机网络基础 ··· 185

　　7.1.1　计算机网络发展史 ·· 185

　　7.1.2　计算机网络定义和功能 ·· 187

　　7.1.3　计算机网络类型 ·· 187

　　7.1.4　OSI 和 TCP/IP 参考模型 ······································· 188

　　7.1.5　宽带接入技术 ·· 189

　7.2　计算机网络组成 ··· 190

　　7.2.1　资源子网和通信子网 ·· 190

　　7.2.2　网络拓扑结构 ·· 191

　　7.2.3　传输介质和设备 ·· 192

　7.3　IP 地址和域名 ··· 195

　　7.3.1　IPv4 地址 ··· 195

　　7.3.2　IPv6 地址 ··· 196

　　7.3.3　子网掩码 ·· 198

　　7.3.4　域名系统 ·· 198

　7.4　Internet 应用 ··· 199

　　7.4.1　Internet 概述 ·· 200

　　7.4.2　Internet 相关概念 ··· 200

　　7.4.3　信息浏览与搜索 ·· 201

　　7.4.4　电子邮件 ·· 203

　　7.4.5　文件传输服务 ·· 204

　7.5　无线网络 ··· 205

　　7.5.1　无线局域网 ·· 205

　　7.5.2　无线传感器网络 ·· 206

　　7.5.3　无线个人区域网 ·· 206

　　7.5.4　蜂窝移动通信 ·· 206

　7.6　计算机网络安全 ··· 207

　　7.6.1　网络安全概述 ·· 208

　　7.6.2　数据加密技术 ·· 208

　　7.6.3　计算机病毒 ·· 210

　　7.6.4　黑客攻防技术 ·· 213

　　7.6.5　网络道德规范 ·· 215

　思考题 ··· 216

第 8 章　计算机新技术 ··· 217

　8.1　大数据 ·· 217

　　8.1.1　大数据的产生 ·· 217

8.1.2 大数据的特点 ·· 218

8.1.3 大数据的发展趋势 ·· 218

8.2 人工智能 ··· 219

8.2.1 人工智能的概念 ·· 219

8.2.2 人工智能的发展 ·· 220

8.2.3 人工智能的主要研究领域 ······························ 221

8.2.4 人工智能的主要实现技术 ······························ 222

8.3 云计算 ··· 224

8.3.1 云计算的概念 ·· 224

8.3.2 云计算的关键技术 ······································ 225

8.3.3 云计算的体系架构 ······································ 226

8.3.4 云计算服务类型 ·· 227

8.4 量子计算机 ··· 228

8.4.1 量子计算机的概念 ······································ 228

8.4.2 量子计算机的发展 ······································ 229

8.4.3 量子计算机的应用 ······································ 231

8.5 BIM ·· 232

8.5.1 BIM 概述 ·· 232

8.5.2 BIM 的典型软件 ·· 234

8.6 其他计算机新技术 ··· 234

8.6.1 物联网 ·· 234

8.6.2 智能家居 ·· 235

8.6.3 智慧建筑 ·· 235

8.6.4 智慧城市 ·· 235

8.6.5 虚拟现实 ·· 236

8.6.6 可穿戴计算 ·· 236

思考题 ··· 236

参考文献 ··· 237

第 1 章　计算机基础知识

　　计算机(Computer)是 20 世纪人类最伟大的发明之一,它的出现与发展,彻底改变了人们传统的工作、学习和生活方式,推动了人类社会的发展,使人类迅速进入了信息化社会。每天从网络及各种媒体中获取有价值的信息已经成为人们学习、工作和生活的一部分。数字化、网络化与信息化已成为当今社会的时代特征,学习计算机知识、掌握计算机的应用技术已成为人们的迫切需求,更是现代大学生应具备的基本素质。本章重点介绍计算机的发展与应用,最后介绍基于计算机的问题求解。

1.1　计算机的发展与应用

　　计算机是在存储程序的控制下,自动、高速地接收输入数据、处理数据、存储数据并产生输出结果的电子设备。由于它的工作方式与人脑的思维过程类似,它也被称为"电脑"。

1.1.1　计算机的诞生与发展历程

　　计算工具的演化经历了由简单到复杂、从低级到高级的不同阶段,例如从"结绳记事"中的绳结到算筹、算盘、计算尺和机械计算机等,它们在不同的历史时期发挥了不同的作用,同时也启发了现代电子计算机的研制思想。

　　1. 计算机的诞生

　　1642 年,法国数学家、物理学家和思想家布莱斯·帕斯卡发明加法器,这是人类历史上第一台机械式计算机,其原理对后来的计算机械产生了持久的影响。

　　1889 年,美国科学家赫尔曼·何乐礼研制出以电力为基础的电动制表机,用以存储计算资料。

　　1930 年,美国科学家范内瓦·布什发明世界上首台模拟电子计算机。

　　1936 年,年仅 24 岁的英国科学家艾伦·图灵(图 1-1)提出了一种描述计算步骤的数学模型,根据这种模型,可制造一种十分简单但运算能力极强的计算装置。图灵在他的计算模型中采用了二进制,这种理想的机器被称为"图灵机"。

　　1946 年 2 月 14 日,美国宾夕法尼亚大学为军方奥伯丁武器试验场复杂弹道计算研制了世界上第一台电子计算机 ENIAC(Electronic Numerical Integrator And Computer,电子数字积分计算机),如图 1-2 所示。这台计算机使用了 17840 支电子管,占地面积约 $170m^2$,重达 28t,功耗为 170kW,其运算速

图 1-1　"计算机之父"图灵

度为每秒 5000 次加法运算,造价约为 487000 美元。ENIAC 的问世具有划时代的意义,表明电子计算机时代的到来。

1952 年,宾夕法尼亚大学的约翰·莫奇利和普雷斯波·艾克特采纳数学家冯·诺依曼(图 1-3)的"存储程序和程序控制"新思想建成了 EDVAC(Electronic Discrete Variable Automatic Computer,离散变量自动电子计算机)。冯·诺依曼提出了计算机中采用二进制、由控制器、运算器、存储器、输入和输出设备组成计算机的理论,他建立的计算机体系结构和工作原理奠定了现代计算机结构理论的基础,促进了计算机的迅猛发展。

图 1-2 第一台计算机 ENIAC

图 1-3 冯·诺依曼

2. 计算机的发展历程

自 ENIAC 诞生至今,计算机获得了突飞猛进的发展。根据计算机的性能及其采用的电子逻辑器件,一般将计算机的发展分为 4 个阶段(表 1-1)。

计算机的发展阶段

表 1-1 计算机的发展阶段

阶 段	电子器件	存储器	软件	应用领域	运算速度/秒	代表机型
第 1 代 1946—1958 年	电子管	磁鼓、纸带	机器语言、汇编语言	科学计算	5000～30 000 次	EDVAC、IBM 650、IBM 709
第 2 代 1958—1964 年	晶体管	磁芯、磁盘、磁带	监控程序、高级语言	科学计算、数据处理、过程控制	几万至上百万次	IBM 7094、CDC 7600
第 3 代 1964—1970 年	集成电路	半导体存储器、磁盘、磁带	操作系统、实时处理	科学计算、系统设计等科技工程领域	百万次	IBM 360、PDP 11
第 4 代 1970 至今	大规模和超大规模集成电路	半导体存储器、磁盘、磁带、光盘、U 盘	实时/分时/网络操作系统	所有领域	几百万至上千万亿次	IBM PC、VAX 11、银河系列、天河系列

(1)第 1 代:电子管计算机(1946—1958 年)。

硬件方面,电子器件采用的是真空电子管,主存储器采用汞延迟线、阴极射线示波管静电存储器、磁鼓、磁芯,外存储器采用的是磁带。此阶段计算机软件尚处于初始发展期,数据表示主要采用定点数,软件方面采用的是机器语言和汇编语言。应用领域以军事和科学计算为主。

第 1 代计算机的特点是体积大、功耗高、可靠性差。内存容量仅为几千字节,速度慢(一般为每秒 5000 次至 30 000 次),价格昂贵。代表机型有 EDVAC、IBM 650、IBM 709 等。

(2) 第 2 代：晶体管计算机(1958—1964 年)。

硬件方面,电子器件采用的是晶体管,内存储器主要采用磁芯,外存储器有了磁盘、磁带,外设种类也有所增加。操作系统的雏形监控程序开始形成,高级语言(FORTRAN、COBOL、ALGOL)及其编译程序也有了较大发展。应用领域以科学计算和事务处理为主,并开始进入工业控制领域。与第 1 代计算机相比,第 2 代计算机的体积缩小,能耗降低,可靠性提高,运算速度提高(一般为几万至几百万次),性能提高。代表机型有 IBM 7094、CDC 7600。

(3) 第 3 代：集成电路计算机(1964—1970 年)。

硬件方面,电子器件采用中、小规模集成电路(MSI、SSI),主存储器仍采用磁芯。软件方面出现了分时操作系统以及结构化、规模化程序设计方法。特点是速度更快(一般为每秒数百万次至数千万次),可靠性有了显著提高,价格进一步下降,产品走向了通用化、系列化和标准化等。开始应用于文字处理和图形图像处理领域。其代表机型有 IBM 360、PDP 11。

摩尔定律是由英特尔(Intel)公司创始人之一戈登·摩尔(Gordon Moore)提出来的。其内容为：当价格不变时,集成电路上可容纳的元器件的数目,每隔 18~24 个月便会增加一倍,性能也将提升一倍。换言之,每一美元所能买到的计算机性能,将每隔 18~24 个月翻一倍以上。这一定律揭示了信息技术进步的速度。

(4) 第 4 代：大规模集成电路计算机(1970 年至今)。

硬件方面,电子器件采用大规模和超大规模集成电路(LSI 和 VLSI),软件方面出现了数据库管理系统、网络管理系统和面向对象语言等。1971 年,世界上第一台微处理器在美国硅谷诞生,开创了微型计算机的新时代。应用领域从科学计算、事务管理、过程控制逐步走向家庭。

由于集成技术的发展,半导体芯片的集成度更高,可以把运算器和控制器都集中在一个微处理器芯片上,每块芯片可容纳数万乃至数百万个晶体管,并且可以用微处理器和大规模、超大规模集成电路组装成微型计算机。微型计算机体积小、价格便宜、使用方便,而且它的性能已经达到甚至超过了过去的大型计算机。这一时期还产生了新一代的程序设计语言、数据库管理系统和网络软件等。另一方面,利用大规模、超大规模集成电路制造的各种逻辑芯片,已经制成了体积较小但运算速度可达 4 亿次的巨型计算机。

从 20 世纪 80 年代开始,日、美等发达国家开展了新一代被称为“智能计算机”的计算机系统的研制。新一代计算机试图打破已有的体系结构,使计算机具有思维、推理和判断能力,被称为第 5 代计算机。

3. 我国计算机的发展情况

(1) 超级计算机。

超级计算机也称巨型计算机。巨型计算机的研制水平、生产能力和应用程度反映了一个国家科学技术的水平和工业发展的程度,其中巨型计算机的战略地位尤为突出。目前能生产巨型计算机的国家有中国、美国、日本、俄罗斯、法国、英国、德国等。

我国继 1983 年研制成功每秒运算一亿次的银河 I 型巨型机以后,2000 年由 1024 个 CPU 组成的银河 IV 超级计算机问世,峰值性能达到每秒 1.0647 万亿次浮点运算,其各项指标均达到当时国际先进水平。“银河”系列超级计算机(图 1-4)如今广泛应用于天气预报、空气动力实验、工程物理、石油勘探、地震数据处理等领域,产生了巨大的经济效益和社会效益。

2001年,中国科学院计算技术研究所成功研制出"曙光3000"超级服务器,最高运算速度达每秒4032亿次,它是继"曙光1000"和"曙光2000"之后我国高性能计算机领域中的又一里程碑。2008年曙光5000研制成功,标志着中国成为世界上继美国后第二个成功研制出浮点运算速度达每秒百万亿次的超级计算机的国家。

2014年公布的全球超级计算机500强榜单中,中国"天河二号"(图1-5)以比第二名美国"泰坦"快近一倍的速度获得冠军。"天河二号"是由中国人民解放军国防科技大学研制的超级计算机系统,以峰值计算速度每秒5.49亿亿次、持续计算速度每秒3.39亿亿次双精度浮点运算的优异性能位居榜首,成为当时全球最快超级计算机。2016年6月20日,新一期全球超级计算机500强榜单公布,使用中国自主芯片制造的"神威·太湖之光"(图1-6)取代"天河二号"登上榜首。我国研制的"天河三号"(图1-7)采用了飞腾CPU,2018年11月投入使用,速度是"天河一号"的200倍。2022年,在世界500强榜单中,我国的超级计算机共上榜173台,占据榜单总数的34.6%,位居世界第一。

图1-4 "银河"系列超级计算机

图1-5 "天河二号"超级计算机

图1-6 "神威·太湖之光"超级计算机

图1-7 "天河三号"原型机

(2)微处理器。

微型机的核心是中央处理器(CPU),也称微处理器,而在CPU的市场上,人们最为熟悉的两个品牌无疑是Intel和AMD,它们在处理器市场的强势地位似乎无人能撼动。

2002年8月10日,中国科学院计算技术研究所研制的"龙芯1号"CPU(图1-8)标志着我国已打破国外垄断,初步掌握了CPU设计的关键技术,为改变我国信息产业"无芯"的局面迈出了重要一步。

"龙芯1号"系列为32位低功耗、低成本处理器,主要面向低端嵌入式和专用应用领域。

"龙芯2号"系列为64位低功耗单核系列处理器,主要面向工控和终端等领域。

"龙芯3号"系列为64位多核系列处理器,主要面向桌面和服务器等领域。

2015年3月31日,我国发射首枚使用"龙芯"的北斗卫星。

图 1-8　龙芯 CPU

2022 年 12 月，龙芯中科完成 32 核龙芯 3D5000 初样芯片验证。

龙芯系列芯片的研制对我国形成有自主知识产权的计算机产业有重要的推动作用，对中国的 CPU 核心技术、国家安全和经济发展都有着举足轻重的作用。

2018 年 5 月 3 日，中国科学院发布国内首款云端人工智能芯片，理论峰值速度达每秒128 万亿次定点运算，达到世界先进水平。

2020 年 10 月 22 日，华为发布了全球首款 5nm 麒麟 9000 芯片(图 1-9)，主要应用于各种智能终端，它集成了多达 153 亿个晶体管，为 8 核 CPU，最高主频可达 3.13GHz，每秒运算超过 11 万亿次。

图 1-9　麒麟 9000 芯片

此外，华为海思公司还设计研发了具有自主知识产权的芯片 200 多个，包括 ARM-based 的鲲鹏云计算处理器、昇腾人工智能芯片、巴龙通信芯片和凌霄联接芯片，这些芯片被广泛应用于智慧城市、智慧家庭、智慧出行、手机终端、数据中心等多个领域。

1.1.2　计算机的特点

计算机已成为当今社会各行各业不可缺少的工具，而它之所以具备如此强大的功能，是由它的特点决定的。

1. 运算速度快

目前世界上最快的计算机每秒可运算千万亿次，普通个人计算机(Personal Computer，PC)每秒也可处理上百万条指令。这不仅使过去许多让人望而生畏、近乎天文数字的计算工作(如气象数据计算)能在极短的时间内完成，也使庞大的数据处理(如人口数据管理)能轻而易举地完成，极大地提高了工作效率和质量。

2. 运算精度高

由于计算机采用二进制数进行计算，因此可以用增加表示数字的设备和运用计算技巧等手段，使数值计算的精度越来越高。例如对圆周率 π 的计算，数学家们经过长期艰苦的努力只算到了小数点后 500 位，而使用计算机很快就算到了小数点后 200 万位。

3. 具有强大的"记忆"能力

记忆功能指的是计算机能存储大量信息供用户随时检索和查询，而且存储时间长久。计算机提供了磁盘、光盘和磁带等海量存储器，不仅能存储指挥计算机工作的程序，还可以保存大量的数据、文字、图像、声音和视频等信息资料。

4. 具有逻辑判断能力

计算机不仅可以进行算术运算,还可以进行逻辑运算。计算机具有的逻辑判断能力是实现计算机自动工作和智能化的基础。计算机的计算能力、逻辑判断能力和记忆能力三者相结合,使其能力远远超过了其他工具,从而成为人类脑力延伸的有力助手。

5. 具有自动控制能力和交互性

计算机是由程序控制其操作过程的。只要根据应用的需要,事先编制好程序并输入计算机,计算机就能自动、连续地工作,完成预定的处理任务。在程序运行过程中需要人工干预时,又能及时响应,实现人机交互。

1.1.3 计算机的分类

1. 根据计算机的用途划分

(1)专用机:为解决特定问题而配置的软硬件系统,功能单一,适应性差,但在特定用途下最有效、经济和快捷。

(2)通用机:特点是通用性强,具有很强的综合处理能力,能解决多种类型的问题,但效率、速度和经济性相对于专用计算机来说要低一些。目前人们所说的计算机都是指通用计算机。

2. 根据计算机的规模划分

计算机的规模由计算机的一些主要技术指标来衡量,如字长、运算速度、存储容量、外部设备、输入和输出能力、配置软件丰富与否、价格高低。按规模指标把计算机分为以下几种,其中应用最广泛的是微型计算机。

(1)巨型机:也称超级计算机,是在一定时期内体积最大、价格最贵、功能最强、运算最快的高性能计算机。巨型机对尖端科学领域和战略武器的研制有重要作用,主要用于国防、空间技术、天气预报、石油勘探等领域。

(2)大型机:属于高性能计算机,特点是通用性强,具有较快的运算速度和较强的处理能力。大型机一般作为大型的服务器(在客户机/服务器系统中)或主机(在终端/主机系统中),主要用于大银行、大公司、规模较大的高校、科研院所等,用来处理日常的大量业务。

(3)小型机:规模较小,可靠性高,成本较低,便于采用先进工艺,设计研制周期短,较易维护和使用。它既可以用于科学计算、数据处理,又可用于生产过程自动控制、数据采集及分析处理。

(4)微型机:微型计算机一般指在办公室或家庭的桌面或可移动的计算系统,具有体积小、价格低、操作简单、产品具有工业化标准体系结构、可靠性强、兼容性好等特点。个人使用的 PC 就属于微型机。目前常见的微型机主要分成三类:台式机、笔记本和平板电脑。

(5)工作站:一种介于小型机和微机之间的高档微机,它的独特之处在于易于联网、能大容量存储、配备大屏幕显示器和较强的网络通信功能,特别适用于企业办公自动化控制。

(6)服务器:在网络环境中为多个用户提供服务的共享设备。根据其提供的服务,可以分为文件服务器、通信服务器、打印服务器等。服务器连接在网络上,网络用户在通信软件的支持下远程登录,共享各种资源和服务。

由于计算机发展很快,不同种类的计算机之间的分界线越来越模糊,随着更多高性能计算机的出现,它们之间已经互相渗透。

1.1.4　计算机的应用领域

计算机的应用领域已渗透到社会的各行各业,正在改变着传统的工作、学习和生活方式,推动着社会的发展。计算机的主要应用领域如下。

计算机的主要应用领域

1. 科学计算

科学计算也称为数值计算,世界上第一台计算机就是为科学计算而设计的。计算机高速、高精度的运算是人工计算望尘莫及的。随着科学技术的发展,各领域中的计算模型日趋复杂,人工计算已无法解决这些复杂的计算问题。例如,在天文学、量子化学、空气动力学、核物理学和天气预报等领域中,都需要依靠计算机完成复杂的运算。

2. 数据处理

数据处理也称信息处理,主要包括数据采集、数据转换、数据组织、数据计算、数据存储、数据检索和数据排序等。数据处理的特点是数据量大,但不涉及复杂的数学运算,有大量的逻辑判断和输入输出,时间性较强,传输和处理的信息可以有文字、图形、声音、图像、视频等各种信息。数据的传输和处理是目前计算机应用最广泛的领域。

3. 过程控制

过程控制也称实时控制,是指计算机及时地采集检测数据,按最佳值迅速地对控制对象进行自动控制和自动调节,如数控机床和生产流水线的控制等。电力、冶金、石油化工机械等工业部门采用过程控制,可以提高劳动效率、提高产品质量、降低生产成本和缩短生产周期。由于工业生产中这类控制对计算机的要求并不高,通常使用微控制器芯片或低档处理芯片,并做成嵌入式的装置。另外,在尖端科学领域中,如人造卫星、航天飞机、巡航导弹也离不开高性能计算机的实时控制。

4. 计算机辅助

计算机辅助是指利用计算机协助人们完成各种工作,多用于工程制造和教育领域。

工程制造领域主要包括:计算机辅助设计(Computer Aided Design,CAD)、计算机辅助制造(Computer Aided Manufacturing,CAM)、计算机辅助测试(Computer Aided Test,CAT),三种技术有效地结合起来,就可以使设计、制造、测试全部由计算机完成,大大减轻科技人员和工人的劳动强度。此外,工程领域使用的计算机辅助系统还有计算机辅助工艺规划(Computer Aided Process Planning,CAPP)、计算机辅助工程(Computer Aided Engineering,CAE)。

教育领域常用的计算机辅助教育(Computer Based Education,CBE)主要包括计算机辅助教学(Computer Assisted Instruction,CAI)和计算机管理教学(Computer Management Instruction,CMI)。

5. 人工智能

人工智能(Artificial Intelligence,AI)是研究开发能够模拟、延伸和扩展人类智能的理论、方法、技术及应用系统的一门新的技术学科,研究目的是促使智能机器会听(语音识别、机器翻译等)、会看(图像识别、文字识别等)、会说(语音合成、人机对话等)、会思考(人机对弈、定理证明等)、会学习(机器学习、知识表示等)、会行动(机器人、自动驾驶汽车等)。目前

计算机基础知识

主要应用在智能机器人、机器翻译、智能检索、医疗诊断专家系统和模式识别等方面。例如：我国已成功开发一些中医专家诊断系统，可以模拟名医给患者诊病开方。IBM 深蓝、谷歌 AlphaGo 人机对弈机器人及美国 OpenAI 研发的聊天机器人程序 ChatGPT，引发了全世界对人工智能是否会超越人类智慧的讨论。

6. 商务处理

计算机在商业业务中广泛应用的项目有：办公计算机、数据处理机、发票处理机、销售额清单机、零售终端、会计终端、出纳终端，以及利用 Internet 的"电子商务"等。电子商务(Electronic Commerce，EC，或 Electronic Business，EB)是通过计算机和网络进行的商务活动。电子商务旨在通过网络完成核心业务，改善售后服务，缩短周转时间，从有限的资源中获取更大的收益，从而达到销售商品的目的。电子商务的主要运作模式有 B2B、B2C、C2C 三种。

B2B(Business to Business)是商家(泛指企业)对商家的电子商务，即企业与企业之间通过互联网进行产品、服务及信息的交换。其中中国化工网、全球五金网、阿里巴巴、环球资源等是此类商务的典型。

B2C(Business to Customer)是商家对顾客的电子商务，该模式是中国最早产生的电子商务模式，目前比较典型的有天猫商城、京东商城、亚马逊、苏宁易购、国美在线等。

C2C(Consumer to Consumer)是顾客对顾客的模式，通过为买卖双方提供一个在线交易平台，使卖方可以主动提供商品上网拍卖，而买方可以自行选择商品进行竞价。国内比较典型的有淘宝网等。

7. 媒体应用

多媒体技术融计算机、声音、文本、图像、动画、视频和通信等多种功能于一体，借助日益普及的高速信息网，可实现计算机的全球联网和信息资源共享，因此被广泛应用在咨询服务、图书、教育、通信、军事、金融、医疗等诸多行业，并正潜移默化地改变着我们生活的面貌。

8. 虚拟现实与增强现实

虚拟现实(Virtual Reality，VR)是利用计算机生成的一种模拟环境，通过多种传感器使用户"投入"该环境中来，实现用户与环境直接进行交互的目的。这种模拟环境是用计算机构成的具有表面色彩的立体图形，它可以是某一特定现实世界的真实写照，也可以是凭空构想出来的世界。VR 在医学方面的应用具有十分重要的现实意义。此外，VR 在军事航天、室内设计、工业仿真、应急推演、教育和娱乐等方面也已经得到广泛应用。

增强现实(Augmented Reality，AR)是一种实时地计算摄影机影像的位置及角度，并加上相应图像、视频、3D 模型的技术。AR 可以将计算机生成的图形叠加到真实世界中，或在屏幕上把虚拟世界套在现实世界并进行互动。AR 技术于 1990 年提出，游戏和娱乐是 AR 最主要的应用领域。随着随身电子产品 CPU 运算能力的提升，预计 AR 的用途将会越来越广。

1.1.5 未来新型计算机

未来计算机的发展趋势是巨型化、微型化、网络化、智能化、多媒体化。目前，计算机技术的发展都是以电子技术的发展为基础的，基于集成电路的计算机短期内还不会退出历史舞台，但许多科学家认为，以半导体材料(硅)为基础的集成技术日益走向它的物理极限，要解决这个矛盾,必须开发新的材料,采用新的技术。

1. 光子计算机

光子计算机是一种由光信号进行数字运算、逻辑操作、信息存储和处理的新型计算机。光子计算机的基本组成部件是激光器、光学反射镜、透镜和滤波器等光学元件和设备,靠激光束进入反射镜和透镜组成的阵列进行信息处理,以光子代替电子,光运算代替电运算。由于光子比电子速度快,具有电子所不具备的频率及偏振特征,光子计算机的运行速度可高达1万亿次/秒。它的存储量是现代计算机的几万倍,还可以对语言、图形和手势进行识别与合成。

2. 分子计算机

分子计算机体积小、耗电少、运算快、存储量大。分子计算机的运行是吸收分子晶体上以电荷形式存在的信息,并以更有效的方式进行组织排列,其运算过程就是蛋白质分子与周围物理化学介质的相互作用过程。转换开关为酶,而程序则在酶合成系统本身和蛋白质的结构中极其明显地表示出来。生物分子组成的计算机能在生化环境甚至在生物有机体中运行,并能以其他分子形式与外部环境交换,因此它将在医疗诊治、遗传追踪和仿生工程中发挥无法替代的作用。

3. 量子计算机

量子计算机是利用原子所具有的量子特性进行信息处理的一种全新概念的计算机。量子理论认为,非相互作用下,原子在任意时刻都处于两种状态,称为量子超态。原子会旋转,即同时沿上、下两个方向自旋,这正好与电子计算机的0与1完全吻合。如果把一群原子聚在一起,它们不会像电子计算机那样进行线性运算,而是同时进行所有可能的运算,例如量子计算机处理数据时不是分步进行而是同时完成。只要40个原子一起计算,就相当于今天一台超级计算机的性能。量子计算机以处于量子状态的原子作为中央处理器和内存,其运算速度可能比奔腾4芯片快10亿倍。

量子计算机根据功能划分,可分为专用型量子计算机与通用型量子计算机,专用型量子计算机用于解决特定问题(如优化问题),而通用型量子计算机支持编写基于通用逻辑门的算法程序,应用范围更广泛。

量子计算机的发展几乎全程由美国主导,但随着"九章""祖冲之"系列量子计算机的成功研制,我国在量子计算机研究领域已经正式迈入世界第一梯队。

4. 纳米计算机

纳米计算机是用纳米技术研发的新型高性能计算机。纳米管元件尺寸在几到几十纳米范围内,质地坚固,有着极强的导电性,能代替硅芯片制造计算机。"纳米"是一个计量单位,纳米技术是从20世纪80年代初迅速发展起来的前沿科研领域,最终目标是人类按照自己的意志直接操纵单个原子,制造出具有特定功能的产品。纳米技术从微电子机械系统起步,把传感器、电动机和各种处理器都放在一个硅芯片上从而构成一个系统。应用纳米技术研制的计算机内存芯片,其体积只有数百个原子大小,相当于人的头发丝直径的千分之一。纳米计算机不仅几乎不需要耗费任何能源,而且其性能要比今天的计算机强大许多倍。

5. 生物计算机

生物计算机采用蛋白质制造的计算机芯片,存储量可以达到普通计算机的10亿倍。生物计算机元件的密度比大脑神经元的密度高100万倍,传递信息的速度也比人脑思维的速

计算机基础知识

度快 100 万倍。其特点是可以实现分布式联想记忆,并能在一定程度上模拟人和动物的学习功能。它是一种有知识、会学习、能推理的计算机,具有理解自然语言、声音、文字和图像的能力,并且会"说话",使人机能够用自然语言直接对话。它还可以利用已有的和不断学习到的知识进行思考、联想、推理,并得出结论,能解决复杂问题,具有汇集、记忆、检索有关知识的能力。

随着计算机产品的不断升级换代,计算机正朝着巨型化、智能化、网络化、多媒体化等方向发展。计算机由于本身的性能越来越优越,应用范围也越来越广泛,从而成为工作、学习和生活中必不可少的工具。

1.2　基于计算机的问题求解

科学方法是解决问题所采取的各种手段和技术途径,与科学方法对应的是科学思维,它隐含于数学、物理、计算机等学科中。计算机作为问题求解与数据处理的必备工具,广泛应用于人们的工作、学习和生活中,改变了人类的思维模式。

一般来说,科学思维可分为理论思维(Theoretical Thinking)、实验思维(Experimental Thinking)和计算思维(Computational Thinking)3 种。其中,理论思维又称逻辑思维,是以推理和演绎为特征的推理思维;实验思维又称实证思维;计算思维又称构造思维。

1.2.1　计算思维

1. 什么是计算思维

计算思维古已有之,而且无所不在。从古代的算筹、算盘到近代的加法器、计算器以及现代的电子计算机,再到目前风靡全球的互联网和云计算,计算思维的内容不断拓展,推动着人类科技的进步。计算机的发明把人们从繁重的计算劳动中解脱出来,同时使计算思维的深度和广度得到了前所未有的延展。2006 年,美国卡内基-梅隆大学的周以真教授提出计算思维概念,并进行了清晰、系统的阐述,使之受到人们的极大关注。

计算思维是运用计算机科学的基础概念进行问题求解、系统设计及人类行为理解等涵盖计算机科学之广度的一系列思维活动。计算思维的本质是抽象化(Abstract)和自动化(Automation),使用计算思维寻求解决问题的方法是启发式推理,采用抽象和分解的方法把复杂的问题转化为易于解决的简单问题来实现。例如,对于计算积分,学习数学的人通过函数变换求解积分,而利用计算机求解则是通过对积分区间进行 N 等分,然后累加各小区间的面积来实现。

计算思维不只局限于计算机学科,因为计算机只是一种工具,这种工具的伟大之处在于它促使人们借此发展了思考问题的方式。计算思维的优点是建立计算方法和模型,使人们敢于去处理那些原本无法完成的问题求解和系统设计。对于计算思维,可以用八个字来概括:合理抽象、高效算法。

计算思维是每个人应该具备的基本技能,不仅仅属于计算机科学家。它是一种解决问题的切入角度,它的过程可以由人执行,也可以由计算机执行。计算思维教育的目的是让每个人都能创造性地、聪明地利用计算机的基本机制,将一个问题清晰地描述出来,并将问题的解决方案表示为一个信息处理的流程。

2. 计算思维的特征

计算思维是人的思想和方法,旨在利用计算机解决问题,而不是使人类像计算机一样去机械地做事,它是信息化时代人们使用其解决问题的思维方式。抽象是计算思维的一个重要概念和方法,此外我们还要掌握以下计算思维的特征,才能更好地使用先进技术和方法有效地解决问题。

(1) 概念化,不是程序化。

(2) 根本的,不是刻板的技能。

(3) 是人的,不是计算机的思维方式。

(4) 是数学和工程思维的互补与融合。

(5) 是思想,不是人造物。

3. 计算思维对学生思维品质的影响

在计算机广泛普及的今天,我们除了培养学生掌握读、写和算(Reading, Writing, and Arithmetic, 3R)的技能,还要帮助学生建立计算思维的概念,掌握计算思维的能力。计算思维对学生思维品质的影响主要有以下几方面。

(1) 有助于培养学生的创造性思维。

创造性思维是人在解决问题的活动中所表现出的独特、新颖并有价值的思维成果,学生在解题、写作、绘画等学习活动中会得到创造性思维的训练,而用计算机解决实际问题时,摒弃了大量其他学科教学中形成的常规思维模式。例如,在累加运算中使用了源于数学但又有别于数学的语句 x=x+1,在编程解决问题中所使用的各种方法和策略(如排序算法、搜索算法、穷举算法等)都打破了常规的思维方式,既有新鲜感,又能激发学生的创造欲望。

(2) 有助于发展学生的抽象思维。

用概念、判断、推理的形式进行的思维就是抽象思维。计算机教学中的程序设计是以抽象思维为基础的,要通过程序设计解决实际问题,首先要对问题进行分析,归纳抽象出一般性的规律,选择适当的算法,构建数学模型;然后通过计算机语言编写源程序,描述解决算法;最后经过对程序的调试与运行验证算法,并通过试算得到问题的最终正确结果。这些过程都有助于锻炼和发展学生的抽象思维。

(3) 有助于强化学生思维训练,促进学生思维品质的优化。

计算机是一门操作性很强的学科,学生通过上机操作,使手、眼、心、脑协调且专注,使大脑皮层高度兴奋,从而将所学的知识高效内化。在计算机编程语言的学习中,学生通过上机调试与运行程序,体会各种指令的功能,分析程序运行过程,及时验证及反馈运行结果,这些都容易使学生产生成就感,激发求知欲望,逐步形成一个感知心智活动的良性循环,从而培养出勇于进取的精神和独立探索的能力。通过程序模块化设计思维的训练,使学生逐步学会将一个复杂问题分解为若干个简单问题来解决,从而形成良好的结构思维品质。另外,由于计算机运行的高度自动化,精确地按程序执行,因此,在程序设计或操作中需要严谨的科学态度,稍有疏忽便会出错,即便是一个小小的符号都不能忽略,只有检查更正后才能正确运行。这个反复调试程序的过程,实际上是一个锻炼思维、磨炼意志的过程,其中既含心智因素又含技能因素,因此计算机的学习过程也是个培养坚韧不拔的意志、强化计算思维、增强毅力的自我修养过程。

1.2.2 基于计算机的问题求解方法

我们面对的问题很多,不同问题需要不同的求解方法。因为专业不同、领域不同,问题就不同,站在计算机的角度看问题,可以将其归为三大类。

1. 基于计算机软件的问题求解

"个人简历制作""产品设计文案展示"这些问题通常是借助办公自动化软件完成的。用户可以针对解决不同问题的应用需求,选择不同的计算机软件,以解决自己的工程问题、计算问题和生活问题。

随着计算机软件与理论学科的迅速发展,一些专业级的、工程化的服务软件也越来越多。有像 Windows、Linux、Android 操作系统级的平台软件,也有 ACDSee 图像浏览、WinRAR 文件压缩、3ds MAX 三维动画制作软件、Mathematica 数学建模软件、BIM 建筑信息模型软件,也有财务软件、工程结构分析软件等。如今基于移动端的手机 App 更是层出不穷,包括系统美化、生活社交、阅读教育、影音图像、理财办公、智能硬件六大类别。

因为软件是产品,其功能是事先设定的,用户的创造力仅限于软件能支持的功能范围内。

2. 基于计算机程序的问题求解

不是所有问题都能用商业软件解决,例如,$1+2+3+\cdots+n$ 累加求和的问题,百钱买百鸡问题,鸡兔同笼问题,求梅森素数的问题等,以及面向问题的微积分求解、医疗诊断等实际应用中的诸多问题,都可能找不到现成的软件产品,需要人们根据具体的问题来编制相应的计算机程序进行解决。

计算机程序求解的两个关键问题是:可计算,即能够形式化描述;有限步骤,即能够自动化执行。程序方法是指问题解决途径需要通过计算机语言编程实现。程序中对操作的描述,列出了计算机解决该问题过程中所进行的操作步骤,程序中对数据的描述,指定了程序用到哪些数据以及这些数据的类型和数据的组织形式。

(1) 求解百钱买百鸡问题的程序方法。

我国古代数学家张丘建在《张丘建算经》一书中提出百钱买百鸡的问题:鸡翁一值钱五,鸡母一值钱三,鸡雏三值钱一。百钱买百鸡,问鸡翁、鸡母、鸡雏各几何? 这是一个古典数学问题。

假设公鸡、母鸡和小鸡的个数分别为 x、y、z,由题意能得到如下两个方程:

$$\begin{cases} x+y+z=100 \\ 5x+3y+z/3=100 \end{cases}$$

百钱买百鸡问题充分利用计算机的速度优势,使用穷举算法对这个三元不定方程组进行简单重复操作以求解。C 语言参考程序如下:

```c
# include < stdio. h>
int main( )
{   int gj,mj,xj;
    for(gj = 0;gj < = 20;gj++)
        for(mj = 0;mj < = 33;mj++)
            {  xj= 100 - gj - mj;
               if(5 * gj + 3 * mj + xj/3 == 100 && xj % 3 == 0)
```

```
                printf("共有公鸡：%d,母鸡：%d,小鸡：%d\n",gj,mj,xj);
            }
        return 0;
    }
```

基于该程序的运行结果如图 1-10 所示。

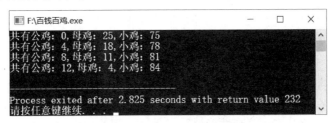

图 1-10　百钱买百鸡程序运行结果

（2）编写程序绘制并打印输出奥运五环图形。

程序方法关注的是对一定规范的输入，借助合适的算法，能够在有限时间内获得所要求的输出。例如，以屏幕不同位置为中心绘制 5 个不同颜色的相同半径的圆，构造出奥运五环标志，如图 1-11 所示。

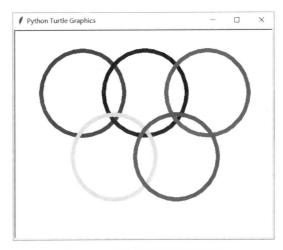

图 1-11　奥运五环程序运行结果

基于 Python 自带的 turtle 绘图库，编写自定义定位圆心位置的函数，使用循环结构，根据给定的坐标位置，使用颜色列表控制输出半径为 100 的 5 个圆，程序代码如下：

```python
import turtle as t
def go_to(x, y):
    t.penup()
    t.goto(x, y)
    t.pendown()
pos = [(-150,0),(0,0),(150,0),(-75,-150),(75,-150)]
t.pensize(10)
fivecolor = ['blue','black','red','yellow','green']
t.color('black')
for item in range(5):
```

```
go_to(pos[item][0],pos[item][1])
t.color(fivecolor[item])
t.circle(100)
```

3. 基于计算机系统的问题求解

有许多问题既不是计算机软件能解决的,也不是单纯的计算机程序能解决的,大规模问题、复杂问题的求解需要多种系统平台(硬件、软件、网络等)的支持,是个系统工程。例如,现代科学技术的发展为天气预报提供了先进的装备,先进的气象卫星、遍布各地的雷达站网络,以及能计算复杂天气模型的强大的超级计算机系统,使天气预报的准确性大大提高。

天气预报系统的求解方案采取了网格计算的方式设计。网格能够将大范围地理分布的异构计算机系统和资源整合成为一个大规模的计算平台,聚合各类高性能计算资源、存储资源、仪器资源,用来处理以前一台高性能计算机无法处理的极大规模的计算和信息。

总之,计算思维不仅渗透到了每个人的生活中,而且影响了其他学科的发展,创造和形成了一系列新的学科分支,如计算物理学、计算化学、计算生物学和计算经济学。利用计算机解决实际问题的能力是人们在社会中生存的需要,而计算思维是人类求解问题的一条途径,但决非要使人类像计算机那样思考。计算机枯燥且沉闷,人类聪颖且富有想象力,是人类赋予了计算机激情。配置了计算设备,人们就能用自己的智慧去解决那些在计算时代之前不敢尝试的问题,实现"只有想不到,没有做不到"的境界。

思 考 题

(1) 计算机的发展经历了哪几个阶段? 各阶段主要特征是什么?

(2) 了解古今中外计算工具的发展历程。

(3) 了解人工智能的历史、现状与未来。

(4) 举例说明虚拟现实在学习、生活中的应用。

(5) 什么是计算思维? 了解计算思维对其他学科的影响。

第2章　计算基础

计算机最基本的功能是对数据进行计算和加工处理，这些数据包括数字、文字、图形、图像、声音、动画和视频等。在计算机系统中，这些数据都要转换成由 0 和 1 组成的二进制代码进行存储和处理。

本章主要介绍常用数制及其相互转换、二进制数运算、各类信息的表示和处理等。

2.1　计算机中的"0"和"1"

1. 计算机采用二进制编码的原因

计算机中任何形式的数据都是以"0""1"的二进制编码表示和存放的，采用二进制编码有以下好处。

（1）易于物理实现，可靠性强。

二进制只需要使用两个不同的数字符号，任何具有两种不同状态的电子器件都可以用二进制表示。电子器件大都具有两个稳定的状态，如开关的接通和断开、晶体管的导通和截止、磁元件的正负极、电压的高与低等，两种状态分明，工作可靠，抗干扰能力强。假设采用十进制，需要制造具有十种稳定状态的电子器件，就相当困难。

（2）运算规则简单。

二进制数的运算规则简单、易行，使得实现运算的运算器硬件结构大大简化。

（3）适合逻辑运算。

二进制的 1 和 0 两个状态分别表示逻辑值的真（True）和假（False），因此采用二进制数进行逻辑运算非常方便。

2. 二进制编码

二进制编码是指对输入计算机中的各类数据用二进制数进行编码，对于不同类型的数据，其编码方式是不同的。

计算机中处理的数据可分为数值型数据和非数值型数据。数值型数据是指数学中的代数值，如 115、−3.14 等；非数值型数据是指输入计算机中的所有其他信息，如字母、汉字、声音、图像等。不论什么类型的数据，在计算机内部都是以二进制的形式进行存储和计算的。而计算机与用户交流仍然使用人们熟悉和便于阅读的形式，如十进制数、文字、声音、图形和图像等。数据输入计算机必须转换成二进制数，同样，从计算机输出的数据，须进行逆向转换，其转换过程如图 2-1 所示。

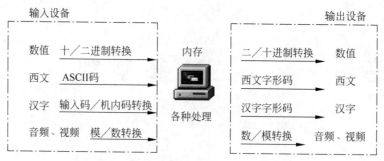

图 2-1　各类数据在计算机中的转换过程

2.2　数　制

按进位的原则进行计数叫作进位计数制,简称数制。在日常生活中经常用到数制,通常以十进制进行计数。除了十进制计数以外,在生活中还有许多非十进制的计数方法。如一年有 12 个月,用的是十二进制计数法;一个星期有 7 天,用的是七进制计数法等。

在计算机内部使用的是二进制数,为了书写和表示方便,还引入了八进制数和十六进制数,如在计算机中表示地址通常使用十六进制数。无论哪种数制,其共同之处都是进位计数制。

2.2.1　进位计数制

数据无论采用哪种数制表示,都有三个基本元素:数码、基数和位权。

1. 数码和基数

数码是指表示某种数制数使用的基本符号,**基数**是指某种数制中所能使用的数码个数。例如十进制的数码为 0、1、2、3、4、5、6、7、8、9,基数为 10;二进制的数码为 0 和 1,基数为 2。

2. 位权

每个数码所表示的数值等于该数码乘以一个与数码所在位置相关的常数,这个常数称为位权或权值,简称权。在数制中,一个数码所处的位置不同,代表数的大小也不同。

位权的值是基数 R 的 i 次幂(R^i),其中 i 为数码所在位置的序号。

对于任意进位计数制,数 N 可表示为:

$$N = \pm \sum_{i=-m}^{n-1} K_i R^i$$

式中,m、n 均为正整数,m 表示小数的位数,n 表示整数的位数,K_i 是数码,R 是基数,R^i 是位权。例如,十进制数 $6823.45 = 6 \times 10^3 + 8 \times 10^2 + 2 \times 10^1 + 3 \times 10^0 + 4 \times 10^{-1} + 5 \times 10^{-2}$。

熟悉位权关系,对数制之间的转换很有帮助,图 2-2 是二进制数的位权示意图。

2^7	2^6	2^5	2^4	2^3	2^2	2^1	2^0		2^{-1}	2^{-2}
1	1	1	1	1	1	1	1	.	1	1
128	64	32	16	8	4	2	1		0.5	0.25

图 2-2　二进制数的位权示意图

例如：$(101011.01)_2 = 32+8+2+1+0.25 = (43.25)_{10}$

在不同数制数混合使用时,常用基数作为下标来区分不同进制的数,或在相应的数后加字母 B、O、D、H,分别表示二进制数、八进制数、十进制数和十六进制数。表 2-1 列出了计算机中的几种常用数制。

表 2-1   计算机的常用数制表示

	十进制(Decimal)	二进制(Binary)	八进制(Octal)	十六进制(Hexadecimal)
数码	0,1,2,3,4,5,6,7,8,9	0,1	0,1,2,3,4,5,6,7	0,1,2,3,4,5,6,7,8,9,A, B,C,D,E,F 其中 A～F 代表十进制的 10～15
规则	逢十进一	逢二进一	逢八进一	逢十六进一
基数	10	2	8	16
位权	10^i	2^i	8^i	16^i
数制标识	D	B	O	H
下标	10	2	8	16
举例	77.5D、77.5 $(77.5)_{10}$	1001101.1B $(1001101.1)_2$	115.4O $(115.4)_8$	4D.8H $(4D.8)_{16}$

☞提示:通常情况下,十进制数不加尾注字母 D 或基数下标。

2.2.2   数制转换

不同数制的数只是描述数值的不同手段,可以相互转换;转换的原则是保证转换前后所表示的数值相等。

【问题引入】教授的生日蜡烛。

一位计算机界很有名的教授 90 岁生日的时候,他的学生们为他特意订制了一款非常精致、特别的蛋糕,可惜的是蛋糕上插不下 90 根蜡烛,而直接以一当十插 9 根又没有新意。最后,学生们决定用 7 根蜡烛表达 90 岁生日纪念,他们选了 4 根红色和 3 根金黄色,蜡烛点燃时教授恍然大悟。你知道蜡烛是怎么排列的吗?

☞思考方向:90 是用某种进制数表示的,其中红色、金黄色代表不同的数字。

1. 二进制数、八进制数、十六进制数间的相互转换

在常用的四种数制中,只有十进制数与其他几个进制数有明显的区别,二进制数、八进制数和十六进制数之间存在特殊关系:$8=2^3$,$16=2^4$,即 1 位八进制数相当于 3 位二进制数,1 位十六进制数相当于 4 位二进制数,因此转换方法比较容易。这 3 个进制的基本符号的对应关系如表 2-2 所示。

数制转换-1

表 2-2   八进制数、十六进制数与二进制数之间的对应关系

八 进 制 数	二 进 制 数	十六进制数	二 进 制 数	十六进制数	二 进 制 数
0	000	0	0000	8	1000
1	001	1	0001	9	1001
2	010	2	0010	A	1010
3	011	3	0011	B	1011
4	100	4	0100	C	1100

八 进 制 数	二 进 制 数	十六进制数	二 进 制 数	十六进制数	二 进 制 数
5	101	5	0101	D	1101
6	110	6	0110	E	1110
7	111	7	0111	F	1111

(1) 八进制数转换成二进制数。

采用"一分为三"法,步骤如下。

① 将每位八进制数用三位二进制数表示。

② 将得到的二进制数按从左到右的顺序书写,即得到转换后的二进制数。

【例 2-1】 将 $(23.56)_8$ 转换成二进制数。

解:

$$
\begin{array}{ccccc}
2 & 3 & . & 5 & 6 \\
\downarrow & \downarrow & & \downarrow & \downarrow \\
010 & 011 & . & 101 & 110
\end{array}
$$

转换结果:(23.56)8＝(10011.10111)₂

☞提示:八进制数、十六进制数在转换成二进制数时,整数前的高位 0 和小数后的低位 0 都是无效 0,所以在结果中可去掉。

(2) 十六进制数转换成二进制数。

采用"一分为四"法,步骤如下。

① 将每位十六进制数用四位二进制数表示。

② 将得到的二进制数按从左到右的顺序书写,即得到转换后的二进制数。

【例 2-2】 将 $(3AFE.4C)_{16}$ 转换成二进制数。

解:

$$
\begin{array}{ccccccc}
3 & A & F & E & . & 4 & C \\
\downarrow & \downarrow & \downarrow & \downarrow & & \downarrow & \downarrow \\
0011 & 1010 & 1111 & 1110 & . & 0100 & 1100
\end{array}
$$

转换结果:$(3AFE.4C)_{16}$＝(11101011111110.010011)₂

(3) 二进制数转换成八进制数。

采用"三位一并"法,步骤如下。

① 从小数点开始,整数部分从右向左、小数部分从左向右,每三位二进制数划分为一组,位数不足三位时整数部分前补 0、小数部分后补 0。

② 按对应位置写出每组二进制数等值的八进制数和小数点,即得到转换后的八进制数。

【例 2-3】 将二进制数 $(10110001.00101)_2$ 转换成八进制数。

解:

$$
\begin{array}{ccccc}
010 & 110 & 001 & . & 001 & 010 \\
\downarrow & \downarrow & \downarrow & & \downarrow & \downarrow \\
2 & 6 & 1 & . & 1 & 2
\end{array}
$$

转换结果 $(10110001.00101)_2$＝$(261.12)_8$

(4) 将二进制数转换成十六进制数。

采用"四位一并"法,步骤如下。

① 从小数点开始,整数部分从右向左、小数部分从左向右,每四位二进制数划分为一组,位数不足四位时整数部分前补 0、小数部分后补 0。

② 小数点不动,按对应位置写出每一组二进制数等值的十六进制数,即得到转换后的十六进制数。

【例 2-4】 将二进制数 $(10110001.00101)_2$ 转换成十六进制数。

解:

$$
\begin{array}{ccccc}
\underline{1011} & \underline{0001} & . & \underline{0010} & \underline{1000} \\
\downarrow & \downarrow & & \downarrow & \downarrow \\
B & 1 & . & 2 & 8
\end{array}
$$

转换结果 $(10110001.00101)_2 = (B1.28)_{16}$

2. R 进制数转换成十进制数

公式(2-1)提供了将 R 进制数转换成十进制数的方法:位权展开求和法。

【例 2-5】 将 $(156.7)_8$ 转换成十进制数。

$$(156.7)_8 = 1 \times 8^2 + 5 \times 8^1 + 6 \times 8^0 + 7 \times 8^{-1} = 110.875$$

【例 2-6】 将 $(12D.4)_{16}$ 转换成十进制数。

$$(12D.4)_{16} = 1 \times 16^2 + 2 \times 16^1 + 13 \times 16^0 + 4 \times 16^{-1} = 301.25$$

☞ 提示:将十六进制数转换成十进制数时,应把 A~F 相应地转换为 10~15。

思考题:1 字节由 8 位二进制数组成,其最大容纳的十进制整数是多少?

思考方向:这个问题的实质是 $(11111111)_2$ 转换成十进制数是多少。

数制转换-2

3. 十进制数转换成 R 进制数

十进制数转换成 R 进制数,需将整数部分和小数部分分别转换,然后将整数部分和小数部分转换的结果合并在一起。

(1) 十进制整数转换成 R 进制整数。

采用"除基取余,逆序排列法"。步骤如下。

① 将十进制整数不断除以基数 R,逐次求得余数 $a_i (i=0,1,2,\cdots,n)$,直到商为 0。

② 将所得的余数按逆序写出,即后得的余数先写,先得的余数后写。

【例 2-7】 将 $(13)_{10}$ 转换成二进制数。

解:

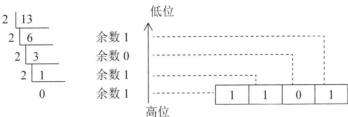

转换结果 $(13)_{10} = (1101)_2$

☞ 提示:将十进制数转换成十六进制数时,应把 10~15 相应地转换为 A~F。

计算基础

（2）十进制小数转换成 R 进制小数。

采用"乘基取整，顺序排列法"。步骤如下。

① 将十进制小数乘以基数 R，将整数部分取走，再乘以基数 R，直到小数部分为 0 或满足精度为止。

② 将所得的整数部分按得到的先后顺序，在小数点后从左到右书写。

【例 2-8】 将 $(0.344)_{10}$ 转换成二进制小数。

解：

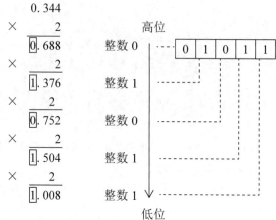

转换结果 $(0.344)_{10} = (0.01011)_2$

将整数和小数合并起来，可得到：$(13.344)_{10} = (1101.01011)_2$

☞ 提示：十进制小数转换成非十进制小数是有误差的。对于某些数，乘若干次基数后，取走整数部分后也不为 0，如 $(0.1)_{10}$，要保留多少位小数，取决于用户对数据的精度要求。

由例 2-8 可知，十进制数转换成二进制数的转换过程较长，为了快速地将十进制数转换为二进制数，建议采用以下思路进行转换。

【例 2-9】 将十进制数 123 转换为二进制数。

解：

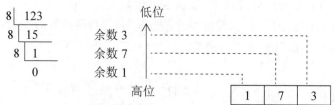

转换结果：123D＝173O＝1111011B

2.3 数值型数据在计算机中的表示

计算机中的数值型数据基本分为两类：整数和浮点数（实数）。数据中的数值部分在计算机中以 0 和 1 的二进制形式存放，那么正负号和小数点在计算机中是如何表示的呢？

1. 机器数及其真值

因为计算机只能识别"1"和"0"两种符号,所以在表示数值时,除了要将数值转换为二进制数外,数值的正、负号也必须以二进制符号"1"和"0"表示。通常把表示一个数的所有二进制位中的最高位用作符号位,称为数符。用 0 表示正号,1 表示负号,其余各位仍表示数值。把符号数字化了的二进制数称为**机器数**,直接用＋、一号表示的二进制数称为真值。

简单起见,这里只以整数为例,并且假定字长为 8。

例如:$(-44)_{10}$ 真值为 $(-00101100)_2$,机器数为 10101100,存放在机器中,其格式如图 2-3 所示。

图 2-3　机器数示例

让符号位同时和数值参与运算,有时会产生错误结果。

如:$-3+7=4$,但在计算机中用机器数进行计算得到了错误的结果。

```
    10000011      -3 的机器数
  + 00000111       7 的机器数
    10001010      -10 的机器数
```

为了解决此类问题,引入了原码、反码和补码。

2. 原码、反码和补码

(1) 原码。

数 X 的原码记为 $[X]_原$,原码和机器数是一样的。

例如:

$[+1]_原=00000001$　　　　$[-1]_原=10000001$

$[+65]_原=01000001$　　　　$[-65]_原=11000001$

$[+127]_原=01111111$　　　$[-127]_原=11111111$

0 的原码有两个:$[+0]_原=00000000$,$[-0]_原=10000000$

(2) 反码。

反码是为求补码设计的一种过渡编码。数 X 的反码记作 $[X]_反$,反码的编码规则是:

① 正数的反码等于原码。

② 负数的反码等于原码除符号位外其余各位按位取反,即 0 变 1、1 变 0。

例如:

$[+1]_反=00000001$　　　　$[-1]_反=11111110$

$[+65]_反=01000001$　　　　$[-65]_反=10111110$

$[+127]_反=01111111$　　　$[-127]_反=10000000$

0 的反码有两个:$[+0]_反=00000000$,$[-0]_反=11111111$

(3) 补码。

数 X 的补码记作 $[X]_补$,补码的编码规则如下。

① 正数的补码与原码、反码相同。

② 负数的补码是将其反码末位加 1。

例如：

$[+1]_补=00000001$　　　　$[-1]_补=11111111$

$[+65]_补=01000001$　　　$[-65]_补=10111111$

$[+127]_补=01111111$　　$[-127]_补=10000001$

0 的补码只有一个：$[+0]_补=[-0]_补=00000000$

在计算机中，只有补码表示的数据具有唯一性，所以有符号数通常用补码来表示和存储。用补码表示数据有以下两个优势。

① 数值用补码表示和存储，符号位可以如同数值一样参与运算。

如$-3+7=4$，在计算机中用补码进行计算：

```
    11111101      −3 的补码
 +  00000111       7 的补码
  ⬚00000100       4 的补码
```

由于字长只有 8 位，高位 1 溢出，结果正确。

② 利用补码可以方便计算。

$$[x+y]_补=[x]_补+[y]_补　　　　[x-y]_补=[x]_补+[-y]_补$$

用补码表示数据，可将二进制减法用补码的加法实现，利用加法器和移位器就可以实现加、减、乘、除等运算，因此普通计算机的运算器中只有加法器，相应的运算电路较易实现。

3. 浮点数在计算机中的表示

解决了正负号的表示和计算问题，那么小数点如何存放呢？

数值在计算机中存放时小数点是不占位置的，用隐含规定小数点的位置来表示，分别为定点整数、定点小数和两者结合的浮点数三种形式。

(1) 定点整数。

定点整数是指小数点隐含固定在机器数的最右边。定点整数是纯整数，无小数部分。

(2) 定点小数。

定点小数约定小数点位置在符号位和有效数值之间。定点小数是纯小数，其绝对值小于 1。

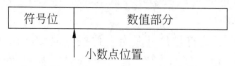

(3) 浮点数。

定点数表示的数值范围在实际应用中是远远不够用的，为了能表示特大或特小的数，采用浮点数(指数形式)表示。

浮点数由尾数和阶码两部分组成，其存储格式为：

阶符	阶码	数符	尾数

其中阶符是阶码的符号位，数符是尾数的符号位(即该浮点数的符号位)。阶码用定点

整数表示,相当于数的指数部分,其位数决定了数的表示范围;尾数用定点小数表示,其位数决定了数的精度。

为了在计算机中唯一地表示浮点数,对尾数需采用规格化处理,即尾数的最高位为 1(小数点后第一位),通过阶码调整为规则化小数。

例如,100.11 的规格化表示为:0.10011×2^{11}。

在程序设计语言中,通常有单精度和双精度两种类型的浮点数。

① 单精度浮点数占 4 字节,阶符占 1 位,阶码占 7 位,数符占 1 位,尾数占 23 位。

② 双精度浮点数占 8 字节,阶符占 1 位,阶码占 10 位,数符占 1 位,尾数占 52 位。

和单精度数比较,双精度浮点数表示数的范围更大,精度更高。

【例 2-10】 写出 37.675 作为单精度浮点数在计算机中的存储。

解:$37.675 = (100\ 101.101)_2 = 0.100\ 101\ 101 \times 2^6$

因此,37.675 在计算机中的存储如下:

1 位	7 位	1 位	23 位
0	0000110	0	10010110100000000000000
阶符	阶码	数符	尾数

2.4 字符编码

字符(包括西文字符和汉字字符)是计算机中使用最多的非数值型数据,是人与计算机进行通信、交互的重要信息。**字符编码**是指对一切输入到计算机中的字符进行二进制编码的方式。

字符编码的方法非常简单,首先确定需要编码的字符总数,然后将每一个字符按顺序确定编号,编号值的大小无意义,仅作为识别与使用这些字符的依据。

2.4.1 西文字符编码

对西文字符编码,最常用的是 ASCII 码(American Standard Code for Information Interchange,美国信息交换标准码)。ASCII 码是 7 位二进制编码,编码从 0000000 到 1111111 共 128 种,每个字符以 7 位二进制数 $b_6 b_5 b_4 b_3 b_2 b_1 b_0$ 表示,b_6 为最高位,b_0 为最低位。表 2-3 列出了各种字符的 ASCII 码。

表 2-3 ASCII 代码表

$b_3 b_2 b_1 b_0$	$b_6 b_5 b_4$							
	000	001	010	011	100	101	110	111
0000	NUL	DLE	SP	0	@	P	、	p
0001	SOH	DC1	!	1	A	Q	a	q
0010	STX	DC2	"	2	B	R	b	r
0011	ETX	DC3	#	3	C	S	c	s
0100	EOT	DC4	$	4	D	T	d	t

$b_3 b_2 b_1 b_0$	$b_6 b_5 b_4$							
	000	001	010	011	100	101	110	111
0101	ENQ	NAK	％	5	E	U	e	u
0110	ACK	SYN	&.	6	F	V	f	v
0111	BEL	ETB	'	7	G	W	g	w
1000	BS	CAN	(	8	H	X	h	x
1001	HT	EM	)	9	I	Y	i	y
1010	LF	SUB	*	:	J	Z	j	z
1011	VT	ESC	+	;	K	[	k	{
1100	FF	FS	,	<	L	\	l	|
1101	CR	GS	-	=	M	]	m	}
1110	SO	RS	>	>	N	↑	n	~
1111	SI	US	/	?	O	↓	o	DEL

要确定某个字符的 ASCII 码,首先在表中查到它的位置,然后确定它所在位置的相应列和行,再根据列确定高位码($b_6 b_5 b_4$),根据行确定低位码($b_3 b_2 b_1 b_0$),把高位码和低位码合在一起就是该字符的 ASCII 码,如"A"的 ASCII 值为 1000001。

ASCII 码分为以下两类字符。

1. 控制字符

ASCII 码的 0~32 及 127(共 34 个)为控制字符或通信专用字符(其余为可显示字符)。如控制符:LF(换行)、CR(回车)、FF(换页)、DEL(删除)、BS(退格)、BEL(响铃)等。通信专用字符:SOH(文头)、EOT(文尾)、ACK(确认)等。

2. 普通字符

94 个字符是可以打印或显示的图形符号,包括 0~9 这 10 个数字、26 个小写英文字母、26 个大写英文字母以及 32 个标点符号、运算符号和特殊字符。

在这些字符中,0~9、A~Z、a~z 都是顺序排列的;而且小写字母比相应的大写字母 ASCII 码值大 32。有些特殊字符的 ASCII 需要记住,其他字符可据此推导。

字符 0:ASCII 码值为 0110000,对应的十进制数和十六进制数分别为 48 和 30H。

字符 A:ASCII 码值为 1000001,对应的十进制数和十六进制数分别为 65 和 41H。

字符 a:ASCII 码值为 1100001,对应的十进制数和十六进制数分别为 97 和 61H。

由于计算机的内部存储与操作常以字节为单位,因此,一个字符在计算机内部实际是用 8 位来表示的。正常情况下,最高位 b_7 恒为 0,表示的 128 个字符称为标准 ASCII 码。

当最高位为 1 时,形成扩展 ASCII 码。扩展 ASCII 码允许将每个字符的最高位用于确定附加的 128 个特殊符号字符、外来语字母和图形符号。

2.4.2 汉字字符编码

汉字编码

1. 汉字的不同编码

西文字符是拼音文字,基本符号比较少,编码比较容易。汉字是象形文字,形状和笔画差异很大,常用汉字就有几千个,因此编码比西文字符困难。

汉字的输入、存储、处理和输出过程中所使用的汉字编码不同,计算机对汉字信息的处理过程实际上是各种汉字编码间的转换过程,如图 2-4 所示。

图 2-4　汉字信息处理的过程

(1) 输入码。

输入码是指使用键盘输入汉字时的编码,也称为外码,如"区位码""全拼""五笔""智能 ABC""搜狗""微软拼音"等。

不论哪种输入法,都是用户向计算机输入汉字的手段,而在计算机内部,汉字都是以机内码存储的。

(2) 区位码和国标码。

计算机处理汉字所用的编码标准是我国于 1980 年发布的《信息交换用汉字编码字符集》,标准号是 GB 2312—1980,简称国标码。

GB 2312 编码适用于汉字处理、汉字通信等系统之间的信息交换,通行于中国大陆,新加坡等地也采用此编码。中国大陆几乎所有的中文系统和国际化的软件都支持 GB 2312。

基本字符集共收入汉字 6763 个和非汉字图形字符 682 个,分为一级汉字(常用,按汉语拼音字母顺序排列,有 3755 个)和二级汉字(次常用,按部首/笔画排序,有 3008 个)。

整个字符集分成 94 个区,每区有 94 个位。每个区位上只有一个字符,因此可用所在的区和位来对汉字进行编码,称为区位码。比如"中"字,它的区位码用十进制表示为 5448(54 是区码,48 是位码),用十六进制表示为 3630H。

为了避免和 ASCII 码中的前 32 个控制字符冲突,国标码规定在区位码的基础上加 32 (20H),即将汉字区位码的高位字节(区号)和低位字节(位号)分别用十六进制表示,再各加 20H,便得到了国标码。用公式表示为:

$$区位码+2020H=国标码$$

例:"中"字的国标码为 3630H(区位码)+2020H=5650H。

☞提示:通过将不同的系统使用的不同编码统一转换成国标码,不同系统之间的汉字信息就可以相互交换。

(3) 机内码。

汉字在计算机内部处理和存储使用的编码称为机内码。

由于汉字国标码和西文字符 ASCII 码的每字节的最高位均为 0,会出现二义性。为了保证中西文兼容,将汉字国标码两字节的最高位都设置为 1(相当于加上 8080H),来保证 ASCII 码和国标码在计算机内的唯一性,这样就得到汉字机内码。用公式表示为:

$$国标码+8080H=机内码$$

例:"中"字的机内码:5650H(国标码)+8080H=D6D0H(机内码)。

在 Office 办公软件中选择"插入"|"符号"命令,打开"符号"对话框,找到"中"字,可以看到"中"字的机内码对应的十六进制字符代码为 D6D0,如图 2-5 所示。

(4) 汉字字形码与字库。

汉字字形码又称为字模或输出码,用于汉字在显示器或打印机上输出,所有字形码的集

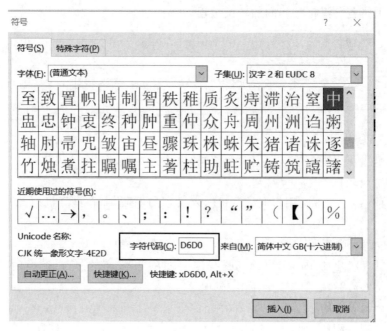

图 2-5 "中"字的机内码

合构成字库。

汉字地址码是指汉字库中存储汉字字形信息的逻辑地址码,它与汉字内码有着简单的对应关系,以简化内码到地址码的转换。

目前计算机系统的字体通常有两种表示方式:点阵字形码和矢量字形码。

① 点阵字形码是以点阵形式表示汉字,即不论一个字的笔画多少,都可以用 n 行 n 列的一组点来表示,如 16×16 点阵的汉字,共有 256 个点。每个点用二进制的 1 位来存储:有笔画的点存储为 1,无笔画处的点存储为 0。

点阵越大、点数越多、分辨率就越高,输出的字形就越清晰美观,所占的存储空间也就越大。常用的汉字点阵字形有:16×16、24×24、32×32、48×48、128×128 等。

汉字点阵所占存储空间较大,以 16×16 点阵为例,每个汉字就要占用 32(16×16÷8)字节。点阵字体优点是显示速度快;最大的缺点是不能放大,一旦放大就会发现文字边缘的锯齿。

② 矢量字形码是将汉字理解为由点、横、竖、撇、捺、折等笔画组成,记录每个笔画的特征坐标值,组合起来形成汉字。通过一组直线和曲线的数学描述(端点及控制点的坐标),将汉字的每个笔画都转化为数字特征值,组合在一起便得到了这个汉字的字形矢量信息。

矢量字形码可被缩放成各种尺寸且形状保持不变,这种方式构成的汉字精度高、美观、清晰,缺点是输出前必须通过复杂的运算处理,速度较慢。Windows 同时支持的 TrueType 和 OpenType 字体采用的就是矢量字形码,打印时使用的字库均为此类字库。

Windows 使用的字库也分为点阵和矢量字库两类,在 Fonts 文件夹下,如果字体扩展名为.fon,表示该文件为点阵字库,扩展名为.ttf 和.ttc 则表示为矢量字库。

图 2-6 分别显示了点阵和矢量字形码放大后的效果。

(a) 点阵   (b) 矢量

图 2-6   点阵和矢量字形码的放大效果

不同字体的同一个汉字,由于它的形状不同,字形码也不同。同一字体的全部汉字的字形码构成一个字库,如宋体、楷体、方正姚体字库等。在 Windows 10 系统中,字库存放在"Windows\Fonts"文件夹中,如图 2-7 所示。

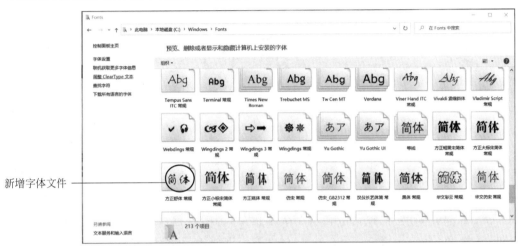

图 2-7   Windows 10 字体示例

除了 Windows 自带的字体,还可以安装其他字体。如果需要其他的字体,需先从网络上下载相应的字体文件(一般为.ttf 格式)并安装。安装字体文件有以下两种方法。

① 复制安装法:把下载好的字体文件复制到"Windows\Fonts"文件夹下即可。

② 右键安装法:选中下载好的字体文件,单击鼠标右键,选择"安装"命令。

安装成功后,在"Windows\Fonts"文件夹下就可以查看到已经安装的字体文件,如图 2-7所示。

2. Unicode 字符集编码

Unicode 是由多家语言软件制造商组成的统一码协会制定的一种国际通用字符编码标准,包括字符集、编码方案等。Unicode 为每种语言中的每个字符设定了统一并且唯一的二进制编码,能够表示世界上所有的书写语言中可能用于计算机通信的文字和其他符号,以满足跨语言、跨平台进行文本转换、处理的要求。1990 年开始研发,1994 年正式公布。

Unicode 通常用两字节表示一个字符,原有的 ASCII 码从单字节变成双字节,只需要把高字节全部填为 0 就可以。目前,Unicode 在网络、Windows 操作系统和大型软件中得到了广泛应用。

一个字符的 Unicode 编码是确定的,但在实际传输过程中,由于不同系统平台的设计不一定一致,以及为了节省空间,对 Unicode 的实现方式(即转换格式)分为 3 种: UTF-8、UTF-16 和 UTF-32。

2.5 多媒体信息编码和数据压缩技术

多媒体(Multimedia)是多种媒体的综合,一般包括文字、图形、图像、音频、动画和视频等多种媒体形式。

那么这些多媒体信息是如何数字化呢?多媒体信息数字化后的数据量很大,如何压缩方便存储呢?本节将逐一介绍。

在计算机中,处理多媒体信息的过程如图2-8所示。

图 2-8 多媒体信息处理过程

自然界的多媒体信息(声音、图像和视频等)都是模拟信号,而模拟信号是不能在计算机中直接处理的,必须先将其转变为数字信号。转换过程如下。

(1) 模/数转换。

通过输入设备(如麦克风、摄像机、扫描仪等)输入模拟信号时,首先要经过多媒体接口卡(声卡、视频卡等)将模拟信号转换为数字信号,即实现信号的采样、量化和编码,简称A/D(Analog to Digital)转换,再通过软/硬件方法进行数据压缩,最后以文件的形式存储到计算机中。在计算机中存储和在网上传输的多媒体数据都是压缩后的文件。

(2) 数/模转换。

在播放多媒体信息之前,要对数据进行解压缩。由于输出设备(音箱、显示器)只能接收模拟信号,因此,需要通过多媒体接口卡将数字信号转换为模拟信号,简称 D/A(Digital to Analog)转换,再将模拟信号传送到输出设备,就可以听到声音或看到视频了。

2.5.1 声音信息的数字化

声音(Sound)是由物体振动产生的声波,它是通过介质(空气或固体、液体)传播并能被人或动物的听觉器官所感知的波动现象。声波在时间和幅度上都是连续变化的模拟信号。

计算机处理声音时,首先通过麦克风、录音机和 CD 激光唱片等将声波的振动转变为电信号,这个电信号在时间和幅度上都是连续的模拟信号,称为**模拟音频**;然后通过声卡中的A/D 转换器将模拟信号转换成数字信号(数字化),称为**数字音频**。计算机可以处理各种数字音频,经过处理的数据再经过声卡中的 D/A 转换器将数字音频转换为模拟信号,模拟信号经过放大后输出到扬声器(音箱或耳机),就可以还原为人耳能听到的声音了。

1. 音频数字化

模拟音频的数字化需要经过采样、量化和编码 3 个步骤,如图2-9所示。

(1) 采样。

采样是每隔一定的时间在声音波形上取一个幅度值,把时间上的连续信号变成离散信号。

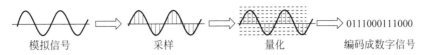

模拟信号　　　　　采样　　　　　量化　　　　　编码成数字信号

图 2-9　模拟音频的数字化过程

每秒的采样次数称为**采样频率**,通常用赫兹(Hz)表示,例如:采样频率为 1kHz,表示每秒采样 1000 次。采样频率越高,经过离散的波形越接近原始波形,声音的还原质量也越好,相应地,保存采样点的信息所需的存储空间也越大。

当前常用的 16 位声卡采样频率共设有 22.05kHz、44.1kHz、48kHz 3 个等级,其音质分别对应于调频立体声音乐、CD 品质立体声音乐、优质 CD 品质立体声音乐。专业声卡的采样频率可达 96kHz,甚至更高。

由于人类所能听到的声音频率范围是 20Hz～20kHz,根据奈奎斯特采样定理,在进行模拟/数字信号的转换过程中,当采样频率大于输入信号中最高频率的 2 倍时,采样之后的数字信号可完整地保留原始信号中的信息,这样采用 44.1kHz 的采样频率就可以得到高保真的声音效果。

(2) 量化。

采样后得到的信号在时间上是不连续的,但其幅度值是连续的,对采样后的信号在幅值上进行离散化,转化为计算机能够表示的数据范围,这个过程称为量化。采样精度(也称为量化位数)表示采样点振幅值的二进制位数,目前声卡常用的有 8 位、16 位和 32 位。量化位数越高,声音的保真度越高。

【例 2-11】 设置声卡的采样频率和量化位数。

解: 设置步骤如下。

① 在屏幕右下方任务栏的"声音"按钮 上单击右键,选择"声音"。

② 在弹出的"声音"对话框中选择"录制"→"麦克风"→"属性",在"高级"选项卡中设置采样频率和位深度(量化位数),如图 2-10 所示。

图 2-10　设置声卡的采样频率和位深度

第 2 章

计算基础

(3) 编码。

编码是将量化后的离散值用二进制代码表示,并保存为不同格式的音频文件,如扩展名为.wav 的波形文件。

2. 数字音频的技术指标

声卡的主要技术指标包括采样频率、量化位数和声道数,这 3 项指标决定了数字音频的质量,前 2 项上面已经讲过,这里主要介绍声道数。

声音是有方向的,而且可以通过各种反射产生特殊的效果。立体声是指使用多个音频通道来产生声音,它能营造出来自不同方向的声音的感觉,比单声道更能有效地模拟自然声音的效果。

声道数是指支持能发声的音响的个数,它是衡量音响设备的重要指标之一。在声音信号中,通常会用两个声道来传送立体声信号:一个是左声道,另一个是右声道。立体声的效果比单声道丰富,但所需的存储空间要增加一倍。

3. 音频文件大小

采样频率、量化位数和声道数对声音的音质和占用的存储空间起着决定性作用,采样频率、量化位数、声道数与数据量的关系如表 2-4 所示。

表 2-4 采样频率、量化位数、声道数与数据量的关系

声音质量	采样频率/kHz	量化位数/bit	单声道/双声道	数据量/(MB/min)
电话音质	8	8	1	0.46
AM 音质	11.025	8	1	0.63
FM 音质	22.05	16	2	5.05
CD 音质	44.1	16	2	10.09
DAT 音质	48	16	2	10.99

根据以上指标,可以计算出音频信号经过数字化后的数据量,计算公式如下:

$$数据量(MB) = \frac{时间(秒) \times 采样频率(赫兹) \times 量化位数 \times 声道数}{8 \times 1024 \times 1024}$$

【例 2-12】 采样频率为 44.1kHz、量化位数为 16 位的 5 分钟立体声音频的数据量为:

$$5 \times 60 \times 44.1 \times 1000 \times 16 \times 2 \div (8 \times 1024 \times 1024) = 50.47MB$$

4. 常见的数字音频文件

目前较流行的音频文件有 WAV、MIDI、MP3、RM 和 WMA 等。

(1) WAV(.wav)文件。

WAV 是微软公司采用的波形文件存储格式,由外部音源(话筒、录音机)录制后,经声卡转换为数字音频存储而成。WAV 文件直接记录了真实声音的二进制采样数据,能保证声音不失真。

WAV 支持多种采样频率、量化位数和声道,标准格式化的 WAV 文件和 CD 格式一样,也是 44.1kHz 的采样频率,16 位量化位数,因此声音文件质量和 CD 相差无几。但未经压缩的声音文件占用存储空间太大,多用于存储简短的声音片段。

(2) MIDI(.mid)文件。

乐器数字接口(Musical Instrument Digital Interface,MIDI)是为了把电子乐器与计算机相连而制定的一个规范,是数字音乐的国际标准。

MIDI 文件并不记录实际的声音信息,而是记录一组指令,即记录的是关于乐曲演奏的内容,文件所占用的空间非常小。

一个 MIDI 文件每存储 1 分钟的音乐只用 5~10KB,主要用于存储原始乐器作品、流行歌曲的业余表演、游戏音轨以及电子贺卡等,目前多用于计算机作曲领域。

(3) MP3(.mp3)文件。

MP3 是采用 MPEG Audio Layer 3 标准对音频进行有损压缩的文件,它有高音质、低采样率、高压缩比、音质接近 CD、制作简单、便于交换等优点,非常适合在网上传播。直到今天,MP3 依然是主流音频格式。

(4) RM(.rm)/RA(.ra)文件。

RM(RealMedia)和 RA(RealAudio)适合网络上的在线音乐欣赏,压缩比高,失真极小。

(5) WMA(.wma)文件。

WMA(Windows Media Audio)格式由微软公司开发,音质要强于 MP3 格式,更远胜于 RA 格式,它是以减少数据量但保持音质的方法来达到比 MP3 压缩率更高的目的,WMA 的压缩率一般可以达到 18:1,适合网络实时播放。

2.5.2 图形和图像编码

图像是人类认识和感知世界的最直观的渠道之一,丰富的图像不但能迅速地带给人们所需要的信息,还能给人以美的享受。在计算机技术高速发展的今天,图像的设计和表现也广泛地运用在计算机应用领域,具有直观、表现力强、包含信息量大的特点,在多媒体设计中占有重要的地位。

1. 基本概念

在计算机中,图形(Graphics)和图像(Image)是一对既有联系又有区别的概念。它们都是一幅图,但图的产生、处理和存储方式不同。

(1) 图形。

图形一般是指通过绘图软件绘制的由点、线等图元组成的画面,以矢量图形文件形式存储,所以又称为**矢量图**。文件中存储的是一组描述各个图元的大小、位置、形状、颜色、维数等属性的指令集合,通过相应的绘图软件读取这些指令,可将其转换为输出设备上显示的图形。

矢量图以几何图形居多,图形可以无限放大、不变色、不模糊,文件所占的存储空间较小,但不宜制作色彩层次丰富的逼真图像,常用于图案、标志、VI、文字等设计。常用的图形绘制软件有 CorelDraw、Illustrator、Freehand、XARA、CAD 等。

(2) 图像。

图像又称为"位图",是由像素点组成的。位图图像是通过像素点的颜色和亮度来反映原始图像的效果。将这种图像放大到一定程度,就会看到一个个小方块,这些方块就是像素,每个像素点由若干个二进制位来描述颜色。

优点:表现力强、色彩丰富,通常用于表现自然景观、人物、动物、植物等一切自然的细节事物。

缺点:所需的存储空间比较大,使用真彩色时更是如此,放大以后会失真。

最常见的图像处理软件是 Adobe Photoshop。

矢量图和位图的对比如图 2-11 所示。

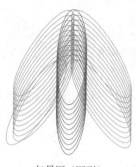

矢量图（图形）

位图（图像）

图 2-11　矢量图和位图的对比

（3）矢量图和位图的区别。

① 显示位图比显示矢量图要快。

② 位图占用的二进制位数越多,图像颜色数量越大,数据量也越大。而矢量图颜色数目与文件的大小无关。

③ 矢量图侧重于"绘制",而位图偏重于"获取"。

④ 位图放大若干倍后有可能产生颗粒状,即马赛克现象。而矢量图在经过放大、缩小和旋转等操作后不会失真。

2. 图像的数字化

图形是用计算机绘图软件生成的矢量图形,文件存储的是描述生成图形的指令,因此不必对图形中的每一个点进行数字化处理。

图像在计算机中的存储

现实中的图像一般为模拟信号。图像的数字化是指将模拟图像经过采样设备(如扫描仪、数字照相机、摄像机等)的处理(如采样、量化和编码等),转换为计算机能够接受的数字形式。

（1）采样。

采样的实质是把图像在空间上分割成 $M \times N$ 的网格,每一个网格代表一个采样点,也就是每行 M 个采样点,共采样 N 行。同一幅图像,采样点数越多,则描述的图像细节就越丰富,图像也就越细腻、逼真,但所需存储空间也会越大。

图像采样设备包括摄像头、摄像机、数码相机、扫描仪、其他带有拍照功能的设备(手机、平板电脑)等。

（2）量化。

量化是把每一个采样点用数值来表示,量化的位数决定了每一个像素点所能表示的颜色数。如果量化位数为 n,则每一个像素点的颜色数为 2^n。一般彩色图像的量化位数为24,则图像可以有 2^{24} 种不同的颜色。

（3）编码。

编码是将量化后的颜色值用二进制数码 0 和 1 表示的形式。

3. 数字图像的性能指标

（1）图像分辨率。

采样时,每英寸长度上取得的像素点数称为图像分辨率,用 dpi(dot per inch)表示,它确定了组成一幅图像的像素密度。图像分辨率越高,图像的质量就越好,颜色过渡就越平滑。

如扫描仪的分辨率是一个很重要的指标,一般办公或家庭使用的是 600×1200dpi。

☞提示:像素是衡量数码相机最重要的指标,在使用数码相机拍照时,往往有几组数字供我们选择:1024×768、1600×1200、2048×1536、3200×2400 等,每一组数字中,前一数字表示在照片的长度方向上所含的像素点数,后一数字表示在宽的方向上所含的像素点数,两者的乘积就是像素数。例如 3200×2400＝768 000 0≈800 0000,就是 800 万(像素),这800 万就代表着数码相机的像素数。

(2) 颜色深度。

颜色深度是指表示一个像素所使用的二进制位数,即量化位数。

① 黑白图。颜色深度为 1,用一个二进制位 0 和 1 表示纯黑和纯白。

② 灰度图。颜色深度为 8,灰度级别为 2^8＝256 级,通过调整黑白两色程度(颜色灰度)来有效地显示单色图像。

③ RGB 彩色图像。颜色深度为 24,也称 24 位真彩色,由红、绿、蓝三基色混合而成,每基色值分为 2^8(256 级,值为 0～255),每色占 8 位,就构成了 2^{24}(16777216)种颜色的真彩色图像。

(3) 图像数据量。

图像数据量是指存储整幅图像所占的字节数,即图像文件的大小。图像的分辨率越高、颜色深度越深,则数字化后的图像效果越逼真,图像数据量越大。一幅未经压缩的图像,其数据量大小的计算公式为:

$$图像数据量大小＝\frac{列数×行数×颜色深度}{8×1024×1024}(MB)$$

例如,一幅 1024×768 的 24 位彩色图像,以 BMP 文件格式存放,其数据量为 2.25MB。

由此可见,数字化后的图像数据量十分巨大,必须采用编码技术来压缩信息,它是图像传输与存储的关键。

(4) 颜色模式。

颜色模式是指一种记录图像颜色的方式,常用的有 RGB 模式、CMYK 模式等。

① RGB 模式。RGB(Red、Green、Blue)是颜色的三原色,以不同比例将原色混合可以产生其他的颜色。自然界中肉眼所能看到的任何色彩都可以由这三种色彩混合叠加而成,因此也称为加色模式。在显示屏上显示颜色时往往采用这种模式。

② CMYK 模式。CMYK 也称作印刷色彩模式,是一种依靠反光的色彩模式。CMY 是3 种印刷油墨名称的首字母:Cyan(青色)、Magenta(品红色)、Yellow(黄色)。而 K 取的是Black 的最后一个字母,在印刷中通常由这四种色彩再现其他色彩。

3. 常见的图形图像文件

图形图像处理软件有很多,由于其存储格式、存储技术等方面的差异,导致了图形图像文件格式的多样化。常见的图形图像文件格式主要有以下几种。

(1) BMP(.bmp)文件。

BMP(Bitmap File,位图文件)是微软公司为 Windows 系统设置的标准图像文件格式,几乎所有在 Windows 环境下运行的图形图像处理软件都支持这一格式。BMP 文件格式包含的图像信息较丰富,几乎不进行压缩,缺点是占用存储空间较大。目前 BMP 文件在单机上比较流行。

(2) GIF(. gif)文件。

GIF(Graphics Interchange Format,图像互换格式)是 CompuServe 公司在 1987 年开发的图像文件格式。GIF 文件的颜色深度最大为 8,最多处理 256 种色彩。这种格式的文件特点是压缩比高(采用无损压缩,其压缩率一般在 50% 左右)、文件体积小、成像相对清晰、下载速度快等,非常适合网络传输。

GIF 格式可以存多幅彩色图像,如果把存于一个文件中的多幅图像数据逐幅读出并显示到屏幕上,就可构成一种最简单的动画。目前 Internet 上大量采用的彩色动画文件多为 GIF 格式,例如通过一帧帧的动画串联起来的搞笑 GIF 图。

(3) JPEG(. jpg)文件。

JPEG 是利用 JPEG 标准压缩的图像格式,压缩比高,比较适合存储大幅面或色彩丰富的图像,同时也是 Internet 上的主流图像格式。

(4) PNG(. png)文件。

PNG(Portable Network Graphics,便携式网络图形)是一种无损压缩的位图格式,其优点是压缩比高,生成的文件体积小,适合在网络传输,支持透明图像的制作,可以使图像和网页背景融为一体,缺点是不支持动画功能。

(5) WMF(. wmf)文件。

WMF(Windows Metafile,图元文件)是微软公司设计开发的一种矢量图形文件格式,是由简单的线条和封闭线条(图形)组成的矢量图,其主要特点是文件非常小,可以任意缩放而不影响图像质量,但图形往往较粗糙。Windows 中许多剪贴画图像就是以该格式存储的,WMF 文件广泛应用于桌面出版与印刷领域。

2.5.3　视频数据表示

人类接受信息的 70% 来自视觉,其中视频是信息量最丰富、直观、生动、具体的一种承载信息的媒体。

1. 视频

若干静态图像画面的连续播放形成了视频,每一幅画面称为一帧(Frame)。电影、电视通过快速播放每帧画面,再加上人眼的视觉暂留效应,就产生了连续运动的效果。

视频分为模拟视频和数字视频两大类。

(1) 模拟视频。

模拟视频是指每一帧图像都来自实时获取的自然景物的真实图像信号。我们在日常生活中看到的电视、电影大部分是模拟视频,模拟视频信号具有成本低和还原性好等优点,视频画面往往会给人一种身临其境的感觉。但它的最大缺点是无论被记录的图像信号有多好,经过长时间的存放之后,信号和画面的质量都将大大地降低;或者经过多次复制之后,画面的失真就会很明显。

(2) 数字视频。

数字视频是以数字形式记录的视频。计算机只能处理数字视频信息,这样可以充分发挥计算机的优势。VCD、DVD、数字摄像机摄制的视频都是数字视频。

2. 视频数字化

视频数字化的过程同音频、图像相似。在一定的时间内以一定的速度对每帧图像信息进行采样、量化和编码等处理,实现模/数转换、彩色空间变化和编码压缩等,通常可通过视频采集卡和相应软件来实现。

数字视频克服了模拟视频的局限性,这是因为数字视频可以大大降低视频的传输和存储费用、增加交互性(数字视频可通过光纤等介质高速随机读取)及精确再现真实场景的稳定图像。

一段未经压缩的数字视频,其数据量大小计算公式为:

$$视频数据量大小 = \frac{时间(秒) \times 分辨率 \times 色彩位数 \times 帧速率}{8 \times 1024 \times 1024}(MB)$$

例如,一个时间为 1 分钟、帧速率为 30 帧/秒、分辨率为 1280×1024 的 24 位真彩色数字视频不压缩的数据量约为 6.6GB。这样推算,一张 650MB 的光盘只能存储 6 秒左右的视频,因此必须进行视频数据的压缩,可以通过压缩、降低帧速、缩小画面尺寸等手段来降低视频数据量。

3. 常见的数字视频文件格式

数字视频以不同的文件格式存储在计算机中,不同格式的数字视频占用的存储空间和播放效果都不同。

(1) AVI(. avi)文件。

AVI(Audio Video Interleaved,音频视频交错)格式是微软公司于 1992 年 11 月推出的,目前已成为 Windows 视频标准格式。

AVI 文件将音频(语音)和视频(影像)数据保存在一个文件中,允许音频与视频同步回放;它对视频文件采用了一种有损压缩方式,但压缩比较高,因此尽管画面质量不是太好,但其应用范围仍然非常广泛。

AVI 文件主要应用在多媒体光盘上,用来保存电视、电影等各种影像信息,有时它出现在网络上,主要用于让用户欣赏新影片的精彩片段。

(2) MOV(. mov)文件。

MOV 即 QuickTime 影片格式,它是 Apple 公司开发的一种音频、视频文件格式,用于存储常用数字媒体。QuickTime 因具有跨平台、存储空间要求小等技术特点,采用了有损压缩方式的 MOV 格式文件,画面效果较 AVI 格式要略微好一些。

(3) MEPG(. mpg)/MP4(. mp4)文件。

MPEG 文件格式是运动图像压缩算法的国际标准格式,MP4 是按照 MPEG 标准压缩的全屏视频的标准文件。目前很多视频处理软件都支持这种格式的文件。

(4) DAT(. dat)文件。

DAT 是数据流格式。用计算机打开 VCD 光盘,有 MPEGAV 目录,里面是类似 MUSIC01. DAT 或 AVSEQ01. DAT 命名的文件。DAT 文件是 MPEG 格式的,是 VCD 刻录软件将符合 VCD 标准的 MPEG-1 文件自动转换生成的。

(5) RM(. rm)和 RMVB(. rmvb)文件。

RM 格式是 RealNetworks 公司开发的一种流媒体视频文件格式,可以根据网络数据传输的不同速率制定不同的压缩比率,从而实现低速率在 Internet 上进行视频文件的实时传送和播放,一度红遍整个互联网。

RealNetworks 公司在 RM 的基础上,推出了可变比特率编码的 RMVB 格式。RMVB 最大限度地压缩了影片的大小,并拥有近乎完美的接近于 DVD 品质的视听效果。

(6) WMV(.wmv)和 ASF(.asf)文件。

WMV(Windows Media Video)格式是微软公司开发的一系列视频编解码和其相关的视频编码格式的统称,是微软 Windows 媒体框架的一部分。WMV 格式的主要优点包括:支持本地或网络回放、可扩充的媒体类型、可伸缩的媒体类型、流的优先级化、多语言支持、环境独立性、丰富的流间关系以及扩展性等。

WMV 通常都打包到 ASF(Advanced Systems Format)容器格式中。在同等视频质量下,WMV 格式的文件可以边下载边播放,因此很适合在网上播放和传输。

(7) MKV(.mkv)文件。

Matroska 是一种新的多媒体封装格式,也称多媒体容器,MKV 是 Matroska 的一种媒体文件,它可将多种不同编码的视频及 16 条以上不同格式的音频和不同语言的字幕流封装到一个 Matroska Media 文件当中。MKV 最大的特点就是能容纳多种不同类型编码的视频、音频及字幕流。

2.5.4 多媒体数据压缩技术

数据量大是多媒体的一个基本特性。例如:一个 90 分钟的 1080P 高清(分辨率:1920×1080)数字视频(帧速率为 24)的数据量大小为 31.3GB。一个 10 分钟的采样位数为 16 位、采样频率为 44.1kHz 的立体声音频不压缩的数据量约为 101MB。由此可见,多媒体数据若不进行压缩处理,计算机将无法对它们进行存储、处理和传输等。

多媒体数据的压缩潜力很大。例如在数字视频中,各帧图像中间有着较多的相同内容,数据的冗余度很大,压缩时原则上可以只存储相邻帧之间的差异部分。

1. 数据压缩技术

数据压缩是通过编码技术来降低数据存储时所需的空间,需要时再进行解压缩。

数据压缩技术有四个重要指标。

① 压缩比:压缩前后所需的存储空间之比。

② 恢复效果:解压后恢复数据的效果。

③ 速度:压缩、解压缩的速度,尤其是解压缩速度,因为这是实时的。

④ 实现压缩的软、硬件开销要小。

2. 数据压缩分类

根据解压后是否能准确恢复压缩前的数据来分类,压缩可分为无损压缩和有损压缩两类。

(1) 无损压缩。

所谓无损压缩,是利用数据的统计冗余进行压缩,可完全恢复原始数据而不引起任何失真,但压缩率受到数据统计冗余度的限制,一般为 2:1 到 5:1。这类方法广泛用于文本数据、程序和特殊应用场合的图像数据(如指纹图像、医学图像等)的压缩,不适合实时处理图像、视频和音频数据。典型的无损压缩软件有 WinZip、WinRAR 等。

(2) 有损压缩。

有损压缩是利用人类对图像或声波中的某些频率成分不敏感的特性,允许压缩过程中损失一定的信息,压缩比高达几百比一。有损压缩具有不可恢复性,有一定程度的失真。常见的声音、图像、视频压缩基本上都是有损压缩。

3. 数据压缩标准

多媒体的应用越来越广泛,为了便于信息的交流和共享,对于视频和音频数据的压缩由专门的组织制定了压缩编码的国际标准和规范,主要有 JPEG 静态和 MPEG 动态图像压缩两种类型(有损压缩)。无损压缩算法有 LZW 算法等。

(1) JPEG。

JPEG(Joint Photographic Experts Group,联合图像专家组)负责制定静态的数字图像数据压缩编码标准,这个专家组开发的 JPEG 成为数字图像压缩的国际标准,是一种有损压缩,用来压缩静止图像,压缩比约为 5:1 至 50:1,甚至更高。

例如:将计算机的整个屏幕画面以".bmp"格式保存(没有压缩)的文件大小为 11391KB,若以 JPEG 方式压缩成".jpg"格式保存的文件大小为 705KB,压缩比为 16:1,如图 2-12 所示。

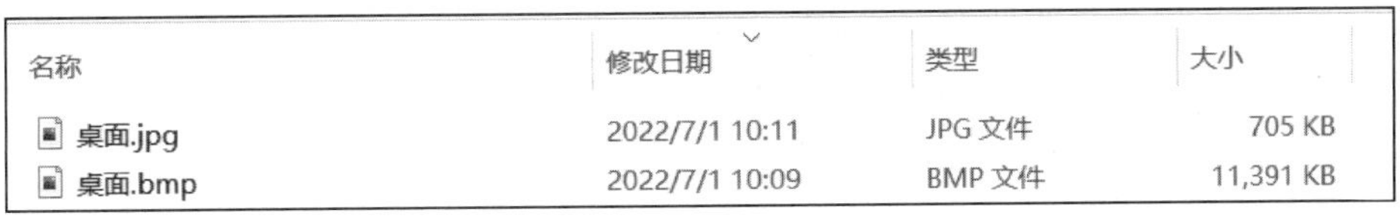

名称	修改日期	类型	大小
桌面.jpg	2022/7/1 10:11	JPG 文件	705 KB
桌面.bmp	2022/7/1 10:09	BMP 文件	11,391 KB

图 2-12 图像压缩效果对比

(2) MPEG。

MPEG(Moving Picture Experts Group,动态图像专家组)是于 1988 年成立的专门针对运动图像和语音压缩制定国际标准的组织。该组织制定的 MPEG 标准是运动图像压缩算法的国际标准,现已被几乎所有的计算机平台支持,主要有以下 3 个标准:MPEG-1、MPEG-2、MPEG-4。

① MPEG-1 声音压缩编码是国际上第一个高保真声音数据压缩的国际标准,它分为以下 3 个层次。

• 层 1(Layer 1):编码简单,用于数字盒式录音磁带。

• 层 2(Layer 2):算法复杂度中等,用于数字音频广播(DAB)和 VCD 等。

• 层 3(Layer 3):编码复杂,用于互联网上的高质量声音的传输,如 MP3。

② MPEG-2 应用在 DVD 的制作、HDTV(高清晰电视广播)和一些高要求的视频编辑、处理方面。

③ MPEG-4 是为了播放流式媒体的高质量视频而专门设计的,以求使用最少的数据获得最佳的图像质量。MPEG4 的商业应用领域包括:数字电视、实时多媒体监控、低比特率下的移动多媒体通信、基于内容存储和检索的多媒体系统、网络视频流与可视游戏、网络会议、交互多媒体应用、基于计算机网络的可视化合作实验室场景应用、演播电视等。

(3) LZW 压缩。

LZW 压缩(LZW Compression)是一种由 Abraham Lempel、Jacob Ziv 和 Terry Welch 发明的基于表查询算法把文件压缩成小文件的压缩方法。LZW 压缩使用的两个常用文件格式是用于网站的 GIF 图像格式和 TIFF 图像格式。LZW 压缩还适合压缩文本文件。

我们日常使用的所有通用压缩工具,如 WinZip、WinRAR 等,甚至许多硬件(如网络设备)中内置的压缩算法,都有 LZW 的身影。

2.6 条形码与 RFID 技术

条形码与 RFID 均是近年来广泛使用的一种物品信息标识技术,其方法是赋予物品一个特殊编号,由此编号可以获知该物品的详细信息。

2.6.1 一维条形码

条形码是将宽度不等、反射率相差很大的多个黑条(简称条)和空白(简称空)按照一定的编码规则排列,用以表达一组信息的平行线图案。条形码可以标出物品的生产国、制造厂家、商品名称、生产日期、图书分类号、邮件起止地点、类别、日期等信息,因而在商品流通、图书管理、邮政管理、银行系统等许多领域都得到了广泛的应用。

一维条形码只是在一个方向(一般是水平方向)表达信息,在垂直方向则不表达任何信息,其一定的高度通常是为了便于阅读器的对准。

目前世界上常用的码制有 EAN 条形码、UPC 条形码、二五条形码、交叉二五条形码、库德巴条形码、三九条形码和 128 条形码等,商品上最常使用的就是 EAN 商品条形码。

EAN 商品条形码亦称通用商品条形码,由国际物品编码协会制定,通用于世界各地,是目前国际上使用最广泛的一种商品条形码。中国目前在国内推行使用的也是这种商品条形码。EAN 商品条形码分为 EAN-13(标准版)和 EAN-8(缩短版)两种。

图 2-13　EAN-13 通用商品条形码示意图

(1) EAN-13 通用商品条形码。

EAN-13 由 13 位数组成,分别是前缀码(3 位)、制造厂商代码(4 位)、商品代码(5 位)和校验码(1 位),如图 2-13 所示。

① 前缀码是用来标识国家或地区的代码,赋码权在国际物品编码协会,如 690～695 代表中国大陆/内地,471 代表中国台湾地区,489 代表中国香港特别行政区。

② 制造厂商代码的赋权在各个国家或地区的物品编码组织,中国由国家物品编码中心赋予制造厂商代码。

③ 商品代码是用来标识商品的代码,赋码权由产品生产企业自己行使。

④ 最后 1 位校验码用来校验商品条形码中左起第 1～12 位数字代码的正确性。

(2) ISBN 条形码。

国际标准书号(International Standard Book Number,ISBN)是专门为识别图书等文献而设计的国际编号。ISO 于 1972 年颁布了 ISBN 国际标准,并设立了实施该标准的管理机构——国际 ISBN 中心。现在,采用 ISBN 编码系统的出版物有:图书、小册子、缩微出版物、盲文印刷品等。2007 年 1 月 1 日前,ISBN 由 10 位数字组成,分四部分:组号(国家、地区、语言的代号)、出版者号、书序号和检验码。2007 年 1 月 1 日起,实行新版 ISBN,新版 ISBN 由 13 位数字组成,分为 5 段,即在原来的 10 位数字前加上 3 位 EAN 分配的图书产品代码"978",如图 2-14 所示。

图 2-14　ISBN 条形码示意图

2.6.2　二维码

二维码又称二维条形码,是近几年来移动设备上很流行的一种编码方式,它比传统的条形码能存更多的信息,也能表示更多的数据类型。二维码是用某种特定的几何图形按一定规律在平面(二维方向)上分布所形成的黑白相间的图形来记录数据符号信息。

二维码是比一维码更高级的条码格式。一维码只能在一个方向(一般是水平方向)上表达信息,而二维码在水平和垂直方向都可以存储信息。一维码只能由数字和字母组成,而二维码能存储汉字、数字和图片等信息,因此二维码的应用领域要广得多。

二维码通常可以分为堆叠式(图 2-15)和矩阵式(图 2-16)两种编码方式。堆叠式二维码是由多行短小的一维条码堆叠而成;矩阵式二维条码以矩阵的形式组成,在矩阵相应的元素位置上用"点"表示二进制"1",用"空"表示二进制"0","点"和"空"的排列组成代码。

图 2-15　堆叠式二维码　　　　　图 2-16　矩阵式二维码

二维码具有存储量大、保密性高、追踪性高、抗损性强、备援性大、成本低等特性,这些特性特别适用于表单、安全保密、追踪、证照、存货盘点、资料备援等方面。

随着移动互联网及智能终端的发展,二维码已经应用到日常生活的方方面面,作为简单、方便的信息获取方式越来越受到推崇。

2.6.3　RFID 技术

RFID(Radio Frequency Identification,无线射频识别,又称射频识别)技术是一种通信技术,可通过无线电信号识别特定目标并读写相关数据,而无须在系统与特定目标之间建立机械或光学接触。

最基本的 RFID 系统由 RFID 标签、读写器和天线三部分组成,如图 2-17 所示。

图 2-17　RFID 系统组成示意图

从概念上来讲,RFID 类似于条码扫描,对于条码技术而言,它是将已编码的条形码附着于目标物,并使用专用的扫描读写器利用光信号将信息由条形磁传送到扫描读写器;而RFID 则使用专用的 RFID 读写器及专门的可附着于目标物的 RFID 标签,利用频率信号将信息由 RFID 标签传送至 RFID 读写器。

在运输管理方面采用 RFID 技术,只需要在货物的外包装上安装电子标签,在运输检查站或中转站设置阅读器,就可以实现资产的可视化管理。与此同时,货主可以根据权限访问在途可视化网页,了解货物的具体位置,这对提高物流企业的服务水平有着重要意义。

RFID 因其所具备的远距离读取、高储存量等特性而备受瞩目。它不仅可以帮助一个企业大幅提高货物、信息管理的效率,还可以让销售企业和制造企业互联,从而更加准确地接收反馈信息,控制需求信息,优化整个供应链。

RFID 技术应用很广,包括身份证件和门禁控制、供应链和库存跟踪、汽车收费、防盗、生产控制和资产管理等。石油石化、国家电网、物流、服装等领域都可以使用 RFID 标签,只要是有价值的物品都可以用 RFID 标签进行监管,哪怕是私人物品的运输。

物联网是新一代信息技术的高度集成和综合运用,推进物联网的应用和发展,有利于促进生产生活和社会管理方式向智能化、精细化、网络化方向转变。而 RFID 技术作为物联网发展的关键技术,其应用市场必将随着物联网的发展而扩大。

思 考 题

(1) 计算机中为何采用二进制存储信息?

(2) 在计算机中采用补码存储数据有何优势?

(3) 浮点数在计算机中是如何表示的?

(4) 什么是 ASCII 码?查找表 2-3 中字符 D、d、5 和空格的 ASCII 码值。

(5) 简述目前常用的汉字编码。

(6) 一台服务器的 IP 地址是 202.113.88.213,它是由 4 个十进制数表示的,在计算机内部以二进制存储在 4 字节中,请写出该地址对应的 32 位二进制数。

(7) 用手机录制一段自己说话的声音文件,查看文件的大小,这个文件是数字的还是模拟的?

(8) 数字音频的技术指标主要有哪 3 项?

(9) 数据压缩技术分哪 2 类?衡量压缩技术好坏的标准有哪 4 项?

(10) 简述你见过的音频、图像、视频文件的格式。

(11) 试列举你所知道的 RFID 技术应用的不同领域,例如在物流管理中的应用,简单描述其原理和相关产品。

第3章　计算机硬件

随着计算机技术的快速发展,计算机系统越来越复杂,功能越来越强大,但计算机的基本组成和工作原理大体相同。本章重点介绍计算机系统的组成、工作原理及微型计算机的硬件系统。

3.1　计算机系统的基本组成和工作原理

计算机是能够存储程序和数据并能自动执行任务的机器,计算机系统由硬件系统和软件系统组成。硬件系统是组成计算机的各种电子线路和元器件,软件系统是在计算机硬件设备上运行的各种程序及其相关的文档和数据。没有软件系统的计算机称为"裸机",得不到软件的支持,计算机性能将无法最大程度地展现。离开硬件系统,再好的软件系统也无法发挥作用。计算机系统的组成如图 3-1 所示。

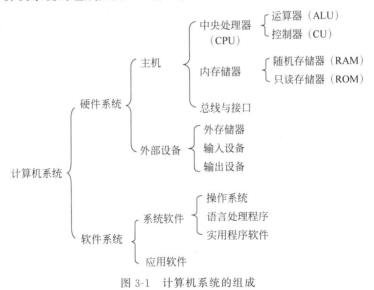

图 3-1　计算机系统的组成

3.1.1　计算机硬件系统

ENIAC 本身存在两大缺点,一是没有存储器,二是用布线接板进行控制。冯·诺依曼设计 EDVAC 时首先提出了"存储程序"的概念,并且采用二进制形式表示数据和指令。人们把利用这种概念思想设计的电子计算机系统称为"冯·诺依曼结构"计算机,其硬件系统都是由五大部件组成的:运算器、控制器、存储器、输入设备和输出设备,如图3-2所示。从计算机诞生至今,虽然其结构和制造技术都有很大的发展,但是基本遵循冯·诺依曼结构。为了达到提高计算机运行速度的目的,科学家在冯·诺依曼计算机基本设计思想的基础上进行改进,应用了流水线技术、多核处理技术和并行处理技术等。

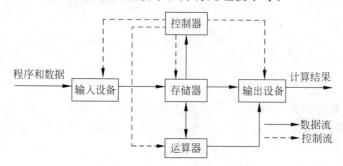

图3-2 冯·诺依曼型计算机体系结构

(1) 运算器。

运算器又称为算术逻辑单元(Arithmetic Logic Unit,ALU),其主要功能就是进行算术运算(加、减、乘、除等)和逻辑运算(与、或、非、比较、移位等)。

计算机中最主要的工作是运算,大量的数据运算任务在运算器中进行。运算器处理的数据来自内存,处理后的结果数据又送回内存。运算器对内存的读写操作是在控制器的控制之下进行的。

(2) 控制器。

控制器是整个计算机系统的控制中心,它指挥计算机各硬件部分协调工作,保证计算机按照预先规定的目标和步骤有条不紊地进行操作与处理。

控制器由程序计数器(PC)、指令寄存器(IP)、指令译码器(ID)、时序控制电路以及微操作控制电路等组成。其主要功能是依次从内存中取出指令,并对指令进行分析,然后根据指令的功能向有关部件发出控制命令,指挥计算机各部件协同工作以完成指令所规定的功能。

控制器和运算器合在一起被称为中央处理器(Central Processing Unit,CPU),它是指令的解释和执行部件,计算机发生的所有动作都是受CPU控制的,所以它是计算机的核心,它的性能(主要是工作速度和计算精度)直接影响计算机的整体性能。

(3) 存储器。

存储器的主要功能是存储程序和数据。存储器是具有"记忆"功能的设备,它采用具有两种稳定状态的物理器件来存储信息,这些器件也称为记忆元件。在计算机中采用只有两个数码"0"和"1"的二进制数来表示数据,它是计算机存储信息的最小单位,称为位(bit)。

存储器由一个个存储单元组成,每个存储单元可以存放一字节(Byte)的二进制信息。存储容量为存储器中所包含的存储单元个数,以字节为单位,每字节包含8个二进制位(bit)。

常用来描述存储器容量的单位还有KB(千字节)、MB(兆字节)、GB(吉字节,又称"千兆")和TB(太字节,百万兆字节)等,它们之间的换算关系是:

$$1KB = 2^{10} B = 1024B$$

$$1MB = 2^{20} B = 1024KB$$

$$1GB = 2^{30} B = 1024MB$$

$$1TB = 2^{40} B = 1024GB$$

此外,更大的存储单位还有 PB(2^{50} B)、EB(2^{60} B)、ZB(2^{70} B)、YB(2^{80} B)。

存储器通常分为内存储器和外存储器。

① 内存储器。

内存储器简称内存,又称为主存,用来存放要执行的程序和数据。用户通过输入设备把程序和数据先送入内存,控制器从内存中取指令,运算器从内存取数据进行运算并把中间结果和最终结果保存在内存,输出设备输出的数据来自内存。总之,内存要与计算机的各个部件进行数据交换,因此,内存的存储速度直接影响计算机的运算速度。

内存大多为半导体存储器,由于价格和技术方面的原因,内存的存储容量受到限制,而且大部分内存是不能长期保存信息的随机存储器(断电后信息丢失)。

② 外存储器。

外存储器简称外存,又称辅助存储器,是用来长期存放当前暂时不用的程序和数据,它不能与 CPU 直接交换信息。常用的外存有磁盘、磁带、U 盘和光盘等。

两者相比,内存速度快、容量小、价格高,外存速度慢、容量大、价格低。

(4) 输入设备。

输入设备是向计算机输入数据和信息的设备,它是计算机与用户或其他设备通信的桥梁。输入设备是用户和计算机系统进行信息交换的主要装置之一。键盘、鼠标、摄像头、扫描仪、触摸屏、光笔、手写输入板、游戏杆和话筒等都属于输入设备。

(5) 输出设备。

输出设备用于将存放在内存中由计算机处理的结果转变为人们所能接受的形式。常用的输出设备有显示器、打印机、绘图仪、触摸屏、音箱等。

3.1.2 计算机基本工作原理

计算机经过几代的发展,其工作方式、应用领域、体积和价格等方面都与最初的计算机有了很大区别,但不论如何发展,存储程序和采用二进制形式表示数据和指令仍然是计算机的基本工作原理,计算机的整个运行过程就是自动地连续执行程序的过程。

1. 工作原理

计算机内部采用二进制代码来表示各种信息,但计算机与用户交流仍然使用人们熟悉和便于阅读的形式,如十进制数、文字、声音、图形和图像等,这中间的转换是由计算机系统的软硬件自动实现的。

计算机的基本工作原理是存储程序和程序控制。将程序和数据预先存放在存储器中,使计算机在工作时能够自动高速地从存储器中取出指令加以执行,这就是存储程序的工作方式。

存储程序的工作方式使计算机变成了一种自动执行的机器,一旦将程序存入计算机并启动之后,计算机就可以自动工作,逐条地执行指令。虽然每条指令能够完成的工作很简单,但通过许多条指令的执行,计算机就能够完成复杂的工作。

2. 指令、指令系统与程序

指令就是计算机要执行的某种操作命令,一般是规定了计算机执行的操作和操作对象所在存储位置的一个二进制串。一台计算机中所有机器指令的集合,称为这台计算机的指令系统。程序是一组计算机能识别和执行的指令序列。

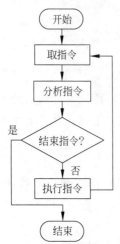

图 3-3　指令的执行过程

指令是由操作码和地址码(操作数)两部分组成的,操作码表示计算机要执行的基本操作,操作数表示指令所需要的数据或数据存放的地址。

计算机执行指令的过程分三个阶段,如图 3-3 所示。

① 取指令:将要执行的指令从内存中取出并送入控制器中。

② 分析指令:由控制器对取出的指令进行译码,将指令的操作码转换成相应的控制电位信号,由地址码确定操作数的个数及操作数的来源。

③ 执行指令:由操作控制电路发出完成该操作所需要的一系列控制信息,去完成该指令所要求的操作。

当一条指令执行完后就进入下一条指令的取指令操作。计算机执行程序的过程实际上就是逐条指令地重复上述操作过程,直至遇到结束指令。计算机严格按照程序安排的指令顺序有条不紊地执行规定操作,完成预定任务。

3.2　微型计算机的硬件系统

微型计算机是由大规模集成电路组成的体积较小的电子计算机,简称微机。微机的分类主要有台式机、笔记本电脑、平板电脑、单片机和嵌入式系统等。典型台式机的硬件系统包括主机系统、总线型、接口和外部设备。

3.2.1　主机系统

主机是用于放置主板及其他主要部件的控制箱体(Mainframe),通常包括 CPU、内存、硬盘、光驱、电源、机箱等,是计算机除去输入输出等外部设备以外的主要机体部分,外部设备通过总线型/接口连接到主机系统。

1. 主板

主板(Mainboard)是一块长方形多层印制电路板,又叫系统主板(Systemboard)或母板(Motherboard),它安装在机箱内,是微机最基本也是最重要的部件之一。

台式机主机系统演示

典型的主板能提供一系列接合点,供 CPU、显卡、声卡、硬盘、存储器、外部设备等设备接合。它们通常直接插入对应插槽,或用线路连接。主板结构是根据主板上各元器件的布局排列方式、尺寸大小、形状、电源规格等制定出的通用标准,所有主板厂商都必须遵循。ATX(Advanced Technology Extended)是市场上最常见的主板结构,由 Intel 公司在 1995年制定。扩展插槽较多,PCI(Peripheral Component Interconnect)插槽数量在 4~6 个,大多数主板都采用此结构。

需要说明的是,笔记本电脑考虑到便携性,主板集成度一般比较高,而且扩展接口也比较少,台式机主板更注重性能和扩展性,上面的电子元器件比较多,扩展接口也很多,图 3-4是两种类型的计算机主板实例。

台式机主板　　　　　　　　　　笔记本电脑主板

图 3-4　系统主板

主板集成了组成计算机的主要电路系统,一般有 BIOS 芯片、I/O 控制芯片、键盘和面板控制开关接口、指示灯插接件、扩充插槽、主板及插卡的直流电源供电接插件等元器件。以下简单介绍几种主板上的元器件及其作用。

① 芯片组(Chipset)是主板的核心组成部分,决定了主板的功能,进而影响到整个计算机系统性能的发挥。按照在主板上的排列位置的不同,通常分为北桥芯片和南桥芯片。北桥芯片用来处理高速信号,通常处理 CPU、存储器、显卡、高速 PCI Express 端口,还有与南桥之间的通信。南桥芯片用来处理低速信号,提供对键盘控制器、实时时钟控制器、通用串行总线型、数据传输方式和高级能源管理等的支持。目前大多数厂商为了简化主板结构、提高主板的集成度,取消了北桥芯片,将其功能内置于 CPU 中。

② BIOS(Basic Input Output System,基本输入输出系统)是一组固化到 ROM 芯片上的程序,它保存着计算机最重要的基本输入输出程序、开机后自检程序和系统自启动程序,它可从 CMOS 芯片中读写系统设置的具体信息。用户开机时通过特定的按键可进入 BIOS 设置程序,方便地对系统参数进行设置。

③ CMOS(Complementary Metal Oxide Semiconductor,互补金属氧化物半导体)用来保存 BIOS 设置完成的计算机硬件参数数据(如日期、时间、启动设置等),它是主板上用来存放数据的一块可读写 RAM 芯片。

2. CPU

微机中的 CPU 又称为微处理器(Micro Processing Unit,MPU),是构成微机的核心部件,包括运算器、控制器、寄存器和高速缓冲存储器(Cache),以及实现它们之间联系的数据、控制及状态的总线型。

计算机在同一时间中处理二进制数的位数叫字长(Word)。通常将处理字长为 8 位数据的 CPU 叫 8 位 CPU,以此类推,还有 32 位及 64 位 CPU 等。CPU 是微机的核心部件,它的性能直接决定了微型计算机系统的性能,而 CPU 的主要技术参数可以反映出 CPU 的基本性能。

(1) CPU 架构。

CPU 架构是 CPU 厂商给属于同一系列的 CPU 产品定的一个规范,主要目的是区分不同类型 CPU 的重要标识。目前 CPU 分类主要分有两大阵营,一个是 Intel 和 AMD 公司的 x86 架构,CPU 采用复杂指令集;另一个是 IBM 公司的 PowerPC 架构和 ARM 公司的 ARM 架构,CPU 采用的是精简指令集 CPU。龙芯是中国科学院计算技术研究所自主研发的通用 CPU,采用了精简指令集(Reduced Instruction Set Computer,RISC)。图 3-5 是典

计算机硬件

型的三款 CPU 芯片。

图 3-5　典型芯片示例

(2) 主频。

主频是 CPU 内核工作的时钟频率,其相应的单位有 Hz(赫)、kHz(千赫)、MHz(兆赫)、GHz(吉赫),一般情况下,主频＝外频×倍频。

外频也叫 CPU 外部频率或基频。由于内存和设置在主板上的 L2 Cache 的工作频率与 CPU 外频同步,所以使用外频高的 CPU 组装的计算机,其整体性能比使用相同主频但外频低一级的 CPU 要高。随着技术的发展,CPU 速度越来越快,内存、硬盘等配件逐渐跟不上 CPU 的速度了,而倍频的出现解决了这个问题,它可使内存等部件仍然工作在相对较低的系统总线型频率下,而 CPU 的主频可以通过倍频来提升。

超频是一种通过调整硬件设置提高芯片的主频来获得超过额定频率性能的技术手段,可以提高计算机的工作速度。超频需要用户手动调整 CPU 的各种指标。

睿频加速技术可以理解为自动超频,CPU 会根据当前的任务量自动调整 CPU 主频,从而在任务多时发挥最大的性能,任务少时发挥最大的节能优势。

3. 存储器

随着计算机技术的不断发展,微机通常采用多级存储器体系,主要包括微处理器存储层、高速缓冲存储层、主存储器层和外存储器层,如图 3-6 所示。多级存储体系比较好地解决了存储容量、存取速度和成本价格的问题。

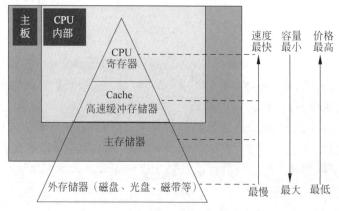

图 3-6　多级存储器体系结构

(1) 微处理器存储层。

寄存器是 CPU 内部用来存放数据的一些小型存储区域,用来暂时存放参与运算的数据和运算结果,分为通用寄存器、专用寄存器和控制寄存器三种。寄存器数量非常有限,但具有非常高的读写速度,寄存器之间的数据传送也非常快。

（2）高速缓冲存储层。

由于内存的存取速度比 CPU 速度慢得多，使 CPU 的高速处理能力不能充分发挥，早期计算机为了使 CPU 与内存之间的速度更好地匹配，在内存与 CPU 之间插入了一种比内存速度更快、容量更小、单位成本更高的高速缓冲存储器（Cache），存放当前使用最频繁的指令和数据，并实现高速存取。Cache 通常集成在 CPU 芯片内部，容量比内存小得多，但速度比内存快得多，接近 CPU 的速度。

目前 CPU 内部高速缓冲存储器可分为一级（L1）、二级（L2）和三级（L3）。L1 缓存速度较快，容量较小，一般只有几十 KB 到几百 KB，主要用于存储 CPU 最常用的指令和数据。L2 缓存容量一般为几百 KB 到几十 MB，速度比 L1 慢，主要用于存储 CPU 频繁访问的数据和指令。L3 缓存容量比 L2 缓存更大，一般为几十 MB 到几百 MB，速度比 L2 缓存慢，主要用于存储 CPU 较少访问但又比较重要的数据和指令。

（3）主存储器层。

主存储器（内存）是 CPU 可直接访问的唯一的大容量存储区域，CPU 使用的任何程序或数据都必须先放到内存中。外存要与 CPU 或 I/O 设备进行数据传输，也必须通过内存进行。内存存取速度快，但与 CPU 速度差距较大。

内存由半导体材料构成，按其特征可分为两大类：只读存储器（Read Only Memory，ROM）和随机存取存储器（Random Access Memory，RAM）。图 3-7 是一种 DDR5 内存条。

ROM 是指只能读取不能写入的存储器，它里面存放的信息一般由计算机制造厂写入并经固化处理，用户是无法改变的。即使断电，ROM 中的信息也不会丢失。因此，ROM 常用来存放一些需永久保存的重要信息，如 BIOS、字库、固定的数据和程序等。

图 3-7　内存条

RAM 是一种可读写的存储器，通常所说的计算机主存容量均指 RAM 存储器容量，RAM 中的数据可以反复使用，只有写入新数据时 RAM 中的内容才被更新，断电时 RAM 中的信息将全部丢失。按照存放信息原理的不同，RAM 可分为静态存储器 SRAM 和动态存储器 DRAM。DRAM 数据信息以电荷形式保存在电容器内，由于电容中的电子会随着时间而散失，因此必须定时刷新。与 SRAM 相比，DRAM 访问速度较慢，但具有容量大、集成度高、价格低等优点，因此目前微机上广泛采用 DRAM 作为内存，一般制成条状，称为内存条，插在主板的内存插槽中。单个内存条的容量有 1GB、4GB、8GB、32GB 等多种规格。SRAM 以双稳态元件作为基本的存储单元，其存储的信息在不断电的情况下不会丢失。SRAM 访问速度快，但集成度不高，且成本较高，常用于小容量的高速存储系统，如高速缓存、显示缓存等。

（4）外存储器层。

外存储器主要用于保存长期保留的程序和数据。微机主要的外存储器包括硬盘、光盘、U 盘等，具有价格较低，可永久保留信息且容量大的特点。这里仅讨论硬盘存储问题，其他将在后续的外部设备部分详细展开。

硬盘是微机最为重要的外存储器，常用于安装软件和存储大量数据。硬盘的存储容量大、可靠性高、存取速度快，一般微机都配有一个或多个硬盘，目前主流的硬盘分为机械硬盘（Hard Disk）和固态硬盘（Solid State Disk）两种。

机械硬盘盘片是以坚固耐用的材料为盘基,将磁粉附着在铝合金(新材料也有用玻璃的)圆盘片的表面上,表面被加工得相当平滑。附着磁粉的盘片被划分成若干个同心圆形的磁道,每个磁道上就好像有无数任意排列的小磁铁,它们分别代表着 0 和 1 的状态。当这些小磁铁受到来自磁头的磁力影响时,其排列的方向会随之改变。

机械硬盘中所有的盘片都装在一个旋转轴上,每张盘片之间是平行的,互相之间由垫圈隔开,一般都被永久性地密封固定在硬盘驱动器中,如图 3-8 所示。在每个盘片的存储面上有一个磁头,磁头与盘片之间的距离比头发丝的直径还小,所有的磁头联在一个磁头控制器上,由磁头控制器负责各个磁头的运动。磁头可沿盘片的半径方向运动,加上盘片每分钟几千转的高速旋转,磁头就可以定位在盘片的指定位置的扇区上进行数据的读写操作。

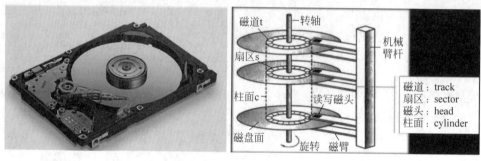

图 3-8　机械硬盘及其内部结构

图 3-9　固态硬盘外观及内部结构

固态硬盘的存储介质分为两种,一种是采用闪存(FLASH 芯片)作为存储介质,另外一种是采用 DRAM 作为存储介质,其外观及内部结构如图 3-9 所示。固态硬盘具有传统机械硬盘不具备的快速读写、质量轻、无噪声、能耗低以及体积小等优点,但也存在容量较小、硬件损坏数据较难恢复、耐用性(寿命)相对较短等缺点。在相同容量下,固态硬盘价格高于传统硬盘 3～5 倍。目前,笔记本电脑基本使用固态硬盘;对于早期使用机械硬盘的微机,用户还可以添加一块固态硬盘来作为双硬盘的系统盘,使系统启动更快。

3.2.2　总线型与接口

1. 总线型

在计算机系统中,各个部件之间传送数据的公共通道叫总线型(Bus)。微型计算机主机各部件之间通过总线型相连接,外部设备通过相应的接口电路再与总线型相连接。

微型计算机总线型分内部和外部总线型两类,内部总线型是指 CPU 芯片内部的连线,外部总线型是指 CPU 与其他部件之间的连线。

按照工作模式不同,总线型又可分为两种类型:一种是并行总线型,它在同一时刻可以传输多位数据,如 PCI 总线型;另一种是串行总线型,它在同一时刻只能传输一个数据,数据必须逐位通过一根数据线发送到目的部件。常见的串行总线型有 RS-232、PS/2、USB 等。

总线型位宽是总线型能够同时传输的二进制数据的位数,例如 32 位总线型、64 位总线型等。总线型位宽愈大,传输性能就愈佳。总线型带宽指的是总线型在单位时间内可以传输的数据总量,即总线型的数据传输率。总线型带宽与位宽二者存在以下换算关系。

$$总线型带宽=总线型频率×总线型位宽÷8$$

总线型如果按功能划分,又可分为以下三类。

① 数据总线型(Data Bus,DB):是双向三态形式的总线型,在 CPU 与 RAM 之间来回传送需要处理或存储的数据。数据总线型的位数是微型计算机的一个重要指标,通常与 CPU 的字长一致。

② 地址总线型(Address Bus,AB):用来指定在 RAM 之中存储数据的地址。

③ 控制总线型(Control Bus,CB):将微处理器控制单元(Control Unit)的信号传送到周边设备,控制总线型来往于 CPU、内存和输入输出设备之间。

微型计算机系统都是采用总线型结构框架连接各部分组件而构成的一个整体,如图 3-10 所示。

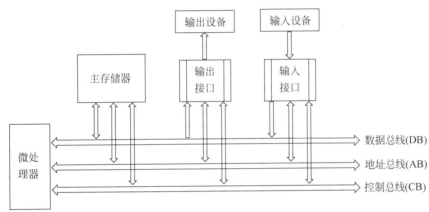

图 3-10　以总线型为公共通道的微机体系结构

2. 接口

微机的硬件接口是主机的对外接口,通过接口接入其他硬件设备。常见的微机接口如图 3-11 所示。

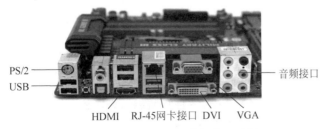

图 3-11　部分常用微机外部接口示例

(1) 串行接口。

串行传输是指构成数据的每个二进制位按时间顺序一位接一位地在一个数据通道上进行传送。串行接口是指采用串行传输方式进行数据传输的接口,目前最普遍的用途是连接鼠标、键盘、调制解调器。

（2）并行接口。

并行接口是指数据的各位同时进行传送,通常是以字节的整数倍为单位进行数据传输。并行接口常用于连接打印机,所以常被称为打印口或并行打印机适配器,被赋予专门的设备名LPT。为区别同一台计算机上的多个并行端口,依次称为LPT1、LPT2。

（3）USB接口。

通用串行总线型(Universal Serial Bus,USB)接口是一种连接计算机系统与外部设备的串口总线型标准,也是一种输入输出接口的技术规范,被广泛地应用于PC和移动设备等信息通信产品,已逐步成为PC的标准接口。USB接口可为外设提供电源,支持热插拔,同时支持高速和低速设备的访问,其传输速度比串口快数百倍,比并口也快几十倍。

USB 1.0的传输速度只有1.5Mb/s,USB 2.0的传输速度为480Mb/s,USB 3.0最大数据传输速度为5Gb/s,最新一代的USB 4.0传输速度高达40 Gb/s。

目前可以通过USB接口连接的输入输出设备有显示器、键盘、鼠标、扫描仪、光笔、数字化仪、数码相机、打印机、绘图仪和调制解调器等。

（4）HDMI接口。

高清晰度多媒体接口(High Definition Multimedia Interface,HDMI)是一种数字化视频/音频接口技术,适合影像传输的专用型数字化接口,可同时传送音频和影像信号,最高数据传输速度为48Gb/s。

（5）DVI接口。

数字视频接口(Digital Visual Interface,DVI)是一种国际开放的接口标准,在PC、DVD、高清晰电视(HDTV)、高清晰投影仪等设备上有广泛的应用。

除了以上常用接口外,微机还有VGA接口、IDE接口、IEEE 1394接口、SCSI接口和SATA接口等。

3. 扩展卡

主板除了搭载CPU、内存、硬盘等设备外,还可以将声卡、显示卡、视频卡、网卡等插接在主板的扩展槽上。随着技术的发展,现在很多设备都直接集成在主板上。

（1）显示卡。

显示卡(又称显示适配器,简称显卡)的作用是控制显示器的显示方式。在显示器里也有控制电路,但起主要作用的是显卡。图3-11中的显卡VGA(Video Graphics Array)接口使用的是15针RS 343数据专用接口,用于传输红、绿、蓝模拟信号以及同步信号(水平和垂直信号)。描述显卡性能的技术术语主要有最大分辨率、色深、刷新频率和显存容量等。

① 最大分辨率:指显卡能在显示器上描绘像素点的最大数量,通常以"横向点数×纵向点数"表示,例如"1024×768",这是图形工作者最注重的性能。分辨率越大,能显示图像的像素点就越多,越能显示更多的细节,图像也就越清晰。由于这些像素点的数据最初都存储于显存内,因此显存容量会影响到最大分辨率。

② 色深:指在某一分辨率下,每一个像素点可以有多少种色彩来描述,又称为颜色深度单位用位(bit)数来表示。例如,黑白图色深为1,增强色即通常所说的64K,色深超过16位,24位真色彩十分接近肉眼所能分辨的颜色。目前更高的色深还有32位、36位和48位。

③ 刷新频率:指图像在屏幕上更新的速度,即屏幕上的图像每秒出现的次数,它的单

位是赫兹(Hz)。显卡的刷新频率受显示器制约,显卡会自动检测显示器的最大刷新频率,根据应用程序的需要,为用户选择适当的刷新率。

④ 显存容量:是指显卡上显存的容量数,这是选择显卡的关键参数之一。显存容量决定着显存临时存储数据的多少,显卡显存容量有 128MB、256MB、512MB、1024MB 几种,64MB 和 128MB 显存的显卡已非常少见,主流的是 2GB、4GB、8GB 的产品。

显卡分为集成显卡、独立显卡和核芯显卡三类。集成显卡是将显示芯片、显存及其相关电路都集成在主板上,具有功耗低、发热量小的优点,其缺点是性能相对略低,且固化在主板或 CPU 上,本身无法更换,如果必须换,就只能换主板。独立显卡是指将显示芯片、显存及其相关电路单独做在一块电路板上,作为一块独立的板卡,它需占用主板的扩展插槽。独立显卡多用于有专业的图像处理需求的计算机,具有完善的 2D 效果和很强的 3D 水平。独立显卡的优点是单独安装有显存,一般不占用系统内存,其缺点是系统功耗加大,发热量也较大,占用更多空间。相对于前两者,核芯显卡则将图形核心整合在处理器中,进一步加强了图形处理的效率,有效降低了核心组件的整体功耗。

(2) 声卡。

声卡(Sound Card)是多媒体技术中最基本的组成部分,是实现声波的模拟信号与计算机处理的数字信号进行相互转换的硬件。声卡的基本功能是把来自话筒、磁带、光盘的原始声音信号加以转换,输出到耳机、扬声器、扩音机、录音机等音响设备,或通过音乐设备数字接口(MIDI)使乐器发出美妙的声音。

声卡主要分为内置独立声卡、集成在主板上的声卡和外置式声卡三种。

(3) 视频采集卡。

视频采集卡(Video Capture Card)也叫视频卡,其功能是将视频信号数字化,处理的是来自摄像机、录像机、电视机和各种激光视盘的视频信号。

视频采集卡的视频采集和压缩同步进行,也就是说视频流在进入计算机的同时就被压缩成 MPEG 格式文件,这个过程就要求计算机有高速的 CPU、足够大的内存、高速的硬盘、通畅的系统总线型。

(4) 网卡。

计算机与外界局域网的连接是通过在主机箱内插入一块网络接口板,简称网卡,又称为网络适配器或网络接口卡。许多微机网卡是作为扩展卡通过 PCI(或 PCI-Express)总线型接口连接到主板上的,新款计算机都在主板上集成了网络接口。由于笔记本电脑受到空间限制,一般采用 PCMCIA 总线型接口的无线网卡,支持热插拔,体积比 PCI 接口网卡小。还有一种 USB 无线网卡,这种网卡不管是台式机还是笔记本电脑,只要安装了驱动程序,都可以使用。其他常见的网卡接口有以太网的 RJ-45 接口、细同轴电缆的 BNC 接口和粗同轴电缆 AUI 接口、光纤分布式数据接口(FDDI)等。

3.2.3　微机常用外部设备

微机常用外部设备有外存储器、输入设备(如键盘、鼠标、触摸屏)和输出设备(如显示器、绘图仪、打印机)等。

1. 外存储器

常见的外存储器有磁盘、光盘存储器和可移动存储设备等。磁盘分为软盘和硬盘两种,软盘由于存储容量较小,目前很少使用,硬盘已在 3.2.1 节详细介绍了,此处不再赘述。

任何一种存储技术都包括两部分:存储设备和存储介质。存储设备是在存储介质上记录和读取数据的装置,例如硬盘驱动器、光盘驱动器。

光盘(Compact Disc)是不同于磁性载体的光学存储介质,以塑料做基片,上面涂有可以反射光线的物质,数据通过激光以凹凸形式记录在盘片上。光盘可以存放各种文字、声音、图形、图像和动画等多媒体数字信息,通常分为不可擦写光盘(CD-ROM、DVD-ROM)和可擦写光盘(CD-RW、DVD-RAM)两大类。光盘具有容量大、读写速度快、数据保存时间长、便于携带、单位价格低等优点。

可移动存储设备就是可以在不同终端间移动的存储设备,大大方便了资料存储,主要分 U 盘和移动硬盘两种。

(1) U 盘。

U 盘全称 USB(USB Flash Disk)闪存盘。它是一种使用 USB 接口的无须物理驱动器的微型高容量移动存储产品,通过 USB 接口与计算机连接,实现即插即用。U 盘最大的优

点是便于携带、存储容量大、价格便宜、性能可靠。U 盘体积很小,目前常见容量范围为 4GB 到 1TB,最新的高速固态 U 盘读速高达 520MB/s,支持 USB、Type-C 双接口,可在手机和计算机端通用,如图 3-12 所示。

(2) 移动硬盘。

移动硬盘(Mobile Hard disk)是以硬盘为存储介质,在计算机之间交换大容量数据,强调便携性的存储产品。移动硬盘多采用 USB、IEEE1394 等传输速度较快的接口,可以较高的速度与系统进行数据传输。移动硬盘(盒)的尺寸分为 1.8 英寸、

图 3-12 双接口 U 盘

2.5 英寸和 3.5 英寸三种。2.5 英寸移动硬盘盒可以使用笔记本电脑硬盘,体积小,重量轻,便于携带,一般没有外置电源。目前市场中的移动硬盘容量多在 1TB 至 6TB 之间,最高可达 20TB(图 3-13),图 3-14 为两款带数字按键的加密硬盘。

图 3-13 大容量移动硬盘　　　　　图 3-14 带数字按键的加密硬盘

从应用的角度看,外部存储设备既可以作为输入设备,也可以作为输出设备。就存取速度来说,从快到慢依次是硬盘、光盘、软盘;就价格来说,一般是速度越快者价格越高。

2. 输入设备

输入设备是指把要处理的信息(程序、数据、声音、文字、图形、图像等)输入计算机中的装置。下面介绍几种微机常用的输入设备。

(1) 键盘。

键盘是微机上最常用的输入设备,用户的各种命令、程序和数据都可以通过键盘输入到

计算机。目前,微机上常用的键盘有 101 键、104 键、107 键和人体工程键盘。键盘上的键可分为主键盘区和副键盘区两部分,副键盘区又包括功能键区、编辑键区和数字键盘区,如图 3-15 所示。

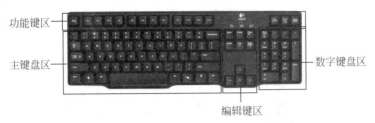

图 3-15　常见 104 键键盘及其分区示意图

（2）鼠标。

鼠标是一种很常用的输入设备,它可以对计算机显示系统的横纵坐标进行定位,并通过按键和滚轮装置对光标所经过位置的屏幕元素进行操作。鼠标的使用是为了使计算机的操作更加简便快捷,从而代替烦琐的键盘指令。

鼠标按工作原理可分为机械式和光电式两种,无线鼠标和 3D 振动鼠标都是比较新颖的鼠标,不同款式的鼠标如图 3-16 所示。

图 3-16　不同款式的鼠标

（3）扫描仪。

扫描仪是光、机、电一体化的高科技产品,它能将各种形式的图像信息输入计算机,是继键盘和鼠标之后的第三代计算机输入设备。扫描仪具有比键盘和鼠标更强的功能,从最原始的图片、照片、胶片到各类文稿资料都可用扫描仪输入到计算机中,进而实现对这些图像形式的信息的处理、管理、使用、存储、输出等,配合光学字符识别软件（Optic Character Recognize,OCR）还能将扫描的文稿转换成计算机的文本形式。图 3-17 是两种常见类型的扫描仪。

图 3-17　便携式和平板式扫描仪

计算机硬件

(4) 触摸屏。

触摸屏是一种新型输入设备,也是目前最简单、方便、自然的人机交互方式之一。人们利用手指或其他物体触摸安装在显示器前端的触摸屏,然后系统根据手指触摸的图标或菜单位置来定位选择信息输入。触摸屏可分为电容式、电阻式和红外式三种。

除了上述四种设备,计算机输入设备还有手写笔、摄像头、数码相机、游戏手柄、游戏摇杆、数字化仪、条码扫描器、麦克风(或话筒)、光笔等,如图 3-18 所示。

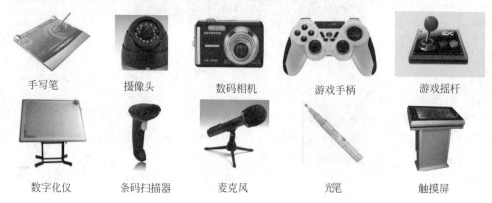

手写笔　　　　摄像头　　　　数码相机　　　　游戏手柄　　　　游戏摇杆

数字化仪　　　条码扫描器　　　麦克风　　　　光笔　　　　触摸屏

图 3-18　触摸屏及其他输入设备

3. 输出设备

输出设备的作用是将计算机的执行结果或其他信息传送到外部媒介,并转化成某种人们所需要的表示形式。最常用的输出设备是显示器和打印机。

(1) 显示器。

显示器、显卡及相应的驱动程序共同构成计算机的显示系统,其中,显示器是计算机系统中最基本的输出设备。

微机系统中使用的显示器类型很多,按显示方式主要分为阴极射线管(Cathode Ray Tube,CRT)和液晶显示器(Liquid Crystal Display,LCD)两种,如图 3-19 所示。无论哪种类型显示器,分辨率都是重要的参数,它是表示显示器清晰度的指标,目前市场 5K 显示器的最佳分辨率为 5120×2880。

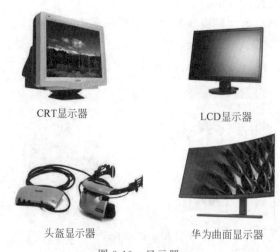

CRT显示器　　　　　　　　LCD显示器

头盔显示器　　　　　　　华为曲面显示器

图 3-19　显示器

CRT 显示器是早期广泛使用的显示器,CRT 纯平显示器具有可视角度大、无坏点、色彩还原度高、色度均匀、可调节的多分辨率模式、响应时间极短等 LCD 显示器难以超过的优点,而且价格更便宜。CRT 显示器如果刷新频率过低,屏幕有明显的闪烁,图像稳定性差,容易造成眼睛疲劳。

LCD 的优点是机身薄、占地小、辐射小、可视面积大。它的主要原理是以电流刺激液晶分子产生点、线、面,配合背部灯管构成画面。液晶显示器画面不会闪烁,可以减少对眼睛的伤害,但它也具有色彩不够艳丽、亮度和对比度不是很好、可视角度不高等缺点。

随着光学设计和制造技术的日趋完善,头盔显示器也出现在个人应用显示器行列,它作为虚拟现实应用中的 3D VR 图形显示与观察设备,可单独与主机相连,以接受来自主机的 3D VR 图形信号。

(2)打印机。

打印机是计算机最常用的输出设备之一,与主机的连接是通过标准的串行或并行接口。但并行接口容易损坏,而且传输速度慢,目前基本上被串行 USB 接口代替,因为 USB 接口具有传输速度快、支持热插拔的特性。

目前市场上常见的打印机有点阵打印机、喷墨打印机和激光打印机三种,如图 3-20 所示。

图 3-20　点阵、喷墨和激光打印机

3D 打印技术出现在 20 世纪 90 年代中期,实际上是利用光固化和纸层叠等技术的最新快速成型装置。3D 打印与普通打印工作原理基本相同,打印机内装有液体或粉末等"打印材料",连接计算机后,在计算机的控制下把"打印材料"层层叠加起来,最终把计算机上的蓝图变成实物。利用这种 3D 立体打印技术制成的打印机称为 3D 打印机,又称三维打印机,如图 3-21 所示。

(3)绘图仪。

绘图仪是一种输出图形硬拷贝设备,在绘图软件的支持下可以绘制出精确、复杂的图形,是计算机辅助设计不可缺少的工具,分为笔式、喷墨式和发光二极管三大类。

图 3-21　3D 打印机

除了以上介绍的输出设备,其他的输出设备还有数字光投影仪、音箱、耳机等,如图 3-22 所示。

图 3-22　绘图仪及其他输出设备

3.2.4 微机计算机的性能指标

微型计算机功能的强弱和性能的好坏不是由某个指标决定的,而是由其系统结构、指令系统、硬件结构、软件结构等多方面因素综合决定的。但是,对于大多数普通用户来说,可以从以下几个指标来大致评价计算机的性能。

(1) 字长:指计算机 CPU 能够直接处理的二进制数据的位数,通常是 8 的整数倍。

(2) 主频:指计算机 CPU 运算时的工作频率。主频越高,一个时钟周期里完成的指令数也越多,当然 CPU 的速度就越快。

(3) 运算速度:通常所说的计算机的运算速度一般用百万次/秒(MIPS)来描述。

(4) 存储容量:分内存容量和外存容量,这里主要指内存容量,它反映了计算机即时存储信息的能力。

(5) 核心数:目前 CPU 基本上都提供多个核心,即在一个 CPU 内包含两个或多个运算核心,每个核心既可独立工作,也可协同工作,使 CPU 性能在理论上比单核强劲一倍或数倍。

(6) 外设扩展能力:微型计算机可配置外部设备的数量以及配置外部设备的类型对整个系统的性能有重大影响。

除了上述主要性能指标之外,微型计算机还包括配置的外围设备的性能指标和配置的系统软件的状况等指标。另外,各指标之间也不是相互独立的,在实际使用时,应该将它们综合起来考虑。

思 考 题

(1) 简述冯·诺依曼结构计算机的组成和工作原理。

(2) 利用网络资源了解国产微处理器的发展情况。

(3) 什么是主板?它有哪些部件?各部件之间如何连接?

(4) CPU 有哪些性能指标?

(5) 查找资料,了解为什么键盘字母不是按照英文字母的顺序排列。

(6) 查找资料,了解 3D 打印的发展前景。

(7) 计算机的存储系统包括哪些部分?

第4章 计算机软件

完整的计算机系统由计算机硬件和计算机软件组成,二者相辅相成,缺一不可。用户需要通过计算机软件管理和使用计算机,发挥计算机的性能。本章介绍计算机软件的概念、特点和分类,并以 Windows 10 为例,介绍操作系统的作用、分类、功能及使用。

4.1 计算机软件概述

目前,计算机和网络的普及改变了人们的生活方式,各类软件的开发及应用赋予了用户新的功能体验。例如,使用 Windows 软件可以方便操作计算机,应用微信、QQ 等软件让人与人之间的交流变得方便快捷,利用支付宝等软件不仅可以实现电子支付,还可实现自助理财等。

4.1.1 软件相关概念

计算机软件(Computer Software)是为了运行、管理和维护计算机所编制的程序和数据的集合。一台计算机能否发挥其应有的功能,很大程度上取决于所配置的软件是否完善和丰富。软件不仅提高了计算机的效率、扩展了硬件功能,也为用户使用计算机提供了很多方便。

软件(Software)是计算机系统中与硬件相互依存的重要组成部分,通常由三部分组成:

$$软件=程序+数据+文档$$

其中,程序是按一定的步骤完成指定任务的一系列命令,一个软件是由一个或多个程序组成的;数据是指支撑计算机程序执行的数据结构;文档是与程序开发、维护和使用有关的图文材料,包括描述软件系统结构的系统文档和解释软件产品如何使用的用户文档。通常,将包含这三部分的各种功能程序及数据文件打包成安装包,配有 Setup. exe 或 Install. exe 文件,供用户安装使用。

软件在计算机系统中起指挥和管理作用,用户主要通过软件与计算机进行交流,因此,软件是用户与硬件之间的接口。

$$用户\Longleftrightarrow 软件\Longleftrightarrow 硬件$$

软件是一种逻辑实体,具有抽象性。人们可以把它记录在介质上,但无法看到它的形态,只有运用逻辑思维才能把握软件的功能和特性。

软件开发(Software Development)是根据用户要求建造出软件系统或该系统中的软件部分的过程,是一项包括需求捕捉、需求分析、设计、实现和测试的系统工程,后期需要长期维护。

软件的安装和运行需要满足一定环境,通常包括硬件环境和软件环境。硬件环境主要是电脑的配置,比如 CPU、内存、显卡、硬盘等。例如,各种操作系统需要的硬件环境是不一样的,64 位的操作系统需要基于 64 位的处理器和 2GB 以上的内存。软件环境主要指操作系统,如 Windows 或 Linux 等,也包括一些其他软件和第三方运行库,如 DotNet、DirectX 等。通俗地讲,Windows 支持的软件,Linux 不一定支持,如果想要跨平台运行这些软件,必须修改软件本身,或者模拟它所需要的软件环境。因此,一个软件产品一般都会说明是基于某操作系统平台运行的。

4.1.2 软件分类

计算机软件非常丰富,要对其进行恰当的分类相当困难。一种通常的分类方法是将软件分为系统软件和应用软件两大类。实际上,系统软件和应用软件的界限并不十分明显,有些软件既可以认为是系统软件,也可以认为是应用软件,如数据库管理系统。

1. 系统软件

系统软件是指控制和协调计算机及外部设备,支持应用软件开发和运行的系统,其主要功能是调度、监控和维护计算机系统,同时负责管理计算机系统中各种独立的硬件,使它们可以协调工作。系统软件是应用软件运行的基础,所有应用软件都是在系统软件上运行的,其分为操作系统、语言处理程序、数据库管理系统和系统辅助处理程序等。

(1) 操作系统。

操作系统(Operating System,OS)是直接运行在裸机上的最底层的系统软件,是计算机系统的指挥调度中心,它可以为各种程序提供运行环境。常见的操作系统有 DOS、Windows、UNIX 和 Linux 等

(2) 语言处理程序。

语言处理程序是为用户设计的编程服务软件,也称为软件开发工具,主要用于编辑、调试、编译或解释用程序设计语言编写的源程序。计算机语言包括机器语言、汇编语言和高级语言。计算机只能直接识别和执行机器语言,因此要在计算机上运行汇编和高级语言程序就必须配备相应语言的翻译程序,翻译程序就是语言处理程序。Basic、C、Java、Python 等高级语言的处理程序 Visual Basic、Visual C++ 2010、IntelliJ IDEA、IDLE 等都是这类系统软件。

(3) 数据库管理系统。

数据库管理系统(DataBase Management System,DBMS)是一种操作和管理数据库的软件,它是位于用户和操作系统之间的数据管理软件,也是用于建立、使用和维护数据库的管理软件,把不同性质的数据进行组织,以便能够有效地查询、检索和管理这些数据。常用的数据库管理系统有 SQL Server、Oracle、Access、MySQL 及 OceanBase 等。

(4) 系统辅助处理程序。

系统辅助处理程序的作用是维护计算机的正常运行,如系统自检程序、Windows 系统自带的磁盘碎片整理程序等。

2. 应用软件

应用软件是利用计算机的软、硬件资源为某一应用领域解决实际问题而专门开发的软件,它可以拓宽计算机系统的应用领域,放大硬件的功能。应用软件种类繁多,用途广泛,分

为通用软件和专用软件。

通用软件是为适应信息社会各个领域的应用需求,为实现某种特殊功能、满足同类用户所需而设计的软件,具有普遍性。如办公软件(Office、WPS)、绘图软件(Adobe Illustrator、AutoCAD、Macromedia FreeHand)、图形图像处理软件(Photoshop、Flash)、视频播放软件(Windows Media Player、暴风影音)、动画制作软件(3ds Max、Flash)、交流软件(QQ、微信)等。

专用软件是为解决特定的具体问题而开发的,使用范围限定在特定的单位和行业,如学校的学籍管理系统、超市的销售管理系统等。

软件开发人员不断完善和开发新软件,以满足各类用户需求,提高计算机的应用范围和使用效率,计算机硬件、软件及用户关系如图 4-1 所示。

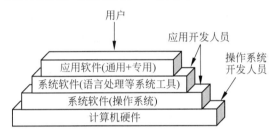

图 4-1　计算机软硬件及用户关系示意图

4.1.3　程序及程序设计语言

当需要计算机完成某种任务时,首先要将任务分解成若干个基本操作,并将每一种操作转换为相应的计算机指令,按一定的顺序组织起来,这就是程序(Program)。概括地讲,程序是实现既定任务的指令序列,计算机严格按照程序安排的指令顺序,有条不紊地执行规定操作,完成预定的任务。软件通常包含一个或多个程序,一般用某种程序设计语言实现。

程序设计语言(Programming Language)是人与计算机交流的工具,用来书写计算机程序,按照其发展过程分为三类。

(1) 机器语言。

机器语言是第一代程序设计语言,它是由 0 和 1 按一定规则组成的二进制代码,是能被计算机系统直接识别和运行的指令集合。用机器语言编写的程序不直观,编程工作量大,难学、难记,不便于修改和阅读,但它能直接在机器上运行,运行速度快、节省内存空间;机器指令通常随 CPU 型号的不同而不同,因此机器语言随机而异,通用性差,是面向机器的语言。

(2) 汇编语言。

为了克服机器语言的缺点,人们使用便于理解和记忆的符号代替二进制指令代码,如用 ADD 表示加法、SUB 表示减法、MOV 表示赋值等,这种符号化的机器语言称为汇编语言。

汇编语言的主体是汇编指令。汇编指令和机器指令的差别在于指令的表示方法。汇编指令是机器指令便于记忆的书写格式。

操作:寄存器 bx 的内容送到 ax 中

1000100111011000　　　　　机器指令

mov ax,bx　　　　　　　　汇编指令

计算机只能读懂机器指令,那么如何让计算机执行程序员用汇编指令编写的程序呢?这时,就需要有一个能够将汇编指令转换成机器指令的翻译程序,这样的程序称为汇编程序。程序员先用汇编语言写出源程序,再用汇编程序将其编译为机器指令,由计算机最终执行。

机器语言和汇编语言统称为低级语言,低级语言的指令集是针对某一种机型设计的。例如 8086 汇编语言的指令集只适用于 Intel 80x86 系列微处理器,用它编写的程序只能运行在装有 x86 微处理器的计算机上。

(3) 高级语言。

高级语言的重要贡献在于突破了计算机硬件限制,这样,程序员可以完全不用与计算机硬件打交道,不必了解计算机的指令系统。它用尽可能接近自然的语言描述人们设想的处理过程,所以用高级语言编写的程序易学、易读、易修改、通用性好,不依赖于机器。但用高级语言编程不能充分发挥计算机硬件优势,其执行速度低于机器语言,而且占用内存空间较大。

高级语言程序是不能直接被计算机识别和执行的,必须由编译或解释程序将其翻译成机器语言程序才能被计算机执行。

数年来,计算机工作者开发出了各种各样的编程语言,例如 Fortran、COBOL、Pascal、Ada、C、C++、LISP、Prolog、Smalltalk、Python 等。Tiobe 公司发布的 2023 年 1 月编程语言排行榜,前几名分别是 Python、C、C++、Java、C♯、Visual Basic、JavaScript、SQL、PHP。

① Python:是一种面向对象的解释型计算机程序设计语言,由荷兰人 Guido van Rossum 于 1989 年发明,第一个公开发行版于 1991 年发行。Python 是开源项目的优秀代表,其解释器的全部代码都是开源的,可以在 Python 的主网站(https://www.python.org/)自由下载。Python 可用于 Web 和 Internet 开发、科学计算和数据统计、教育、桌面界面开发等。目前,Python 是最接近人工智能的语言。

② C:是一种结构化程序设计语言,层次清晰,便于按模块化方式组织程序,易于调试和维护。C 的表现能力和处理能力极强,它不仅具有丰富的运算符和数据类型,便于实现各类复杂的数据结构,还可以直接访问内存的物理地址,进行位(bit)一级的操作。C 既可用于系统软件的开发,也可用于应用软件的开发,它还具有效率高、可移植性强等特点。

③ C++:是在 C 的基础上发展而来,C++ 包含了 C 的全部特征、属性和优点,同时增加了支持面向对象编程功能。

④ Java:是一个支持网络计算的面向对象程序设计语言。Java 吸收了 Smalltalk 和 C++ 的优点,是一种简单的、跨平台的、分布式的、解释的、健壮的、安全的、体系结构中立的、可移植的、性能优异的、多线程的、动态的语言。

⑤ Visual Basic:简称 VB,是微软公司开发的一种通用的基于对象的程序设计语言,为结构化的、模块化的、面向对象的、包含协助开发环境的事件驱动为机制的可视化程序设计语言。VB 拥有图形用户界面(GUI)和快速应用程序开发(RAD)系统,可以轻易地使用 DAO、RDO、ADO 连接数据库,或者轻松地创建 Active X 控件,用于高效生成类型安全和面向对象的应用程序。

⑥ SQL:SQL 是结构化查询语言(Structured Query Language)的简称,是一种数据库查询和程序设计语言,用于存取数据以及查询、更新和管理关系数据库系统。SQL 是高级

的非过程化编程语言,允许用户在高层数据结构上工作,具有完全不同底层结构的不同数据库系统可以使用相同的结构化查询语言作为数据输入与管理的接口。SQL 的影响已经超出数据库领域,得到其他领域的重视和采用,如人工智能领域的数据检索、第四代软件开发工具中嵌入 SQL 等。

⑦ PHP:是一种 HTML 内嵌式的语言。PHP 与 ASP 颇有几分相似,都是一种在服务器端执行的嵌入 HTML 文档的脚本语言,语言的风格又类似于 C,被很多网站编程人员广泛运用。

4.2 操作系统概述

操作系统是计算机系统中最基本的、最贴近计算机硬件的系统软件,计算机中的大部分操作都必须在操作系统的支持下才能完成。要想学习使用计算机,首先要认识并学会使用操作系统。

4.2.1 操作系统的概念及作用

操作系统是计算机系统中的一个重要系统软件,是一些程序模块的集合,这些模块以尽量有效、合理的方式控制和管理计算机的所有**软、硬件资源**,合理地组织计算机的工作流程,并向用户提供**各种服务功能**和**软件支持**,使用户能够灵活、方便、有效地使用计算机,也使整个计算机系统能高效地运行。

① 硬件资源:处理器(CPU)、存储器(内存和外存)、外部设备(如键盘、鼠标、打印机)等。

② 软件资源:包括程序和数据,通常以文件或文件夹方式组织。

③ 各种服务功能:操作系统向用户提供控制语言、命令、菜单、工具和按钮等,用户利用它们中的任一方式与系统交互,或者控制程序运行,或者向系统传达某种操作服务请求,例如搜索文件、运行某程序、设置显示器分辨率等,操作系统根据用户提出的请求进行各种系统操作服务。可见,操作系统是用户与计算机的接口。

④ 软件支持:用户可以在操作系统的支持下,方便地安装和运行其他软件,如 VC++、Office 软件等。可见,操作系统是硬件和软件之间的接口。

操作系统的作用可以从不同的角度来观察,如图 4-2 所示。从用户角度,操作系统是系统硬件及软件的接口;从资源管理角度,操作系统是计算机硬件、软件资源的管理者。简而言之,操作系统的作用是管理计算机系统中的各种软硬件资源,并为用户提供良好的操作界面。

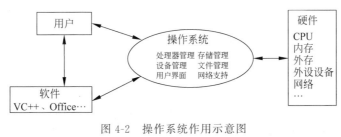

图 4-2 操作系统作用示意图

4.2.2 操作系统的分类

操作系统与其所运行的计算机体系结构密切相关。为适应各种不同的应用和硬件配置,程序员们开发了多种操作系统,有批处理操作系统、分时操作系统、实时操作系统等。

1. 批处理操作系统

批处理是指用户将一批作业提交给操作系统后就不再干预,由操作系统控制它们自动运行。批处理操作系统分为单道批处理系统和多道批处理系统,多道批处理系统通常用在以科学计算为主的大中型计算机上,由于多道程序能交替使用 CPU,提高了 CPU 及其他系统资源的利用率,同时也提高了系统的效率。多道批处理系统的缺点是延长了作业的周转时间,用户不能进行直接干预,缺少交互性,不利于程序的开发与调试。

2. 分时操作系统

分时操作系统把计算机的系统资源(尤其是 CPU 时间)进行时间上的分割,每个时间段称为一个时间片,每个用户轮流使用时间片,实现多个用户共享同一台主机。分时操作系统具有多路性、独立性、交互性和及时性。比较典型的分时操作系统有 UNIX、Linux、Windows NT、Windows Server 等。

3. 实时操作系统

实时操作系统是能对随机发生的外部事件做出及时响应并进行处理的操作系统,其特点是,对外部事件的响应十分及时、迅速,系统可靠性高。实时系统一般都是专用系统,是为专门的应用而设计的,可分为实时控制系统和实时信息处理系统。实时控制主要用于生产过程控制(如炼钢、电力生产)、导弹发射控制等;实时信息处理主要用于计划管理、情报检索、飞机订票等。

随着计算机体系结构的发展,又出现了多种操作系统,如网络操作系统、云平台操作系统及智能手机操作系统等。

1. 网络操作系统

网络操作系统是使网络上的各计算机能方便有效地共享网络资源,为网络用户提供所需的各种服务的软件和有关协议的集合,其功能是实现多台计算机之间的相互通信及网络中各种资源的共享。常用的网络操作系统有微软公司的 Windows NT、NetWare 以及 UNIX 等。

2. 云平台操作系统

云平台操作系统是以云计算、云存储技术为支撑的操作系统,是云计算后台数据中心的整体管理运营系统,通常包含大规模基础软硬件管理、虚拟计算管理、分布式文件系统、业务/资源调度管理、安全管理控制等几大模块。云操作系统有 VMware vSphere、云海 OS 和 Chrome OS 等。

3. 智能手机操作系统

智能手机操作系统运行在高端智能手机上,为手机用户提供良好的操作界面以及很强的应用扩展功能,能方便随意地安装和删除应用程序。目前常用的智能手机操作系统有 Android、iOS、鸿蒙系统(HarmonyOS)。

4.2.3 常用操作系统简介

1. DOS

DOS(Disk Operating System)是微软公司研制的配置在 PC 上的单用户命令行界面操作系统,它曾经广泛地应用于 PC,对于计算机的应用和普及功不可没。目前,DOS 已被 Windows 替代,但 Windows 依然保留了 DOS 的功能,以窗口的方式提供命令操作。

2. Microsoft Windows 系列

Windows 提供了基于图形的人机对话界面。与早期的操作系统 DOS 相比,Windows 更容易操作,更能有效地利用计算机的各种资源。它的主要特点是:具有统一的图形窗口界面和操作方法、具有易用性和兼容性、支持多任务多窗口、具有先进的内存管理和数据共享能力、具有丰富的应用程序、具有内置网络和通信功能、支持多媒体技术等。

微软自 1985 年推出 Windows 1.0 以来,经历了三十多年的发展,开发了 Windows 3.x、Windows 98、Windows 2000、Windows XP、Windows Vista、Windows 7、Windows 8、Windows 10、Windows 11,其中 Windows 10 于 2014 年 10 月发行,Windows 11 于 2021 年 10 月发行。Windows 是目前最流行的操作系统之一。

3. UNIX

UNIX 是一个交互式的多用户、多任务的分时操作系统,自 1974 年问世以来,迅速地在世界范围内推广。UNIX 起源于美国电话电报公司(AT&T)贝尔实验室,最初的使用只限于大学和研究所等机构,由于起点较高,使用不便,大多数用户对其望而却步。随着网络特别是 Internet 的发展,UNIX 以其丰富的网络功能、高度的稳定性、可靠性和安全性重新引起了人们的关注。同时由于硬件平台价格的不断降低和 UNIX 微机版本的出现,UNIX 迅速流行,并广泛应用于网络、大型机和工作站中。Internet 的 TCP/IP 就是在 UNIX 下开发的。

4. Linux

Linux 是一套免费使用和自由传播的类 UNIX 操作系统。Linux 来源于 UNIX 的精简版本 Minix,1991 年芬兰赫尔辛基大学的学生 Linus Torvalds 修改完善了 Minix,开发了 Linux 的第一个版本,其源代码在 Internet 上公开后,世界各地的编程爱好者不断对其进行完善。因此,Linux 被认为是一个开源代码的操作系统。自发布以来,Linux 操作系统以令人惊异的速度在服务器和桌面系统中获得了成功,它已经被业界认为是未来最有前途的操作系统之一。

Linux 包含了 UNIX 的全部功能和特性,具有以下主要特性:开放性、多用户、多任务、良好的用户界面、设备独立性、丰富的网络功能、可靠的系统安全和良好的可移植性。这些特性也使 Linux 操作系统在嵌入式领域获得越来越多的关注。

目前 Linux 主要流行版本有 Red Hat Linux、Turbo Linux,我国自行开发的有红旗 Linux、蓝点 Linux 等。

5. macOS

macOS 是一套运行于苹果系列计算机上的操作系统,由苹果公司为 Mac 系列开发,它是基于 UNIX 内核的首个在商用领域成功应用的图形用户界面系统,它的许多特点和服务都体现了苹果公司的理念。

macOS 具有较强的图形处理能力,广泛用于桌面出版和多媒体应用领域。

另外,现在疯狂肆虐的计算机病毒几乎都是针对 Windows 的,由于 Mac 的架构与 Windows 不同,所以很少受到病毒的袭击。

6. 嵌入式操作系统

嵌入式操作系统(Embedded Operating System,EOS)是运行在嵌入式智能芯片中,对整个智能芯片以及它所操作的各部件进行统一调度和控制的系统软件,具有系统内核小、专用性强、易于连接等特点。典型嵌入式操作系统只能完成某一项或有限项功能,它不是通用型的,在性能和实时性方面有严格的限制。嵌入式操作系统功能可针对需求进行裁剪、调整和生成,以便满足最终产品的设计要求。

目前在嵌入式领域广泛使用的操作系统有:嵌入式 Linux、Windows Embedded、VxWorks 等,以及应用在智能手机和平板电脑的 Android、iOS 等。

7. Android

Android(安卓)是一种以 Linux 与 Java 为基础的开放源代码操作系统,最初由 Andy Rubin(安迪·鲁宾)开发,Google 于 2007 年 11 月 5 日宣布其名称。该平台由操作系统、中间件、用户界面和应用软件组成,号称是首个为移动终端打造的真正开放和完整的移动软件。目前,Android 是智能手机上重要的操作系统。

8. iOS

iOS 是苹果公司开发的操作系统,主要是给 iPhone、iPod touch 以及 iPad 使用,就像 macOS 操作系统一样,它是以 Darwin 为基础的。原本这个系统名为 iPhone OS,直到 2010 年 6 月 7 日,苹果全球开发者大会(WWDC)宣布改名为 iOS。

9. Harmony OS

Harmony OS(鸿蒙系统)是华为公司基于 Linux 内核自主研发的开源免费操作系统,2019 年 8 月 9 日正式发布。该系统是一款全新的面向全场景的分布式操作系统,旨在创造一个超级虚拟终端互联的世界,将人、设备、场景有机地联系在一起,将消费者在全场景生活中接触的多种智能终端实现极速发现、极速连接、硬件互助、资源共享,用最合适的设备提供最佳的场景体验。

2020 年 9 月 10 日,华为鸿蒙系统升级至 2.0 版本,2021 年 10 月,Harmony OS 3.0 发布,搭载鸿蒙系统的设备突破 1.5 亿台。

鸿蒙系统将手机、计算机、平板、电视、汽车、智能穿戴等设备统一成一个系统,能兼容全部安卓应用和 Web 应用,未来会有越来越多的智能设备使用开源的鸿蒙系统。

10. Chrome OS

Chrome OS 是由谷歌开发的一款基于 Linux 的操作系统,发展为与互联网紧密结合的云操作系统。谷歌在 2009 年 7 月 7 日发布该操作系统,在 2009 年 11 月 19 日以 Chromium OS 之名推出相应的开源项目,并将 Chromium OS 代码开源。Chrome OS 同时支持 Intel x86 以及 ARM 处理器,软件结构极其简单,可以理解为在 Linux 内核上运行一个使用新的窗口系统的 Chrome 浏览器。对于开发人员来说,Web 就是平台,所有现有的 Web 应用可以完美地在 Chrome OS 中运行,开发者也可以用不同的开发语言为其开发新的 Web 应用。

11. 银河麒麟操作系统

银河麒麟操作系统是实用的基于开源 Linux 的操作系统,拥有中国自主知识产权,具有高安全、跨平台、中文化等特点,广泛应用于军工、政府、金融、电力、教育、大型企业等众多领域。该系统同源支持飞腾、龙芯、申威、兆芯、海光、鲲鹏等国产平台,内核、核心库和桌面环境等所有组件同源构建,为不同平台的软硬件生态提供兼容一致的开发和运行接口,为用户提供完全一致的使用体验。2021 年 10 月 27 日,银河麒麟操作系统 V10 发布,其软件商店内包括自研应用和第三方商业软件在内的各类应用,同时提供 Android 兼容环境(Kydroid)和 Windows 兼容环境,支持多 CPU 平台的统一软件升级仓库、版本在线更新功能。

4.3　操作系统的基本功能

操作系统是系统软件的核心,能够提高计算机系统的处理能力,充分发挥系统资源的利用率,方便用户使用。从资源管理角度看,操作系统具有处理器管理、存储管理、文件管理、设备管理和网络管理等功能,并能为用户提供良好的界面。

4.3.1　处理器管理

处理器管理是指对 CPU 的管理,是操作系统的重要功能。由于 CPU 的运行速度比其他硬件快很多,为了充分利用 CPU 资源,大多数操作系统采用多用户、多任务的处理方式,即同一时间有多个用户在使用计算机,每个用户又同时运行着多个应用程序,那么 CPU 如何分配、如何调度这些正在运行的程序,都由操作系统的处理器管理。

1. 程序

程序以文件的形式存放在外存储器中,执行时被操作系统调入内存。在早期的计算机系统中,任一时刻只允许一个程序在内存中执行,就是所谓的**单道程序系统**。为了提高系统资源的利用率,后来的操作系统允许同时有多个程序被加载到内存中执行,这样的操作系统被称为**多道程序系统**。多个程序由操作系统调度在 CPU 中交替运行,例如,有 3 个程序加载到内存,如图 4-3 所示,程序 A 没有结束就放弃了 CPU,让程序 B 和程序 C 执行,程序 C 没有结束又让程序 A 抢占了 CPU,3 个程序交替运行。从宏观上看,系统中有多道程序在并行执行;从微观上看,在任一时刻仅能执行一个程序,这些程序共享 CPU 资源,提高了CPU 的利用率。

图 4-3　多道程序系统中程序在交替执行

2. 进程

进程(Process)是一个正在执行的程序,是一个动态的过程。或者说,进程是一个程序在计算机上执行时所发生的活动。一个程序被加载到内存就创建了一个进程,程序执行结束,该进程也就消亡了,以便能及时回收该进程所占用的各类资源。当一个程序(如Windows 的"画图"程序)同时被执行多次时,尽管是同一个程序,系统也会创建多个进程。

在操作系统的任务管理器(按 Ctrl+Shift+Esc 组合键打开)的"进程"或"详细信息"选项卡中,用户可以查看到当前操作系统管理的所有进程及进程状态、占用 CPU 和内存情况,如图 4-4 所示,Windows 系统自带的画图程序(mspaint.exe)被执行 2 次,因而内存中有 2 个这样的进程,处于运行状态。

名称	PID	状态	用户名	CPU	内存(活动...	UAC 虚拟化
pdfconverter.exe	4632	正在运行	syg69	02	1,420 K	不允许
OneDrive.exe	4260	正在运行	syg69	00	2,996 K	已禁用
MultiTip.exe	6912	正在运行	syg69	00	12,804 K	不允许
mspaint.exe	12572	正在运行	syg69	00	17,912 K	已禁用
mspaint.exe	7812	正在运行	syg69	00	17,128 K	已禁用
MOM.exe	6180	正在运行	syg69	00	1,960 K	已禁用
MicrosoftEdgeSH...	8508	已挂起	syg69	00	0 K	已禁用
MicrosoftEdgeCP...	6112	已挂起	syg69	00	0 K	已禁用
MicrosoftEdge.exe	12124	已挂起	syg69	00	0 K	已禁用
Microsoft.Photos.e...	7916	已挂起	syg69	00	0 K	已禁用
lsass.exe	812	正在运行	SYSTEM	00	4,964 K	不允许
Locator.exe	10016	正在运行	NETWOR...	00	48 K	不允许
HxTsr.exe	3552	正在运行	syg69	00	3,944 K	已禁用
HxOutlook.exe	5956	已挂起	syg69	00	0 K	已禁用

图 4-4 Windows 任务管理器

进程在它的整个生命周期中有 3 个基本状态:就绪、运行和挂起。

(1) 就绪状态。

进程已经获得了除 CPU 之外的所有资源,做好了运行的准备,如果得到 CPU 便立即执行,转换到执行状态。

(2) 运行状态。

进程已获得 CPU,其程序正在执行。在单 CPU 系统中,只能有一个进程处于运行状态,而在多 CPU 系统中,则可能有多个进程处于运行状态。

图 4-5 进程的状态及转换

(3) 挂起状态。

进程因等待某个事件而暂停运行时的状态,也称为"等待"状态或"睡眠"状态。

在运行期间,进程不断地从一个状态转换到另一个状态,按时间片分享系统资源,如图 4-5 所示。处理器管理可以归结为对进程的管理,进程管理包括进程建立、同步、通信、调度以及撤销等。

程序和进程的主要差异在于以下几方面。

① 程序是一个静态的概念,是存放在外存储器上的程序文件;进程是一个动态的概念,描述程序执行时的动态行为。进程由程序执行而产生,随执行结束而消失,是有生命周期的。

② 程序可以脱离机器长期保存,即使不执行也是存在的。而进程是执行着的程序,当

程序执行完毕,进程也就不存在了,所以进程的生命是暂时的。

③ 一个程序可多次执行并产生多个不同的进程。

☞提示:如果正在执行的程序出现无响应状态,可通过结束该进程关闭。

查看进程并关闭程序

4.3.2 存储器管理

任何要计算机完成的作业,包括程序、数据以及运行程序所需要的相关信息,都必须先存储在存储设备上,然后才能够被计算机使用。存储设备包括内存和外存,操作系统对存储器的管理主要指内存管理,本节同步介绍了外部存储器(硬盘)的管理和使用。

1. 内存管理(存储管理)

内存管理主要是对内存空间的分配、保护和扩充。

(1) 内存分配。

内存分配的主要任务就是为每道运行的程序分配内存空间,提高内存利用率。内存分配采用动态分配和静态分配两种方式。

(2) 内存保护。

由于有多个程序在内存中运行,内存保护的功能就是要确保每个用户程序都在自己的空间中运行,互不干扰,保证一个程序在执行过程中不会有意或无意地破坏其他程序。

(3) 内存扩充。

这里不是指物理意义上的内存扩充,而是指操作系统通过虚拟存储技术为用户提供了一个比实际内存大得多的"虚拟内存",从逻辑上来扩充内存的容量,以解决物理内存空间不足的问题,提高系统性能。

在计算机的运行过程中,操作系统使用一部分硬盘空间模拟内存,即虚拟内存。用户面对的是一个内、外存组成的统一整体,当前使用的程序和数据保留在内存中,其他暂时不用的存放在外存中,操作系统根据需要负责进行内、外存的交换。

虚拟内存的最大容量与 CPU 的寻址能力有关。如果 CPU 的地址线是 20 位的,则虚拟内存最多是 1MB;若地址线是 32 位的,则虚拟内存可以达到 4GB。

虚拟内存在 Windows 中又称为页面文件。在 Windows 安装时就创建了虚拟内存页面文件(pagefile. sys),页面大小会根据实际情况自动调整。图 4-6 是某台计算机 Windows 10 系统中自动调整的虚拟内存情况(右击"此电脑"→"属性"→右窗格"高级系统设置"→"高级"→性能栏"设置"→"高级"→虚拟内存栏"更改"),它是把 C 盘的一部分硬盘空间模拟成内存。用户也可以自定义虚拟内存的大小,在图 4-6 的对话框中,撤销选中"自动管理所有驱动器的分页文件大小"复选框,在"每个驱动器的分页文件大小"栏中选择磁盘,单击选中"自定义大小",重新设置。

2. 外存管理

磁盘是计算机必备的外存储器,包括硬盘、光盘、U 盘等。一个新的硬盘(假定出厂时没有进行过任何处理)需要进行如下处理。

• 创建磁盘主分区(安装操作系统)和扩展分区(逻辑驱动器 D、E、F 等)。

• 格式化磁盘主分区和扩展分区中的逻辑驱动器。

(1) 磁盘分区。

磁盘(硬盘和移动硬盘)的容量很大,为便于管理及安装不同的系统,通常把一个磁盘划

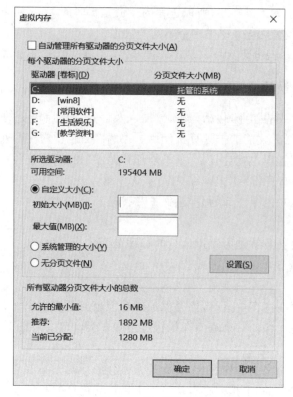

图 4-6　Windows 10 虚拟内存示意图

分为几个分区。

磁盘分区分为主分区和扩展分区两类。主分区通常位于磁盘的起始位置(如 C 盘),用于安装操作系统,已创建的主分区不能再细分。扩展分区中可建立多个逻辑分区(D 盘、E 盘等)。

一块硬盘最多可以同时创建 4 个主分区,当创建完 4 个主分区后,就无法再创建扩展分区和逻辑分区了。如果使用扩展分区,那么一个磁盘最多可以创建 3 个主分区,只有创建主分区后,剩余的空间才能用于创建后面的逻辑驱动器,所有的逻辑驱动器组成一个扩展分区。删除分区时,主分区可以直接删除,扩展分区需要先删除逻辑驱动器后再删除。

在 Windows 10 中,除了可以在安装时进行简单的磁盘管理以外,磁盘管理一般是通过右击"开始"按钮,选择"磁盘管理",打开"磁盘管理"窗口,再右击某磁盘完成压缩卷(合并分区)、删除卷(删除分区)等操作。

图 4-7 是某台计算机的"磁盘管理"窗口,从图中可知,该计算机有磁盘 0(硬盘)、磁盘 1(移动 U 盘)两块实体磁盘,可移动 U 盘的驱动器号为 E,硬盘创建了 2 个主分区(没建扩展分区),驱动器号为 C(启动盘)和 D,还有 1 个 EFI 分区和 1 个恢复分区。右击"新加卷(D:)",弹出快捷菜单(图 4-7 右下所示),可对 D 盘进行格式化等磁盘管理操作。

☞提示:磁盘 0 中的恢复分区通常是品牌机厂商预装系统或软件以及一键还原的分区。恢复分区中的文件可以帮你在计算机出现意外错误无法修复时,通过其中的文件来恢复旧版操作系统,使计算机恢复到正常状态。EFI 系统分区用于存储 EFI 引导加载程序及系统启动期间的固件调用应用程序,是一个 FAT32 格式的小分区,通常大小约为 100MB。

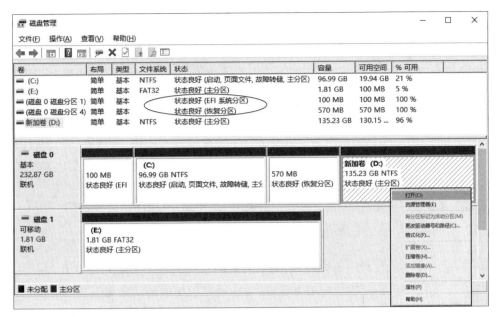

图 4-7　磁盘管理

恢复分区和 EFI 分区都是隐藏的。

在未分配的可用扩展分区中继续创建磁盘分区与逻辑驱动器的方法是：在代表磁盘空间的区块上右击,选择"新建简单卷"命令即可。创建分区的同时可以指定文件系统驱动器号和格式化。

（2）磁盘格式化。

磁盘分区并创建逻辑驱动器后不能直接使用,需要格式化。格式化的目的如下。

① 把磁道划分成一个个扇区,每个扇区 512 字节。

② 安装文件系统,建立根目录。

如果对旧磁盘进行格式化,将删除磁盘上原有的信息,要特别慎重。

磁盘可以被格式化的条件是不能处于写保护状态,磁盘上不能有打开的文件。

图 4-8 是格式化磁盘对话框,其中包含以下文件信息。

① 容量：磁盘大小。

② 文件系统：Windows 支持 FAT32、NTFS 和 exFAT 文件系统。

③ 分配单元大小：文件占用磁盘空间的基本单位。只有当文件系统采用 NTFS 时才可以选择,否则只能使用默认值。

④ 卷标：卷的名称,也称为磁盘名称。

☞提示：如果选中"快速格式化"复选框,在格式化过程中只重写引导记录,不检测磁盘坏簇,数据区不变。

图 4-8　格式化磁盘

快速格式化后的硬盘,可以通过技术手段进行恢复。正常格式化会重写引导记录,重新检查标记坏簇,对数据区清零。快速格式化只适用于曾经格式化过并且磁盘没有损坏的情况。

(3) 磁盘碎片整理。

磁盘碎片又称文件碎片,是指一个文件没有保存在一个连续的磁盘空间上,而是被分散存放在许多地方,这样,读写文件时就需要到不同的地方去读取,降低了磁盘的访问速度。通常,计算机工作一段时间后,由于对磁盘进行了大量的读写操作,如删除、复制文件等,就会产生磁盘碎片。磁盘碎片整理就是把磁盘上的文件重新写在硬盘上,以便让文件保持连续性,提高计算机系统的性能。

启动"磁盘碎片整理程序"的方法是:依次单击"开始"→程序列表中的"Windows 管理工具"→"碎片整理和优化驱动器"。

(4) 磁盘清理。

计算机工作一段时间后,会产生很多的垃圾文件,如已经下载的程序文件、Internet 临时文件等。利用 Windows 提供的磁盘清理工具,可以轻松而又安全地实现磁盘清理,删除无用的文件,释放硬盘空间。

启动磁盘清理程序的方法是:双击打开"此电脑",右击要清理的磁盘,依次单击"属性"→"磁盘清理"。图 4-9 是磁盘清理对话框,显示了可以清理的文件。

图 4-9 "磁盘清理"对话框

4.3.3 文件管理

计算机外存中以"文件"形式存储了大量信息,文件管理的主要任务是如何组织和管理这些信息,满足文件的存储、共享、保密和保护等需求,方便用户使用。操作系统提供了一个树形文件结构,允许用户将文件分类存放在不同的文件夹中,用户只需通过文件名访问文件,无须知道文件的存储细节。

1. 文件名和扩展名

为了把众多的文件区分开,计算机对文件实行按名存取的操作方式。文件名是由文件主名和扩展名构成的,中间用"."来分隔。文件主名由用户按照"见名知义"的原则随意命名,以方便用户进行查找和管理。扩展名一般是由特定的字符组成,表示特定的含义,可以区别文件的类型或格式。表 4-1 列出了一些常用的文件扩展名及其所代表的文件类型。一般情况下,扩展名不允许用户自行更改。

表 4-1 文件扩展名及类型

扩 展 名	文 件 类 型	扩 展 名	文 件 类 型
.exe .com	可执行文件	.txt	文本文档/记事本文档
.bat	批处理文件	.doc .docx	Word 文档
.int .sys .dll	系统文件	.xls .xlsx	Excel 电子表格文件
.drv	设备驱动程序文件	.rar .zip	压缩文件
.ini	系统配置文件	.wav .mid .mp3	音频文件
.bak	备份文件	.avi .mpg	视频文件
.htm .html	超文本文件	.bmp .gif .jpg	图形文件
.c .cpp	C 源程序文件	.hlp	帮助文档
.obj	目标代码文件	.tmp	临时文件

在 Windows 系统中,文件名的命名规则如下。

① 文件名(包括扩展名)最长可以使用 255 个字符。

② 可以使用长扩展名,也可以使用多分隔符的文件名,但文件类型由最后一个扩展名决定。例如 myfile.简历.boy01.docx 是合法的,其中最后一个.docx 为扩展名,表示此文件是一个使用 Word 编辑的文档。

③ 文件名中允许使用空格,但不允许使用下列字符(英文输入法状态):<、>、\、/、|、:、"、*、?。

④ Windows 系统对文件名中英文字母的大小写在显示时不同,但在使用时不进行区分。

☞提示:"*"和"?"是文件名中的通配符,"*"代表任意多个字符,"?"代表任意一个字符。例如,a*.*代表文件名的第一个字母为 a 的所有文件,??.txt 代表主文件名由 2 个字符构成的所有文本(.txt)文件,*.*代表主文件名和扩展名为任意的所有文件。通配符通常用于文件搜索,方便按类别和模糊查找。

2. 文件夹

计算机通过文件夹来组织、管理和存放文件,可以将相同类别的文件存放在一个文件夹中。一个文件夹中除了包含文件外,还可以包含其他子文件夹。文件夹由图标📁和文件夹名称组成,双击即可打开。

3. 盘符

在 Windows 10 中,盘符的表示方法是在相应字母后加上冒号,例如,D:表示 D 盘。

4. 树形结构

为了实现对文件的统一管理,Windows 采用树形文件夹结构对磁盘上的所有文件进行组织和管理。磁盘就像树的根,文件夹就是树上的树枝,文件就是树枝上的叶子。因为每一个盘符下可以包含多个文件和文件夹,每个文件夹下又有文件或文件夹,这样一直延续下去所形成的树形结构就构成了计算机的文件系统,如图 4-10 所示。

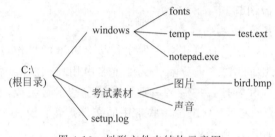

图 4-10 树形文件夹结构示意图

5. 路径

文件在文件夹树上的位置称为文件的路径。文件的路径是由用反斜杠"\"隔开的一系列文件夹名或文件名组成的,它反映了文件在文件夹树中的具体路线。路径中的最后一个文件夹就是文件所在的文件夹。例如图 4-10 中,"C:\Windows\temp\test. exe"表示文件 test. exe 位于 temp 文件夹下,而 temp 又是 C 盘上 Windows 文件夹下的一个子文件夹。

路径的基本形式有两种,即绝对路径和相对路径。

① 绝对路径:从根文件夹开始构成的路径。例如,C:\Windows\temp\test. exe。

② 相对路径:从当前文件夹开始构成的路径。例如,如果当前位于 C:\Windows\temp\文件夹下,那么 test. exe 表示的内容和上例是等效的。

6. 文件系统

文件系统是操作系统负责管理和存储文件信息的工作机构,用于明确存储设备(如磁盘)或分区上的文件的组织方法,负责为用户建立、存入、读出、修改文件,控制文件的存取、删除等。

Windows 10 支持的常用文件系统有 3 种:FAT32、NTFS 和 exFAT。

① FAT32:可以支持容量达 8TB 的卷,单个文件大小不能超过 4GB。

② NTFS:Windows 10 的标准文件系统,单个文件大小可以超过 4GB。NTFS 兼顾了磁盘空间的使用与访问效率,提供了具有高性能、高安全性、高可靠性的功能。例如,NTFS 提供了诸如文件和文件夹权限、加密、磁盘配额和压缩这样的高级功能。

③ exFAT:全称为扩展 FAT,是为解决 FAT32 不支持 4GB 以上文件推出的文件系统。

☞提示:对于闪存(U 盘),NTFS 文件系统不适合使用,exFAT 更为适用。因为 NTFS 是采用"日志式"的文件系统,需要不断读写,会损伤闪盘芯片。

exFAT 格式可以同时兼容 Windows 和 macOS。

4.3.4 设备管理

计算机外部设备种类繁多,它们的性能和操作方式都不一样,操作系统对设备的管理体现在以下两方面。

（1）提供用户与外设的接口。

通常情况下用户是通过键盘或程序向操作系统提出请求，由操作系统中的设备管理程序负责分配具体的物理设备，并控制它们的运行。

（2）提供缓冲管理。

由于 CPU 的速度要远远高于外设的速度，因此为了更好地使主机和外部设备并行地匹配工作，操作系统的设备管理还采用了虚拟设备和缓冲技术，引入了缓冲区的概念。缓冲区的实质是内存中的一块空间，作为数据的中转站。缓冲管理的任务是采取一定的缓冲机制来提高系统的吞吐量。

在 Windows 10 操作系统的支持下，用户可以很方便地管理硬件设备，主要包括以下两方面。

（1）添加设备。

目前，绝大多数设备都是 USB 设备，即通过 USB 电缆连接到计算机的 USB 端口。USB 设备支持即插即用（Plug and Play，PnP）和热插拔（在带电状态下插拔硬件而不损坏硬件）。即插即用指操作系统能自动检测到设备并自动安装驱动程序。第一次将某个设备插入 USB 端口进行连接时，Windows 会自动识别该设备并为其安装驱动程序。如果找不到驱动程序，会在设备管理器中出现"不可识别设备"，需手动安装对应的驱动程序后才可以使用。

（2）检查设备状态与修复。

各类外部设备千差万别，在速度、工作方式、操作类型等方面都有很大差别，面对这些差别，确实很难有一种统一的方法管理各种外部设备。为了求同存异，尽可能集中管理设备，Windows 10 操作系统为用户设计了一个简洁、可靠、易于维护的设备管理系统，即设备管理器（右击"开始"按钮→选择"设备管理器"），如图 4-11 所示。在设备管理器中，用户可以了解计算机硬件的安装和配置信息，还可以检查硬件状态，更新已安装的硬件设备的驱动程序。

图 4-11　设备管理器

☞提示：通常,设备管理器窗口中某设备前面的符号表明该设备的工作状态。

- 红色的叉号说明该设备已被停用,通过右击该设备,从快捷菜单中选择"启用"命令就可以了。
- 黄色的问号或感叹号,前者表示该硬件未能被操作系统所识别,后者指该硬件未安装驱动程序或驱动程序安装不正确。可以右击该硬件设备,选择"卸载"命令,然后重新启动系统,大多数情况下会自动识别硬件并自动安装驱动程序。

4.4 Windows 10 简介

Windows 10 是由微软公司开发的应用于计算机和平板电脑的视窗操作系统,于 2015 年 07 月 29 日发布正式版,并持续进行版本更新。Windows 10 共有家庭版、专业版、企业版、教育版、移动版、企业移动版和物联网版 7 个版本。

4.4.1 用户界面

为方便用户操作,Windows 10 提供了丰富的视窗界面,本书以 Windows 10 专业版为例加以介绍。

1. 桌面

桌面是 Windows 10 的主界面,正常启动后,首先看到的就是 Windows 10 桌面,如图 4-12 所示。桌面图标主要有系统图标和快捷方式图标,其中,快捷方式图标是用户根据需要创建的应用程序快速启动图标,例如 QQ 图标🐧。

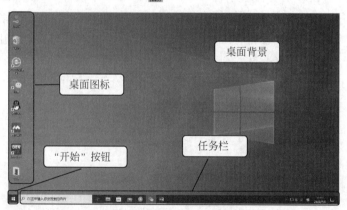

图 4-12　Windows 10 专业版桌面

Windows 10 提供虚拟桌面功能,可以将桌面虚拟成多块,如图 4-13 所示。每个桌面分别管理,方便用户重新布局混乱的桌面窗口,同时方便不同程序之间进行搭档操作。

2. 任务栏

任务栏是位于桌面底部的条状区域,集中了"开始"按钮、任务视窗等内容,如图 4-14 所示。任务栏的组成如下。

① "开始"按钮:"开始"按钮位于任务栏左侧(屏幕左下角)。单击"开始"按钮,显示开始菜单屏幕,可以查看计算机中的所有应用程序;右击"开始"按钮,显示开始菜单,提供应用和功能、电源选项等 17 项程序。

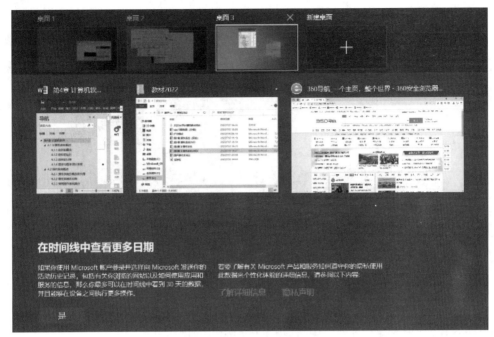

图 4-13   Windows 10 虚拟桌面

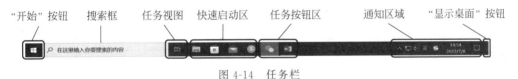

图 4-14   任务栏

② 搜索框：全称"搜索 Web 和 Windows"，相当于一个本地浏览器，一方面可以上网，另一方面可以在本地电脑中快速搜索到需要的文件或信息。可以根据个人习惯关闭搜索框或只显示搜索图标。

③ 任务视图：显示当前桌面已打开的任务窗口列表，也可以通过时间线显示以前的桌面状态。如果需要创建虚拟桌面，在打开的视窗中单击"新建桌面"即可完成，如图 4-13 所示。

④ 快速启动区：包括用户设置好的常用程序图标，单击可以快速启动该任务。

⑤ 任务按钮区：集成了用户已打开的应用程序，单击可以打开程序窗口，还可实现窗口间的切换。

⑥ 通知区域：包括时钟、音量、网络及其他一些显示特定程序和计算机设置状态的图标。

⑦ "显示桌面"按钮：鼠标指针移到该按钮上，可预览桌面；移出可返回原界面；单击可切换到桌面。

3．开始菜单

"开始"菜单是所有计算机程序和系统设置的主菜单，可理解为 Windows 的导航控制器，通过该菜单可实现 Windows 的一切功能。Windows 10 的开始菜单包括重要快捷图标、程序列表和磁贴三部分，如图 4-15 所示，用户可根据喜好进行开始菜单的布局与内容定制。

75

第 4 章

计算机软件

重要快捷图标区   程序列表区   磁贴区

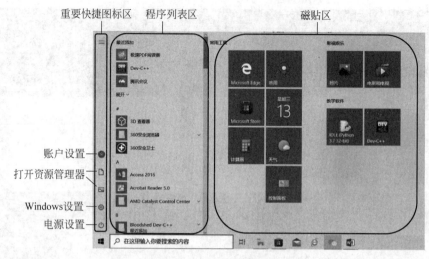

账户设置

打开资源管理器

Windows设置

电源设置

图 4-15　"开始"菜单组成

4. 窗口和对话框

Windows 以"窗口"形式区分各个程序的工作区域,无论用户打开磁盘驱动器、文件夹还是应用程序,系统都会打开一个窗口,用于执行相应的操作。

虽然每个窗口的内容各不相同,但大多数窗口都具有相同的基本部分,主要包括标题栏、文件菜单、功能区、地址栏、搜索栏、导航窗格及窗口工作区、状态栏等。图 4-16 是 Windows 10 中的"此电脑"窗口,而 Windows 10 系统设置窗口主要有导航窗格和窗口工作区两部分。

标题栏
文件菜单
功能区
地址栏   搜索栏

导航 窗格   窗口工作区

状态栏

图 4-16　"本地磁盘(C:)"窗口

对话框是特殊类型的窗口,与常规窗口不同,多数对话框无法最大化、最小化或调整大小,但可以移动。一般情况下,如果某选项后面标有"…",单击后都会有对话框弹出。图 4-17 是"文件资源管理器选项"的对话框界面。

(1)标题栏:显示对话框名称。

(2)选项卡:提供多项操作,用户根据需要选择。

图 4-17 "文件资源管理器选项"对话框

（3）单选项：只能选择其中的一个。

（4）复选项：可选择其中的任意多个。

（5）下拉列表：单击 ⌄ 按钮会弹出关于"快速访问"的下拉列表，用户可以选择其中的一个。

（6）按钮组：单击"确定"按钮，设置生效并关闭对话框；单击"取消"按钮，设置无效并关闭对话框；单击"应用"按钮，设置生效，不关闭对话框。

窗口和对话框中有一些重要标记，提示用户可执行相关操作，如表 4-2 所示。

表 4-2　窗口和对话框中常见标记说明

标　记	解　释　说　明
←　　→	"后退"和"前进"按钮，位于地址栏左侧
暗淡显示	表示该项目目前不可用
⌐	位于选项卡功能区，单击会弹出该功能区的全部选项对话框
▼ 或 ⌄	出现在某项目右侧，单击会弹出相关列表； 出现在垂直滚动条上，单击则窗口内容上移一行
▶ 或 ⟩	出现在某项目左侧，单击会展开该项目或弹出该项目的级联菜单； 出现在水平滚动条上，单击则窗口内容左移一列
◉	单选标记，表示在并列的几项功能中，每次只能选用其中一项
☐	复选标记，可以选择其中的任意多项

第 4 章

计算机软件

续表

标 记	解 释 说 明
↻	单击执行刷新
❓	帮助按钮
▲▼	微调按钮，单击上箭头或下箭头，增减一个单位
…	单击该项会弹出对话框

5. 菜单

Windows 提供了多种形式的菜单以方便用户使用，主要有"开始"菜单、快捷菜单、下拉菜单和级联菜单。

快捷菜单：是指与鼠标光标所指内容相关的操作菜单，只需将光标移动到要操作的对象上，右击即可弹出。

下拉菜单：如果某一选项后带有 ∨ 标记会有下拉菜单。

级联菜单：如果某一选项后带有 ▶ 标记会有下一级菜单。

4.4.2　剪贴板、回收站及帮助系统

剪贴板是 Windows 系统为了传递信息而在内存中开辟的临时存储区，通过它可以实现 Windows 环境下运行的应用程序之间或应用程序内的数据传递和共享。剪贴板能够传送或共享的信息可以是一段文字、数字或符号组合，也可以是图形、图像、声音等，还可以是文件和文件夹。

利用剪贴板传递信息，首先需要将信息从信息源区域复制到剪贴板，然后再将剪贴板中的信息粘贴到目标区域，操作方法如图 4-18 所示。

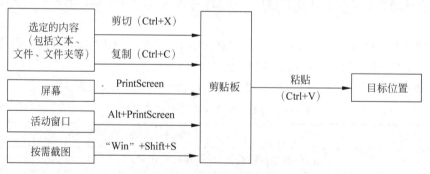

图 4-18　剪贴板的使用

剪贴板设置
及应用

其中，按 PrintScreen 键是将整个屏幕的显示内容作为图片放入剪贴板中，按 Alt＋Print Screen 键是将活动窗口的显示内容作为图片放入剪贴板中，按"Win"＋Shift＋S 键，用户根据需要，截取矩形、不规则形、活动窗口或整个屏幕的图片放入剪贴板中，然后通过"粘贴"命令在"画图"和"Word"等应用程序中使用。

☞提示 1：屏幕复制键位于键盘的功能键区，有的键位标记为 PrtSc，有的标记为 Print Screen；"Win"是指键盘上的 ⊞ 键。

☞提示 2：Windows10 的剪贴板历史记录默认设置为打开，剪贴板中可以保存 4MB 的内容（多个项目），需要时，按组合键"Win"＋V，选择其中一项并粘贴。如果剪贴板中的内

容很多,会降低计算机的速度。如果不想让其他人访问剪贴板历史记录,也不想重复粘贴某些内容,可以选择关闭剪贴板历史记录功能。关闭的方法是:单击"开始"按钮→设置→系统→剪贴板,在右侧窗格的"剪贴板历史记录"下关闭开关即可。

回收站是 Windows 操作系统里的一个系统文件夹,默认在每个硬盘分区根目录下的 RECYCLER 文件夹中,而且是隐藏的,主要用来存放用户临时删除的文档资料。存放在回收站的文件可以恢复,只有在回收站里删除它或清空回收站才能使文件真正删除,让电脑获得更多的磁盘空间。可移动磁盘上的文件、网络上的文件和在 MS-DOS 方式中删除的文件在删除后不能恢复。

帮助系统是 Windows 为用户提供的老师,在窗口中随处可见,遇到问题时单击窗口中的 ⑦ 按钮,即可从系统中获得帮助。如果计算机连接到 Internet,还可以获得最新的帮助内容和 Web 上的资源。

4.4.3 用户工作环境设置

Windows 10 系统为用户使用计算机提供了良好的工作环境,用户也可根据实际需要对账户、显示、声音、打印机、键盘、鼠标、字体、日期和时间、卸载程序、网络等软硬件资源的参数进行调整和配置,实现个性化定制工作环境,主要通过 Windows 设置或控制面板完成。

Windows 10 的系统设置方法是依次单击"开始"按钮→设置快捷图标 ⚙,打开设置窗口,如图 4-19(a)所示。

"控制面板"是延续 Windows 7 的系统设置操作界面,依次单击"开始"按钮→程序列表中的 Windows 系统→控制面板,打开"控制面板"窗口,如图 4-19(b)所示。

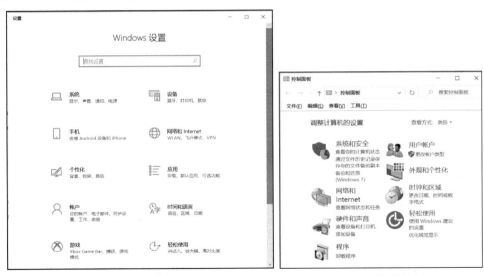

(a) "Windows"设置窗口   (b) "控制面板"窗口

图 4-19　Windows 设置窗口和控制面板窗口

在 Windows 10 的系统设置窗口中,可以实现系统、设备、账户、时间和语言、网络和 Internet、个性化、更新和安全等软硬件资源的管理操作。

4.4.4 文件及文件资源管理器

文件是一组相关信息按一定格式、有组织的集合。在计算机系统中,所有数据和程序都以文件形式存储、管理和使用,包括应用程序、文档、图片、声音和视频等。

Windows 10 提供的"文件资源管理器"可实现文件或文件夹等软件资源的管理。

1. 文件及文件夹属性

文件的常规属性包括文件名、文件类型、打开方式、位置、大小、占用空间、创建时间、修改和访问时间等。文件的主要属性包括只读、隐藏和存档,如图 4-20 所示。设定只读属性后文件会变为只读文件,只能读取不能写入,可以防止文件被修改;设定隐藏属性后在一般情况下此文件会被隐藏起来,不显示在桌面、文件夹或资源管理器中,防止被删除、复制和更名,可起到保护作用;文件被创建之后,系统会自动将其设置成存档属性,可以随时进行查看、编辑和保存。

文件属性
设置

图 4-20 文件属性对话框

2. 文件管理的基本操作方法

Windows 以图形界面形式提供了多种文件操作,完成这些操作需要先选中操作对象,再执行相应的操作。

(1)选中与撤销选中操作对象。

① 选中单个操作对象:单击即可。

② 选中连续的多个操作对象：先选中第一项，按 Shift 键的同时单击最后一项；或拖动鼠标指针，在所要选中的对象外围划一个框即可。

③ 选中不连续的多个操作对象：按 Ctrl 键的同时，逐个单击要选中的项目。

④ 选定窗口中的全部对象：按 Ctrl＋A 组合键。

⑤ 取消选中：单击选中对象以外的区域即可；如果要从已选对象中取消一个或多个，按住 Ctrl 键同时，单击要取消的对象即可。

文件操作的
常用方法

（2）文件操作的常用方法。

同一个操作，Windows 为用户提供了多种操作方法。一般情况下，可以选择以下四种方式之一完成。

① 窗口命令按钮。

② 快捷菜单。右击操作对象，即可打开关于操作对象的快捷菜单。

③ 快捷组合键。例如，"粘贴"操作的快捷组合键是 Ctrl＋V。

3. 文件及文件夹管理

① 新建：在桌面、磁盘或文件夹中创建一个新的文件或文件夹。

② 移动：将原来位置的文件或文件夹移动到目标位置，可借助剪贴板或使用拖动鼠标的方法完成。

③ 复制：将原来位置的文件或文件夹复制到目标位置，可借助剪贴板或使用拖动鼠标的方法完成，也可使用"发送到"命令完成。

④ 删除：当不再需要某文件时，可以将其删除，以便释放出更多的磁盘空间。若要永久删除硬盘上的文件，按 Shift＋Delete 组合键。

⑤ 搜索：Windows 10 系统提供了多种动态搜索文件和文件夹的方法，可在"任务栏"或文件资源管理器窗口的搜索框中实现，支持按类别和模糊搜索。

4.4.5 程序及任务管理器

1. 程序管理

在计算机中，除了 Windows 系统本身附带的程序（如计算器、画图等）外，还包括用户在 Windows 系统上安装的程序，如 Microsoft Visual C++6.0、Office 等。通常，这些程序以文件的形式保存在计算机外存上，如何管理这些程序的启动、运行和退出是操作系统的主要功能之一。

（1）应用程序的启动和退出。

启动应用程序有如下常用方法。

① 双击"桌面"上的应用程序快捷方式图标。

② 单击"开始"按钮，在"开始"菜单程序列表或磁贴中找到需要的应用程序并单击。

③ 单击"任务栏"中固定好的应用程序，或在"任务栏"搜索框中输入需要的应用程序名，搜索出来后单击。

退出应用程序的方法如下。

① 单击应用程序窗口右上角的关闭按钮。

② 在应用程序窗口中，单击"文件"菜单→"关闭"命令。

③ 按 Alt+F4 组合键。

④ 打开任务管理器,在"进程"选项卡中找到要关闭的应用程序或对应进程后,单击"结束任务"按钮。

⑤ 右击"任务栏"中的应用程序图标,选择"关闭窗口"命令。

(2) 应用程序的安装与卸载。

可以直接双击软件包中的安装文件(通常文件名为"Setup. exe"或者"安装程序名.exe"),按安装向导的指示操作来安装应用程序,安装路径一般默认为 C 盘的 Program Files 文件夹下。

可以直接在"开始"菜单的应用程序列表中选择要卸载的应用程序,右击,选择"卸载"命令,来卸载应用程序。

此外,还可以应用"软件管家"等第三方软件管理工具进行程序的安装与卸载。

(3) 在桌面添加应用程序的快捷启动方式。

快捷方式是 Windows 提供的一种快速启动程序、打开文件或文件夹的方法,起到指向文件路径的功能。快捷方式的扩展名为. lnk。常用应用程序的快捷方式通常放于桌

应用快捷程序启动

图 4-21 "计算器"快捷方式

面,以方便使用。一般情况下,安装新软件时,都会在"开始"菜单和"桌面"上添加该软件的快捷启动方式。如果没有添加,可根据需要手动添加。方法是:找到该软件的应用程序并右击,选择"创建快捷方式",然后将新创建的快捷方式发送到桌面。图 4-21 是用户在桌面上创建的"计算器"快捷方式。

Windows 10 提供了多种应用程序的快捷启动方式,除在桌面创建快捷启动方式之外,还可以将应用程序固定到任务栏(图标)或"开始"屏幕中(磁贴)。

(4) 设置默认程序。

默认程序是打开某种特殊类型的文件(例如音乐文件、图像或网页)时 Windows 所使用的程序。例如,如果在计算机上安装了多个 Web 浏览器,则可以选择其中之一作为默认浏览器。Windows 更改默认程序的方法是,在"开始"菜单依次选择"设置"→"应用"→"默认应用",选择想要设置的默认值,还可以重新按文件类型指定默认的应用程序。

2. 任务管理器

任务管理器可以显示计算机上当前正在运行的程序、进程和服务,也可以使用任务管理器监视计算机的性能或者关闭没有响应的程序。如果系统连接到网络,在任务管理器中还可以查看网络的工作状态。

启动任务管理器有以下方法。

① 按 Ctrl+Shift+Esc 组合键,直接打开"任务管理器"窗口。

② 右击"任务栏"空白处或"开始"菜单,选择"任务管理器"命令。

任务管理器提供 7 个功能选项卡可实现相应的任务管理。"进程"选项卡可以查看当前系统的"应用"程序进程、"后台进程"和"Windows 进程"情况,如图 4-22 所示;"启动"选项卡可以启用或禁用系统启动程序;"性能"选项卡可查看 CPU 使用比率、物理内存使用比率等信息。

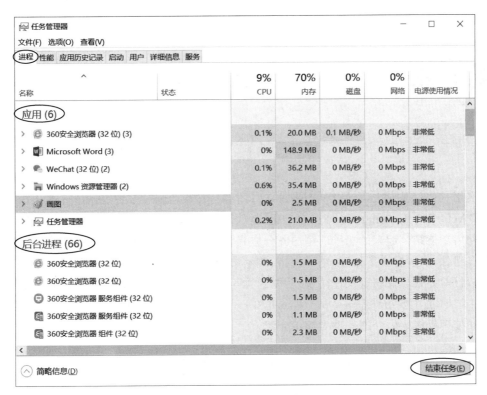

图 4-22 "任务管理器"窗口

思 考 题

(1) 通常,计算机软件分为哪两类?语言处理程序属于哪类?

(2) 软件、程序和程序设计语言有什么不同?

(3) 操作系统的基本功能有哪些?

(4) 请在网上查询关于嵌入式操作系统、云操作系统的相关资料,了解其应用情况。

(5) 查找你所用计算机 Windows 10 系统的保存位置,并了解其组成。

(6) 什么是进程?进程和程序之间有什么联系和区别?

(7) 什么是即插即用设备?这样的设备是否需要驱动程序?

(8) 什么是虚拟内存?如何设置虚拟内存?

(9) 简述剪贴板的作用。

(10) 打开应用程序的方法有哪些?如何创建应用程序的快捷方式?

(11) 如果正在执行的程序无响应,应如何关闭?

第5章　实用软件

实用软件就是对文字、数字、图表、声音、图形、图像、动画等多种媒体进行综合处理的软件。OA(Office Automation,办公自动化)类软件就是典型的实用软件。OA 是将办公和计算机网络功能结合起来的一种新型的办公方式,办公自动化离不开办公软件。办公软件包括很多组件,一般有文字处理、电子表格、演示文稿以及小型的数据库管理系统、网页制作软件等。目前办公软件朝着操作简单、功能细化等方向发展。本章主要介绍常用的办公软件 Office 2016 的主要组件——Word、Excel 和 PowerPoint,对于图形图像处理、动画制作、音频视频处理等多媒体处理软件做简单介绍。

5.1　常用办公软件介绍

办公软件的应用范围很广,例如数据统计、产品展示、数字化办公、政府用的电子政务、税务用的税务系统等。目前,常用的办公软件有微软公司的 Office 和金山公司的 WPS。

WPS 是金山软件公司推出的一种办公软件,最初出现于 1988 年,在 DOS 系统盛行的年代,WPS 曾是中国最流行的文字处理软件。由于 WPS 是国产的文字处理系统,因此在许多方面,如文字输入的习惯、制表、文字排版等,都更能适应中文处理的要求。WPS Office 支持桌面和移动办公,个人版可以通过官网免费下载和使用,安装包小(大约是 MS 的 1/2)、内存占用低、运转速度快,可以运行在 Windows、macOS、Linux 等操作系统,全面兼容微软 Office,目前最新版本为 WPS Office 2023。为了大力支持国产软件,现在我国很多地方的政府机关部门都使用 WPS Office 办公软件办公。

当今,Microsoft Office 是用户使用最多的办公软件。微软(Microsoft)公司从 20 世纪 80 年代开始推出 Office,历经了 Office 95、Office 2003、Office 2010、Office 2016 等版本,目前最新的版本是 Office 2022。

Microsoft Office 界面简洁明快,操作方便,易学易用,具有较强的视觉效果。其中 Word 具有强大的文字处理功能,可以方便地对文档进行编辑、排版、美化和打印;Excel 主要进行各种数据的分析和处理;PowerPoint 主要用于编辑、制作、管理演示文稿,使制作的演示文稿具有图文并茂的展示效果。

Microsoft Office 2016 相对于前期版本主要增加了绘制二维码、多平台多场景云协作办公、云储存等功能。主要增加的特色功能为:Word 中增加了"墨迹公式",可以手写复杂的数学公式;Excel 中增加了 6 种图表类型、3D 地图、一键式预测功能;PowerPoint 中通过"屏幕录制"功能能直接录制屏幕操作过程,并将其直接插入到演示文稿中。

5.2 文字处理

Word 2016 是集文字处理、图文混排、电子表格处理、电子邮件处理等多功能的集成化办公软件,可以轻松、高效地组织和编辑文档。

5.2.1 Word 2016 的工作界面

Word 2016 具有独特的工作界面,用各种功能区取代了传统的菜单操作方式,选项卡在排列方式上与用户要完成的任务顺序一致,功能区中将常用的命令按功能分成不同的组,使命令的组合方式更加直观。图 5-1 为启动 Word 2016 后的工作界面。

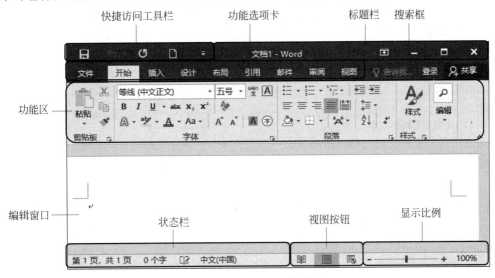

图 5-1　Word 2016 工作界面

☞提示:"搜索框"是 Word 2016 新增功能,如果找不到 Word 中的某个功能,可以直接在搜索框中输入关键字进行搜索,搜索框会给出相关命令,例如输入"首字下沉",会出现首字下沉对话框,直接执行相应命令即可,如图 5-2 所示。对于使用 Office 不熟练的用户来说,将会方便很多。

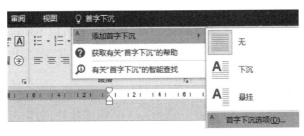

图 5-2　搜索框使用示例

5.2.2 文档的创建和编辑

使用 Word 可以创建多种类型的文档,如空白文档、基于模板的文档等。

1. 创建文档

启动 Word 后可以自动创建一个新的空白文档,默认文件名为"文档1",还可以单击"文件"→"新建"命令,通过选择合适的模板来创建带格式的新文档。

2. 保存文档

创建文档后,需要保存文档。Word 2016 默认的文件扩展名为.docx,此外还可以将其保存为扩展名为.pdf、.doc、.html、.txt 等类型的文档。

文档的常用保存方法有以下几种。

① 单击快速访问工具栏中的保存按钮■或单击"文件"→"保存"命令。

② 使用 Ctrl+S 组合键。

③ 自动保存文档:单击"文件"→"选项"按钮,打开"Word 选项"对话框,选择左侧的"保存"选项,可以在右侧的对话框中设置自动保存文档的时间间隔,还可以选择文件的保存格式,如图 5-3 所示。

图 5-3 "Word 选项"中的"保存"选项卡

☞提示:如果文档需要设置密码,则单击"文件"→"信息"→"保护文档",在弹出的下拉列表中选择"用密码进行加密"命令,输入密码并再次确认密码。

3. 输入文档

新文档创建后,在光标闪烁的位置就可以录入文本了。

(1) 输入文本。

新建或打开文档后,通常使用键盘输入文字,使用不同的输入法可以输入中/英文字符,对于文档中不认识的文字还可以采用"手写输入"的方法来实现,例如可通过"微软"或"搜狗"输入法自带的"输入板"进行输入。

(2) 输入特殊符号。

输入文本时,对于一些无法从键盘上直接输入的特殊符号,如货币符号、数学符号、图形符号等,除了可以使用输入法的软键盘外,还可以使用 Word 2016 自带的插入符号和特殊符号功能。

例如:单击"插入"→"符号"组→"符号"→"其他符号"命令,打开"符号"对话框,如图 5-4 所示,在"字体"列表框中选择所需字体类别(如 Wingdings),选择需要的符号,单击"插入"按钮。

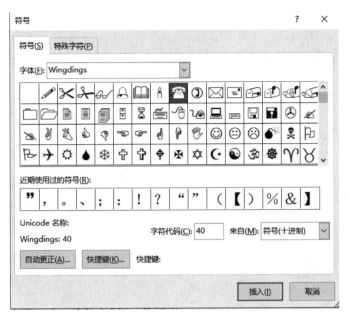

图 5-4　"符号"对话框

4. 编辑文档

编辑文档就是对输入的文本进行插入、删除、移动和修改等,以使输入的内容满足要求。当对文档进行编辑时,必须先选择文本,然后再使用复制、剪切、粘贴等按钮进行操作。

选择文本一般通过鼠标拖动来实现。此外,还可以快速选择文本,即将鼠标指针移动到某行(段)左侧的空白处,当指针变为↗时,分别单击、双击、三击,可以选择一行、一段或整篇文档。

☞提示:

• F8 键选择文本内容。

将光标定位在文档某处,按 F8 键两次,选择光标所在处的一个词或字,按 F8 键三次,选择整个句子,按 F8 键四次,选择整个自然段,按 F8 键五次,选择当前的节,按 F8 键六次,选择整个文档。即按 F8 键选择文本时,是按照字词-整句-整节-整个文档的顺序进行选择的。

按 Shift+F8 组合键,可将上述选择的顺序颠倒。

• 撤销和重复键入按钮。

在录入、编辑文字的过程中难免会出错,可以单击标题栏中的 ⟲ 按钮(或按 Ctrl+Z 组合键)撤销最近一次或多次操作,用 ⟳ 按钮恢复被撤销的操作。撤销一次后 ⟳ 会变成 ↻ 用来恢复最近一次操作。

• 插入和改写状态。

"插入"状态是 Word 的默认状态,按 Insert 键也可以在"插入"和"改写"状态之间切换。

• Delete 和 Backspace 键。

按 Delete 键删除光标插入点右侧的文本,按 Backspace 键删除光标插入点左侧的文本。

• 粘贴的类型。

选中文本,右击打开快捷菜单,在"粘贴选项"中会有 3 种不同的粘贴效果。

实用软件

➢ 保留源格式 ![icon]：将粘贴后的文本保留其原来的格式，不受新位置格式的控制。

➢ 合并格式 ![icon]：不仅可以保留原来的格式，还可以应用当前位置中的文本格式。

➢ 只保留文本 ![icon]：只粘贴文本内容，不保留文本原格式。

5. 查找和替换

在 Word 文档中，使用"查找"和"替换"功能可以快速处理文本，例如对查找文本进行统计、内容替换等。

（1）查找。

把光标定位到文档的起始位置，单击"编辑"组→"查找"按钮。Word 文档窗口左侧出现"导航窗格"，在文本框中输入需要查找的内容，如"北京冬奥会"，按 Enter 键，则文档中所有的"北京冬奥会"均以黄色背景显示，并且"导航窗格"文本框的下方会显示搜索到的个数，如图 5-5 所示。

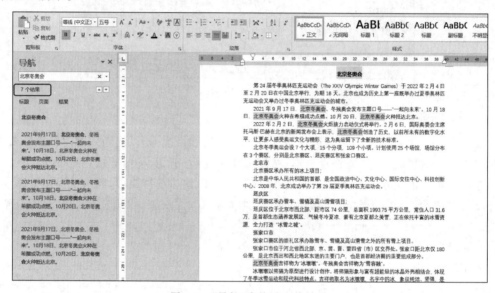

图 5-5　"导航"窗格及查找结果

（2）替换。

使用替换功能可以方便地批量处理文本。替换不仅可以作用于文字，还可以作用于格式、特殊字符和通配符等。单击"编辑"组→"替换"按钮，打开"查找和替换"对话框，单击"更多"按钮 更多(M) >> ，可以对文本进行"高级替换"。图 5-6 为将文档中的所有数字字符设置为带"着重号"的 Times New Roman 字体，所有字母设置为倾斜带双波浪线的字体效果。

查找替换

第24届冬季奥林匹克运动会（*The XXIV Olympic Winter Games*）于 2022 年 2 月 4 日至 2 月 20 日在中国北京举行，为期 16 天。北京也成为历史上第一座既举办过夏奥会又举办过冬奥会的城市。

2021 年 9 月 17 日，北京冬奥会、冬残奥会发布主题口号——"一起向未来"。10 月 18 日，北京冬奥会火种在希腊成功点燃。10 月 20 日，北京冬奥会火种抵达北京。

2022 年 2 月 2 日，北京冬奥会火炬接力启动仪式将举行。2 月 6 日，国际奥委会主席托马斯·巴赫在北京的新闻发布会上表示，北京冬奥会创造了历史，以前所未有的数字化水平，让更多人感受奥运文化与精彩，这为奥运留下了全新的技术标准。

图 5-6　替换效果

☞提示：快速删除多余空行。

如果在文档中粘贴从网页上复制的文字,往往会有很多空行,可以利用"查找和替换"功能快速批量删除空行。具体方法为：在"查找和替换"对话框中,将两个连续的段落标记替换为一个段落标记,即当有两个连续的段落标记时将其中一个删掉,如图 5-7 所示,然后多次单击"全部替换"按钮,即可将文档中多余的空行快速删除。

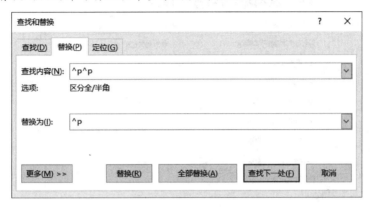

图 5-7 "查找和替换"对话框

5.2.3 文档的格式设置

编辑文档后,往往需要对文档进行格式设置,主要包括字体、段落、页面等格式设置。

1. 字体格式设置

字体设置主要是对输入的文字进行字体、字号、颜色、效果、下划线、上下标等设置,可通过"字体"功能组或"字体"对话框进行设置。

(1)"字体"功能组。

单击"字体"组中相应的按钮(图 5-8),可以对选中的文本进行字体设置。

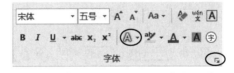

图 5-8 "字体"功能组

☞提示：单击功能区的"文本效果和版式"按钮 A,可以设置文本的轮廓、阴影、映像和发光等效果。

(2)字体对话框。

单击"字体"组右下角的对话框启动器按钮,打开"字体"对话框,可以对字体进行更详细的设置。其中,在"高级"选项卡(图 5-9)中可以对字体进行字符间距、字符缩放、字符位置和文字效果的设置。

字体格式设置示例如图 5-10 所示。

2. 段落格式设置

设置段落格式,可以使文档布局合理、层次分明,主要通过"段落"功能组或"段落"对话框来实现。

图 5-9 "字体|高级"选项卡

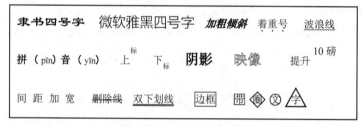

图 5-10 字体设置示例

(1)"段落"功能组。

单击"段落"组中的相应按钮,可以对选中段落进行对齐方式、项目符号和编号等设置。

(2)"段落"对话框。

单击"段落"组→对话框启动器按钮 ,打开"段落"对话框,如图 5-11 所示,可以按要求对文本进行对齐方式、缩进和间距等设置,图 5-12 为段落的部分缩进和间距效果。

此外,还可以通过拖动标尺上的控制标记,快速调整段落的缩进和左右页边距,如图 5-13 所示。

☞提示:

• 文字的纵横混排。 纵横混排效果

有时为了得到某种文字效果,需要将文字进行纵横混排,具体方法如下。

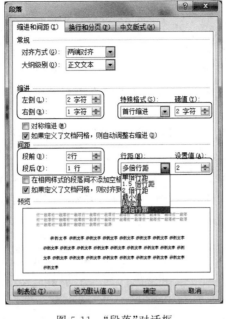

图 5-11　"段落"对话框

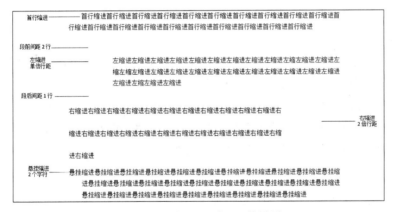

图 5-12　"缩进"和"间距"效果图

图 5-13　水平标尺的控制标记

➢ 选择需要纵放的"文字"。

➢ 单击"段落"组→"中文版式" <img>A</img>→"纵横混排",打开"纵横混排"对话框,勾选"适应行宽"复选框。

➢ 单击"确定"按钮。

• 文字的双行合一。登鹳雀楼[唐 王之涣]

双行合一就是在一行位置中显示两行文字,在制作特殊格式的标题或进行注释时十分方便。方法如下。

➤ 选择需要双行合一的文字(例如：唐 王之涣)。

➤ 单击"段落"组→"中文版式"→"双行合一"，打开"双行合一"对话框，如果需要在合并的文字两侧加括号，可以勾选"带括号"复选框，同时选择括号样式。

➤ 单击"确定"按钮。

注：如果分两行的文字字数不同，需要用空格将文字补齐。

(3) 项目符号和编号。

在文档中使用项目符号和编号，可以使文档层次分明，结构清晰，易于阅读和理解。项目符号是为列表中的每一项设置相同的符号，可以是字符或图片；编号一般为连续的数字、字母，当增加或删除项目时，系统会自动对编号进行调整。单击"段落"组→"项目符号" ：▼ 或"编号" ：▼ 按钮，可以为选中的段落添加项目符号或编号，图 5-14 为项目符号和编号示例。

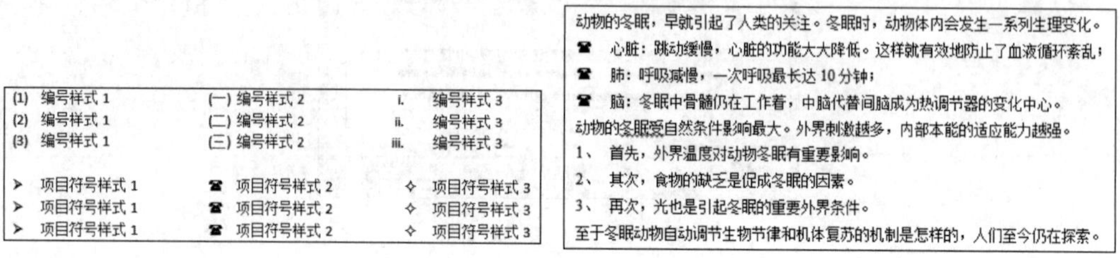

图 5-14　项目符号和编号示例

(4) 边框和底纹。

为了突出文档中的某些或某段文字，可以给这些文字添加边框和底纹，这样不但能使这些文字更加醒目，还能使文档更加美观、大方。

选中要设置边框和底纹的段落或文字，单击"段落"组→"下框线" ▦ ▼ 按钮右侧的下箭头→在弹出的下拉列表中选择"边框和底纹"命令，打开"边框和底纹"对话框，如图 5-15 所示，可以按需要对"边框""页面边框""底纹"分别进行设置。

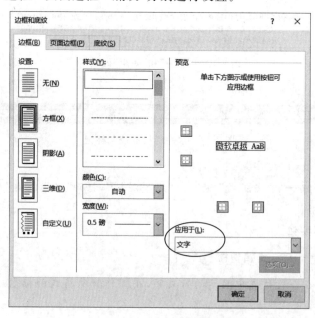

图 5-15　"边框和底纹"对话框

☞**提示**：使用时要注意"应用于"一栏选中要设置的内容是文本还是段落。

（5）首字下沉。

首字下沉是将段落第一个字的字体变大，并且向下一定的距离，与后面的段落对齐，段落的其他部分保持原样，可用于文档或章节的开头，也可用于为新闻稿或请柬增添趣味性。

图 5-16 "首字下沉"对话框

将光标定位在需要设置"首字下沉"段落的任意位置，单击"插入"→"文本"组→"首字下沉"按钮，在弹出的下拉列表中选择"下沉"命令，可以对首字进行字体、下沉行数等默认设置。

如果要对首字的下沉行数、字体等进行自定义设置，需要在"首字下沉"对话框中进行，方法为：单击"插入"→"文本"组→"首字下沉"→"首字下沉选项"按钮，打开"首字下沉"对话框，如图 5-16 所示。

为文本添加边框、底纹及首字下沉的效果如图 5-17 所示。

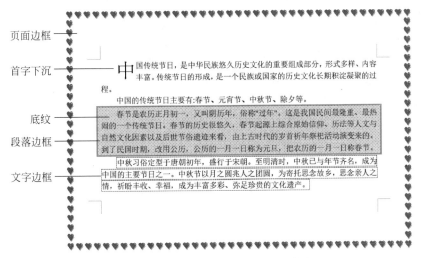

图 5-17 边框底纹和首字下沉设置效果

☞**提示**：还可以用同样的方法对首字进行悬挂设置。

3. 快速批量处理文本

对于文字比较多的文档，修改一处比较简单，如果要对多处文字进行同一格式设置，用以下方法可以快速实现。

（1）选择格式相似的文本。

如果对长文档中格式相似（例如字体相同、项目符号相同或颜色相同等）的文本进行格式设置，除了可以用鼠标、键盘依次选中外，还可以使用菜单功能快速地将所需文本选中，然后进行相应的格式设置。具体方法为：将光标定位在需要进行格式设置的文本处，单击"编辑"组→"选择"→"选定所有格式类似的文本（无数据）"按钮。

第5章

实用软件

（2）格式刷。

利用剪贴板组的格式刷 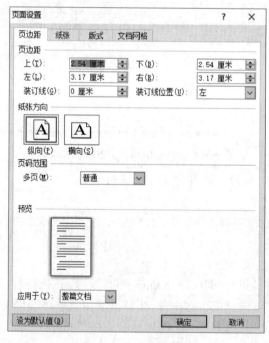 按钮可以对文本或段落的格式进行快速设置。格式刷就是将选中的文本或段落的格式复制到另一对象上，一般用于复制复杂或频繁使用的格式类型。

☞提示：

• 复制格式。

双击 按钮可以对多个地方的文本或段落进行相同格式的设置；当不再使用"格式刷"时，可以再次单击 按钮，退出格式复制状态。

• 清除格式。

如果文本或段落的格式设置错误了，可以选择清除格式后，重新进行格式设置。具体操作方法为：选择需要清除格式的文本或段落，单击"字体"组→"清除格式"按钮 。

（3）样式。

应用样式可以快速为文本设置统一的格式，从而提高文档的排版效率，具体使用方法见5.2.6节。

4. 页面设置

创建新文档时，已经默认了纸张方向、大小、页边距等，但有时需要根据实际要求设置页面格式，这就需要修改页面设置。

（1）页面设置。

单击"布局"→"页面设置"组的相应按钮或单击"页面设置"组右下角的对话框启动器，在弹出的"页面设置"对话框（图 5-18）中进行页面设置。例如选择不同的选项卡可以对纸张的大小和方向、页边距、版式、每页的行数和字数等进行设置。

图 5-18　"页面设置"

☞**提示**：设置每页的行数和每行的字符数时，一般需要先设置纸张大小，然后再设置"文档网格"选项卡中的行数和字符数。

（2）分栏。

有些文档由于排版的要求，需要对文本进行分栏设置，这样可以使整篇文档的布局错落有致，便于阅读。分栏后还可以对每一栏单独进行格式化和版面的设计。

单击"布局"→"页面设置"组→"分栏"，在弹出的下拉列表中选择需要的栏数。如果单击"更多分栏"按钮，则打开"分栏"对话框，可以对分栏进行更多的自定义设置，图 5-19 所示为文档的分栏效果。

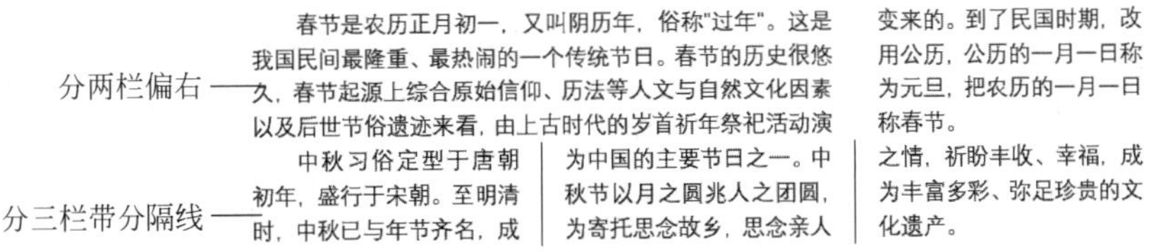

分两栏偏右 ——

分三栏带分隔线 ——

春节是农历正月初一，又叫阴历年，俗称"过年"。这是我国民间最隆重、最热闹的一个传统节日。春节的历史很悠久，春节起源上综合原始信仰、历法等人文与自然文化因素以及后世习俗遗迹来看，由上古时代的岁首祈年祭祀活动演变化定型于唐朝初年，盛行于宋朝。至明清时，中秋已与年节齐名，成

中秋习俗定型于唐朝初年，盛行于宋朝。至明清时，中秋已与年节齐名，成为中国的主要节日之一。中秋节以月之圆兆人之团圆，为寄托思念故乡，思念亲人

变来的。到了民国时期，改用公历，公历的一月一日称为元旦，把农历的一月一日之情，祈盼丰收、幸福，成为丰富多彩、弥足珍贵的文化遗产。

图 5-19 分栏效果

☞**提示**：如果对整篇文档的最后一个自然段进行分栏设置，选择段落时，读者经常连同文档尾部的回车符一起选中，往往不能得到满意的分栏效果。解决方法是：先在文档最后一行的回车符前加一个或几个空格（或者回车符），然后再选择最后一个自然段进行分栏。

（3）分节符。

默认方式下，Word 将整篇文档视为一"节"，文档中每一页的页面设置（页眉页脚、页边距、纸张方向等）都是相同的。如果文档需要在同一页或多页之间采用不同的页面格式，则需要将文档分成多个节，根据需要为不同的"节"设置不同的页面格式，从而使文档的编辑排版更加灵活。插入分节符的方法如下。

将光标定位在需要插入分节符的位置，单击"布局"→"页面设置"组→"分隔符"→"分节符"，在弹出的下拉列表中选择需要的分节符。

分节符的类型如下。

① "下一页"：在下一页开始新节。

② "连续"：在同一页开始新节。

③ "奇数页"或"偶数页"：在下一个奇数页或偶数页开始新节。

☞**提示**：

- 双虚线代表一个分节符。如果想在页面视图或大纲视图中显示分节符，需单击"段落"组→"显示/隐藏编辑标记"按钮 ⁂ 。

- 分页符和分节符的区别。

分页符只是简单分页，前后页的页面设置未发生变化；分节符可以将文档分成不同的节，不同的节可以设置不同的页面布局，图 5-20 为通过设置分节将文档页面分别设置为纵向、横向的效果。

（4）页眉页脚。

页眉和页脚是指在每一页顶部和底部加入的附加信息，这些信息可以是文字或图形，其内容可以是文件名、章节名、日期、页码等。可以通过单击"插入"→"页眉和页脚"组→"页眉"或"页脚"按钮，插入"页眉"或"页脚"。

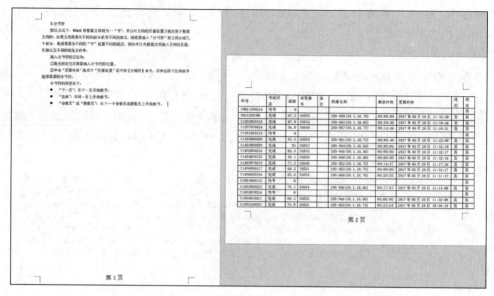

图 5-20　分节后页面布局效果

如果要删除页眉页脚,可以单击"插入"→"页眉和页脚"组→"页眉"或"页脚"按钮,在弹出的下拉列表中选择"删除页眉"或"删除页脚"命令。

☞提示:只有设置了分节,才能在文档中设置不同的页眉页脚。

(5)页面背景。

页面背景主要包括水印、页面颜色、页面边框的设置,可以通过单击"设计"→"页面背景"组的相应命令来设置。

(6)设置主题。

主题设置可以快速改变文档的外观,包括字体、颜色、效果等。

单击"设计"→"主题",在展开的下拉列表中选择某种主题。当鼠标指向某种主题时,可以看到相应的预览效果。

(7)插入封面。

Word 2016 自带了多种内置封面,可以根据需要为文档插入漂亮的封面,使文档更加美观、完整。

单击"插入"→"页面"组→"封面"按钮,在弹出的下拉列表中选择适合的封面并根据提示进行编辑,这时该封面自动被插入到当前文档的第一页。单击"删除当前封面"命令可以将当前封面删除。

5. 打印文档

一篇文档编辑、排版完毕,有时需要打印出来,单击"文件"→"打印"命令,在右侧窗格中可以看到文档打印的预览效果,在左侧窗格中可以选择打印的"页码范围""打印份数""打印机"等,确认无误后再打印。

5.2.4　图文混排

在一篇编辑好文字的文档中适当加入艺术字、图片、文本框、图形、公式等,可以美化文档,使文章图文并茂,吸引读者的注意力。图 5-21 为图文混排效果。

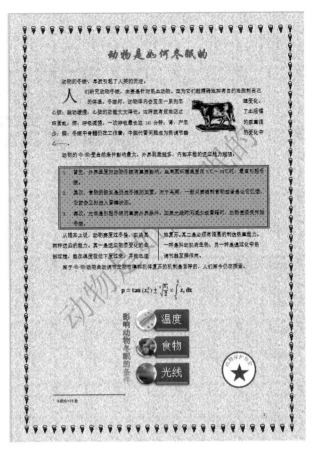

图 5-21　图文混排效果

1. 插入图形

（1）插入图片。

① 插入来自文件的图片。

单击"插入"→"插图"组→"图片"命令,在弹出的"插入图片"对话框中选择图片的类型和存放位置。

② 插入剪贴画。

如果本地计算机没有合适的图片,需要从互联网查找,可以使用"联机图片"功能插入Office 免版税的剪贴画或图片。具体方法为：单击"插入"→"联机图片"按钮,在弹出的"插入图片"对话框的搜索框中输入要查找的内容（例如输入"剪贴画"）,然后按 Enter 键（电脑要保持联网状态）,选定需要的图片后单击"插入"按钮（可以按"图片"的"类型"筛选搜索结果）,图 5-22 为搜索"熊猫"的效果。

（2）插入形状。

Word 2016 自带一套绘制好的形状,例如线条、箭头、矩形、标注等,可以直接绘制这些形状,还可以将这些图形组合成复杂的图形,如图 5-23 所示。单击"插入"→"插图"组→"形状"按钮,在弹出的下拉列表中选择某种形状,拖动已经变成十字形状的鼠标指针在文档中绘制出需要的形状大小。

图 5-22　插入联机图片

　　插入形状后，系统自动激活"绘图工具|格式"选项卡，可以对形状的样式、效果、轮廓等进行设置和修改。

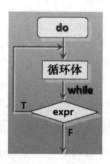

图 5-23　形状样式列表和应用示例

　　（3）插入屏幕截图。

　　利用"屏幕截图"功能，可以轻松地插入当前屏幕的截屏画面。

　　① 整个屏幕截图。

- 将光标定位在需要插入屏幕截图的位置。
- 单击"插入"→"插图"组→"屏幕截图"按钮，打开如图 5-24 所示界面。
- "可用的视窗"下拉列表中显示了同时开启的其他应用程序的缩略图，可以选择需要的屏幕画面，将整个屏幕截图插入到文档中。

图 5-24　插入"屏幕截图"

② 分屏幕截图。

单击"插入"→"插图"组→"屏幕截图"→"屏幕剪辑"按钮,拖动鼠标选择所需界面的部分截图,将其作为图片插入到文档中。

如果有多个窗口同时打开,先单击要剪辑的窗口,再单击"屏幕剪辑"按钮,则正在使用的程序将最小化,只显示要剪辑的程序窗口。

☞提示:

- "可用视窗"只能捕获没有最小化到任务栏的窗口。
- Windows 10 操作系统下,按"Win"+Shift+S 组合键,可根据需求进行屏幕截图。

2. 插入艺术字

使用艺术字,可以给文档中的文字加上修饰和形状,充分发挥个人的创造力,为文章增加视觉效果。

(1) 插入艺术字。

单击"插入"→"文本"组→"艺术字"按钮,在展开的样式库中选择要使用的艺术字样式,直接在艺术字文本框中输入需要的文字。

(2) 编辑艺术字。

对于插入的艺术字,还可以自行进行编辑,重新设置其轮廓、发光、映像、阴影等,以求满意的效果。具体方法如下。

选中艺术字所在文本框,单击"绘图工具|格式"→"艺术字样式"组和"形状样式"组中的相应按钮(图 5-25),可以对所选艺术字进行填充、轮廓、效果等设置。

图 5-25　"艺术字样式"和"形状样式"组

3. 插入文本框

文本框可以作为一种容器来存放文字、图片等,利用文本框,可在文件中的任意位置添加文本,方便地实现文本的横排和竖排。直接插入的文本框感觉比较单调,可以设置其格式,制作出漂亮的文本框。

文本框的使用方式与设置图片、艺术字类似,此处不再赘述。

实用软件

4. 插入 SmartArt 图形

SmartArt 图形是信息和观点的视觉表示形式,可以快速、直观地传达信息。单击"插入"→"插图"组→"SmartArt"按钮,从打开的"选择 SmartArt 图形"对话框中选择合适的类别和 SmartArt 图形进行插入。

插入 SmartArt 图形后,Word 2016 自动显示"SmartArt 工具"的"设计"和"格式"选项卡,可利用相应的按钮对 SmartArt 图形的布局、样式、形状、大小和位置等进行设置,图 5-26 为 SmartArt 图形对话框和效果示例。

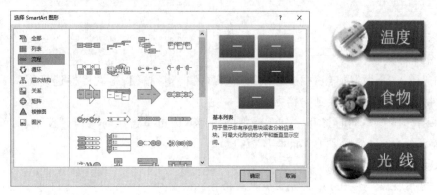

图 5-26 "选择 SmartArt 图形"对话框和 SmartArt 图形示例

5. 插入公式

Word 2016 提供了非常强大的公式编辑功能,可以轻松地将公式插入到文档中。其中新增了很多常用公式模板,如果内置公式不能满足需要,可以编辑、更改现有公式,或从头开始编写新的公式。

单击"插入"→"符号"组→"公式"下箭头 ∨ ,在弹出的下拉列表中选择需要的公式类型,例如选择傅里叶级数后,出现如下公式:

$$f(x) = a_0 + \sum_{n=1}^{\infty} \left(a_n \cos \frac{n\pi x}{L} + b_n \sin \frac{n\pi x}{L} \right)$$

如果没有合适的公式模板,可以单击"公式"下拉列表中"插入新公式"按钮,输入自定义公式。

墨迹公式是 Word 2016 新增功能,单击"公式"下拉列表中"墨迹公式"按钮,可以快速地在编辑区域手写输入数学公式,并将这些公式转换成系统可识别的文本格式,如图 5-27 所示。

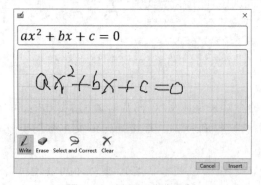

图 5-27 "墨迹"公式示例

6. 编辑图片

编辑图片与编辑艺术字的方法基本类似。选中相应的图片,在出现的"图片工具|格式"选项卡中可以进行"调整""图片样式""排列""大小"等设置。

(1)调整图片大小。

选中图片,可以通过使用鼠标调整图片上的控制点,手动调整图片的大小。如果想精确设置图片的高度和宽度,可通过调整"绘图工具|格式"→"大小"组中的"宽度"和"高度"来实现,或者单击"大小"组右下角的对话框启动器,打开"布局"对话框(图 5-28),对图片大小进行设置。

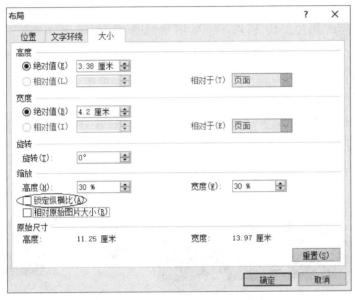

图 5-28 "布局|大小"选项卡

☞提示:大部分图片的"纵横比"都是锁定的,如果需要将图片的宽度和高度设定为任意值,需要取消勾选图 5-28 中"大小"选项卡下面的"锁定纵横比"复选框。

(2)删除图片背景。

① 选中原始图片(图 5-29),单击"图片工具|格式"→"调整"组→"删除背景"命令,此时图片处于编辑状态。

图 5-29 原始图片

实用软件

② 调整图片四周的控制点,选择需要保留的图片区域。

③ 单击"背景消除"→"关闭"组→"保留更改"按钮,或直接单击图片区域外,即可清除选定的矩形区域背景,如图 5-30 所示。

(3) 裁剪图片。

可以使用裁剪工具对图片进行剪裁,删除不需要的图片部分或将图片裁剪成某些形状。

① 裁剪空白区域。

删除背景后的图片虽然背景删除了,但大小还和原来一样,需要通过裁剪图片的方式把空白区域删除掉。

选中图片,单击"图片工具|格式"→"大小"组→"裁剪"按钮,调整图片的裁剪控点,直到满足需要,按 Esc 键退出裁剪状态。

② 裁剪形状。

选中图片,单击"图片工具|格式"→"大小"组→"裁剪"→"裁剪为形状"按钮,从弹出的列表框中选择某种形状,原始图片将裁剪为对应形状的图片,图 5-31 所示为裁剪成"波形"的图片。

图 5-30　删除背景后的图片　　　　图 5-31　裁剪为"波形"的图片

(4) 设置文字环绕方式。

为了使文档更美观,在图文混排中经常用到文字环绕方式。默认情况下,插入到 Word 文档中的图片,其位置会随着其他字符的改变而改变,用户不能自由移动图片。但通过为图片设置文字环绕方式,可以自由移动图片的位置。

选中图片,单击"图片工具|格式"→"排列"组→"环绕文字"按钮,在下拉列表中选择合适的环绕方式,如"四周型""紧密型环绕"等,或者单击下拉列表中的"其他布局选项"按钮,打开"布局"对话框,如图 5-32 所示,设置文字环绕方式,图 5-33 所示为图片设置不同文字环绕方式的效果。

(5) 添加或更改图片效果。

Word 2016 可以对图片应用复杂的艺术效果,使其看起来更像素描、绘图或绘画作品。可以通过添加阴影、映像、发光、柔化边缘、棱台和三维旋转等效果来增强图片的感染力,还可以在图片中添加艺术效果或更改图片的亮度、对比度或模糊度。

单击"图片工具|格式"→"图片样式"组→"图片效果"按钮,在下拉列表中进行相应设置,图 5-34 所示为"图片样式"组和设置了"柔化边缘椭圆"效果的图片。

图 5-32 "布局|文字环绕"对话框

四周型   衬于文字下方   紧密型

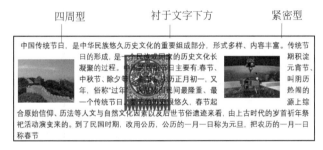

图 5-33 "文字环绕"示例

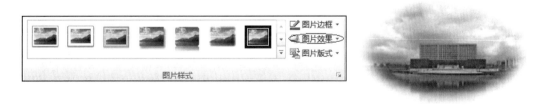

图 5-34 "图片样式"组和图片"柔化边缘椭圆"效果

7. 组合图形

插入的图形往往是独立的,有时为了达到一定的效果,需要将它们互相叠加或整体移动和调整,便于对这个整体图形进行操作,因此需要将这些图形进行组合或调整它们的叠放次序。

(1) 图形组合。

选中第一个图形,按住 Shift 键,选择要组合的其他图形,右击,选择"组合"命令,图 5-35 所示为图形组合后的效果。

如果要解除组合,则在该图形上右击,选择"组合|取消组合"命令。

☞提示:如果对组合后的某个图形对象进行再编辑,需要先取消组合。

(2)调整图片的叠放次序。

可以改变图形、图片的叠放次序,使之有一定的层次感,以便达到满意的视觉效果。具体方法如下。

图 5-35 图形组合示例

在需要改变叠放次序的图形上右击,根据需要选择相应的命令(例如置于顶层、浮于文字上方等)。

5.2.5 表格处理

Word 2016 除了具有强大的文字处理功能外,还具有丰富的表格处理功能,可以对表格进行编辑、格式化、排序、计算等设置。

1. 创建表格

表格由不同行、列的单元格组成,在单元格中可以输入文本、数字和插入图片等操作。可以使用拖动鼠标、"插入表格"对话框或"绘制表格"命令等方式插入表格。

2. 表格的编辑

表格的编辑主要通过"表格工具|布局(设计)"选项卡或相应功能的对话框来实现。

☞提示:对表格的操作还可以通过选择表格或单元格后,右击,从弹出的快捷菜单中选择需要的操作。

(1)插入或删除行、列、单元格。

单击"表格工具|布局"→"行和列"组对话框启动器按钮 ⬆,在打开的"插入单元格"对话框(图 5-36)中选择相应的单选钮,可以插入行、列或单元格。

图 5-36 "插入单元格"对话框

单击"行和列"组中的"删除"按钮 ⬛,可以删除选择的行、列、单元格或表格。

☞提示:如果在表格任意一行的后面插入一行,可在本行最后一个单元格的右边框外侧按 Enter 键。

(2)合并或拆分单元格。

有些表格是不规则的表格,例如简历表、功课表等,需要将某些单元格合并或拆分。

选择需要合并的单元格,单击"表格工具|布局"→"合并"组→"合并单元格"按钮。

如果需要拆分单元格,则单击"拆分单元格"按钮,从弹出的对话框中选择需要拆分的行数和列数。

☞提示:也可以通过单击"表格工具|布局"→"绘图"组的"绘制表格"按钮 ▱ 或"橡皮擦"按钮 ▱ 来拆分或合并单元格。

(3)调整表格。

表格可以放在文档中的任何位置,也可以调整表格的大小,使其满足排版要求。单击表格或把鼠标指针移动到要操作的表格上停留一会儿,表格的左上角会出现一个方框环绕的十字标记 ⊞（移动标记）,表格的右下角会出现一个小方框标记 □（缩放标记）,可以分别用其选中或调整表格大小。

（4）重复标题行。

大型表格通常被分割成几页,可以对表格进行调整,以便让表格标题显示在每页上。

选中表格的标题行(自动出现表格工具选项卡),单击"表格工具|布局"→"数据"组→"重复标题行"按钮(图 5-37)来实现。

图 5-37 "表格|布局"选项卡

☞提示：重复的表格标题仅在页面视图或打印文档时可见。

3. 表格的格式化

格式化表格可以改变表格的外观,包括文字的方向、对齐方式、单元格的行高（列宽）、文字环绕、边框和底纹等,这些操作都可以通过"表格属性"对话框(图 5-38)中的相应命令来实现。此外,Word 2016 提供了近百种定义好的格式,已经设置了边框、底纹、字体、颜色等,利用"表格自动套用格式"功能可以快速地设置表格的格式。

图 5-38 "表格属性"对话框

将光标定位在表格中的任一单元格,在图 5-39 所示的"表格工具|设计"→"表格样式"组中选择满足要求的样式(此时可以看到预览效果)。

图 5-39 "表格工具"选项卡的"设计"功能区

实用软件

☞**提示**：如果要查看更多的样式，可以单击"表格样式"组中的"其他"按钮 ，在弹出的下拉列表中选择想要的样式。

4. 文字表格之间的相互转换

（1）将文本转换成表格。

Word 可以把用段落标记、逗号、空格、制表符、其他字符分隔的文字转换成表格。

选中要转换的文本，单击"插入"→"表格"组→"文本转换成表格"命令，从弹出的"将文字转换成表格"对话框（图 5-40）中选择列数、分隔符和列宽等。

（2）将表格转换成文本。

① 选择需要转换成文本的表格。

② 单击"表格工具|布局"→"数据"组→"转换为文本"按钮，从弹出的"表格转换成文本"对话框（图 5-41）中设置文字分隔符，然后单击"确定"按钮。

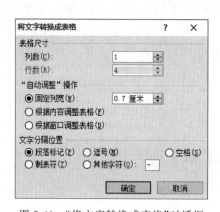

图 5-40　"将文字转换成表格"对话框

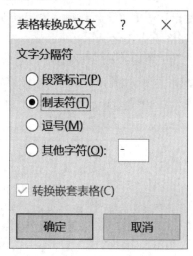

图 5-41　"表格转换成文本"对话框

5. 表格的数据处理

Word 能进行简单的表格计算和排序。

（1）表格的计算。

Word 2016 提供了多种函数用于数据的计算、处理，具体操作如下。

① 将光标定位在放置计算结果的单元格中。

② 单击"表格工具|布局"→"数据"组→ 公式 按钮，打开"公式"对话框，如图 5-42 所示。

③ "公式"对话框中默认显示求和（SUM）公式，如果需要进行其他计算，可以从"粘贴函数"下拉列表中选择需要的数学函数（例如 AVERAGE、COUNT、MAX、MIN 等），还可以在"编号格式"栏中对计算结果进行格式设置。

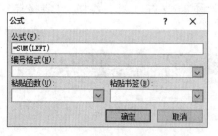

图 5-42　"公式"对话框

☞**提示**：

• Word 函数不区分大小写。

• 公式栏默认的公式是"＝SUM(LEFT)"，表示要计算左边各数据的和，如果该公式不满足要求,可以直接输入需要的公式,如"＝SUM(ABOVE)"(计算当前单元格上方各数据的和)、"＝AVERAGE (RIGHT)"(计算当前单元格右侧各数据的平均值)。

- 当多次使用同一公式进行计算时,在表格中第一个位置输入公式后,其他位置可以按F4键进行和前一次相同的操作。

(2)表格的排序。

表格可根据某几列内容按字母、数字、日期等顺序进行升、降序的排序。可以选择任意列进行排序,当该列(主关键字)内容有多个相同时,可根据另一列(次关键字)排序,以此类推,如图5-43所示。

图 5-43 "排序"对话框

5.2.6 Word 高级应用

本节主要介绍文档的审阅和引用、长文档编辑及邮件合并的方法。

1. 文档的审阅

如果多人编写一本书,或者一篇文档让多人审核,审阅和修订就显得非常重要。"审阅"能帮助用户及时了解编者(用户)之间的修订和更改情况,用户还可以对比、查看、合并同一文档的多个修订版本。

(1)修订文档。

在修改别人的文档时,可使用文档中的审阅修订功能,直接在文档中进行修订,即将修改、删除、添加的每一项内容记录下来。

打开要修订的文档,单击"审阅"→"修订"组→"修订"按钮,即可进入修订状态。

在修订状态下插入的内容一般标记为带颜色和下划线的字体,删除的内容一般标记为带删除线的带颜色字体。

当多个用户同时对同一文档进行修订时,可以通过不同颜色来区分不同用户修订的内容,可以通过单击"修订"按钮下的"修订选项",打开"修订选项"对话框,单击"高级选项"按钮进行设置,如图5-44所示。

(2)插入批注。

当阅读或审阅一篇文档时,如果想对文档写一些心得或提一些修改意见,可以不直接对原文档做出具体修改,而是通过插入 Word 批注的方法表达自己的观点或想法。

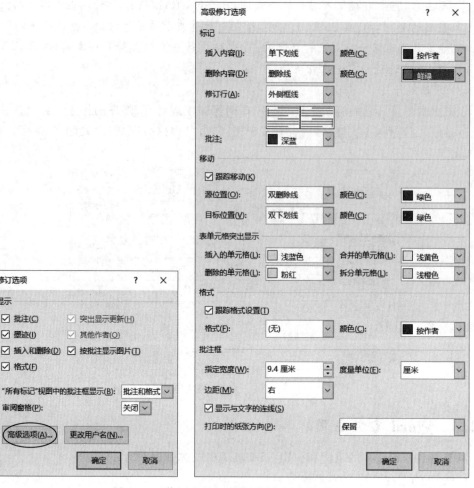

图 5-44 "修订选项"对话框及"高级选项"设置

选中需要加入批注的文字,单击"审阅"→"批注"组→"新建批注"命令,这时在页面右侧的空白处就会添加一个用于输入批注的编辑框,并且该编辑框和所选文字显示为浅红色。在编辑框中可以输入需要批注的内容。图 5-45 为文档插入了修订和批注后的效果。

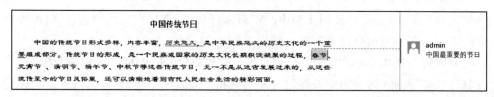

图 5-45 插入修订、批注的效果

(3)审阅文档。

文档内容修订完成后,需要对文档的修订和批注状况进行最终审阅。

单击"审阅"→"更改"组→"接受"或"拒绝"按钮,可以接受或拒绝其他人员的修改意见。还可执行"批注"组的"删除"命令,来接受或拒绝更改并删除批注,直到文档中不再有修订和批注。

当多人同时修改同一文档时,可以单击"审阅"→"修订"组→"所有标记"和"审阅窗格"命令,来查看所有修订或批注过该文档人员的修改信息,如图 5-46 所示。

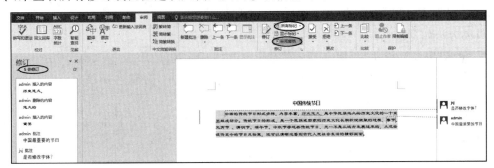

图 5-46　审阅信息

(4)比较文档。

文档经过审阅后,可以通过对比方式查看修订前后两个文档版本的变化情况。

① 单击"审阅"→"比较"组→"比较"按钮→"比较"选项,打开"比较文档"对话框,如图 5-47 所示。

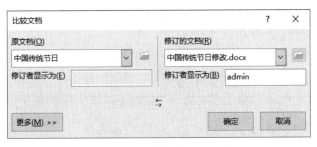

图 5-47　"比较文档"对话框

② 单击"原文档"和"修订的文档"列表框右侧的 📁 图标,分别选择原文档和修订的文档,然后单击"确定"按钮。

左侧的"修订"栏,自动统计了原文档与修订文档之间的具体差异情况,中间的"比较的文档"窗格中会突出显示两个文档的差异情况,如图 5-48 所示。

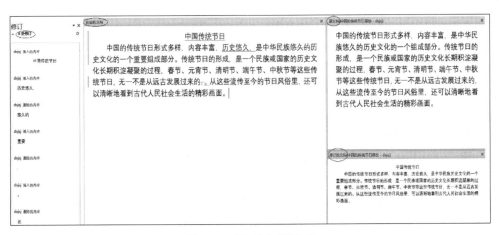

图 5-48　"比较文档"示例

（5）合并文档。

当一篇文档经过多人修改后，整理修改意见时就要同时打开多篇审阅后的文档，很不方便，Word 提供了合并文档功能，可以将多人的修改意见全部合并到一篇文档中。使用该功能的具体方法如下。

① 单击"审阅"→"比较"组→"比较"按钮→"合并"选项，打开"合并文档"对话框。

② 单击"原文档"和"修订的文档"列表框右侧的 📂 图标，分别选择原文档和修订的文档，然后单击"确定"按钮。

系统将其他文档的修订记录逐一合并到新建的名为"合并结果 1.docx"的文档，在该文档中可查看所有修改意见。

2. 文档的引用

（1）脚注和尾注。

使用脚注和尾注可以为文档中的某处文本提供解释、批注或参考。通常，脚注显示在页面底部，可以作为文档某处内容的解释；尾注显示在文档或小节末尾，列出引文的出处，Word 自动为其标记编号或创建自定义的标记。插入脚注的方法如下。

将光标定位到要插入脚注的位置，单击"引用"→"脚注"组→"插入脚注"按钮，插入点右上角会自动出现脚注序号，同时光标自动转到该页下方出现的横线下方的序号旁，可在此处输入脚注内容。插入脚注效果如图 5-49 所示。

如果要删除某一脚注，可先选中注释参考标记，然后按 Delete 键即可。

尾注与脚注设置方法相似，序号通常为罗马字母；脚注的序号通常为阿拉伯数字，脚注和尾注的位置以及编号格式的修改可在图 5-50 所示的"脚注和尾注"对话框中进行。

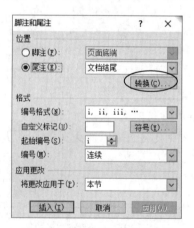

图 5-49　插入脚注的效果　　　　　　图 5-50　"脚注和尾注"对话框

脚注和尾注还可以相互转换，具体方法如下。

① 将光标定位到脚注或尾注的序号处。

② 单击"引用"→"脚注"组右下角的对话框启动器，弹出"脚注和尾注"对话框，如图 5-50 所示。

③ 单击对话框中的"转换"按钮，弹出"转换注释"对话框，选择三种转换方式中的某一种，单击"确定"按钮。

如果是对个别脚注或尾注进行转换，只需将光标移动到注释文本中，右击，选择"转换为脚注"或"转换为尾注"命令即可。

（2）题注和交叉引用。

① 题注。

使用题注,可以为图片、表格、公式等添加编号标签,使这些编号自动排序,如果因为插入、删除、移动了某些图片、表格等而使其编号发生变化,可以使用"更新域"命令,快捷地一次性更新所有题注编号,大大地提高了文档的编辑效率。下面以图片为例,介绍插入题注的方法。

- 将光标定位到需要插入题注的图片下方,单击"引用"→"题注"组→"插入题注"按钮,打开题注对话框。
- 在"标签"下拉列表中选择标签类型,如果不符合要求,可以单击"新建标签"按钮,按需求新建题注标签。
- 在"题注"对话框中单击"编号"按钮,打开"题注编号"对话框,在"格式"下拉列表中选择编号格式,完成设置后单击"确定"按钮。
- 单击"题注"对话框的"确定"按钮。

② 交叉引用。

使用交叉引用的方法,可以将文档中的相关说明文字与图片、表格建立对应关系,并提供自动更新功能。具体方法如下。

- 将光标定位在需要使用交叉引用的位置,单击"引用"→"题注"组→"交叉引用"按钮,打开交叉引用对话框。
- 在"引用类型"下拉列表框中选择需要引用的类型,然后在"引用内容"列表框中选择需要引用的选项,单击"插入"按钮。

3. 长文档编辑

在实际的学习、工作中经常要编辑长文档。长文档一般文字比较多,篇幅比较长,文档层次结构相对复杂,为了便于阅读通常需要设置目录,Word 提供了设置标题样式和自动生成目录的功能。为文档设置不同级别的标题是自动生成目录的前提,而多级标题一般通过设置标题的样式实现。

（1）灵活操作文档窗口。

① 拆分文档窗口。

拆分文档窗口是将当前窗口分为两部分,但不会将其拆分为两个文档,在这两个窗口中对文档进行的编辑修改都会影响原文档。编辑长文档时,可以在一个窗口中查看文档内容,在另一个窗口中对比、编辑、修改文档。例如,如果将长文档前面的内容复制到相隔较远的其他位置,可以在一个窗口中显示复制文档的位置,在另一个窗口中显示粘贴的位置,这样非常方便。具体方法如下。

单击"视图"→"窗口"组→"拆分"按钮,如图 5-51 所示。

② 并排查看文档。

并排查看文档,可以将两个窗口的内容（数据）进行精确对比。当鼠标在一个窗口滚动时,另一个窗口的页面内容也会随之调整,这是因为设置了鼠标同步滚动。具体方法如下。

打开两个以上的 word 文档,选中其中一个需要进行并排查看的窗口,单击"视图"→"窗口"组→"并排查看"按钮,打开"并排比较"对话框,选中需要并排查看的窗口,单击"确

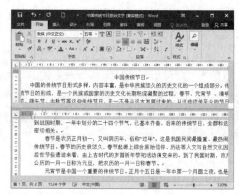

图 5-51　拆分窗格及示例

定"按钮,两个窗口会自动并排显示。

③ 显示文档结构图和页面缩略图。

利用"导航窗格"还可以方便地浏览长文档的结构和页面缩略图,从而快速定位到文档位置,如图 5-52 所示。

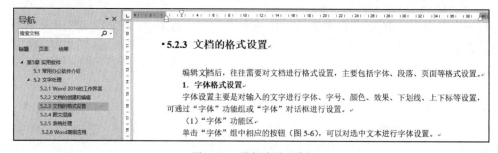

图 5-52　导航窗格示例

打开"导航窗格"的方法是:勾选"视图"→"显示"组→"导航窗格"复选框。

(2)样式。

样式是一组字符或段落的格式化设置。应用样式可以快速为文本对象设置统一的格式,从而提高文档的排版效率。

① 应用样式。

编辑文档时,经常需要统一文档的格式,它规定了文档标题及正文等一系列的格式,应用样式可以省去一些格式上的重复操作。

单击"样式"组→"其他"按钮□,在展开的"快速样式库"中选择需要的样式,如图 5-53所示。

② 新建样式。

Word 自带了一些默认的样式,但有时内置样式不能满足要求,需要自定义样式来满足需要。

单击"样式"组→"对话框启动器"按钮□,弹出如图 5-54 所示的"样式"任务窗格,单击左下角的"新建样式"按钮□,打开图 5-55 所示的"根据格式设置创建新样式"对话框,在其中根据需要进行相应设置。可以在"样式"组的快速样式库中看到新创建的样式。

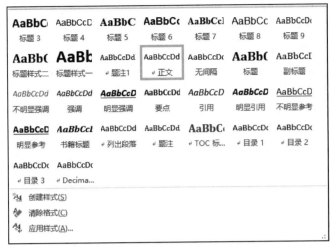

图 5-53 "快速样式"库

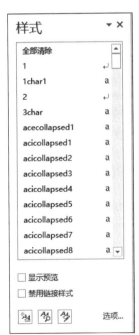

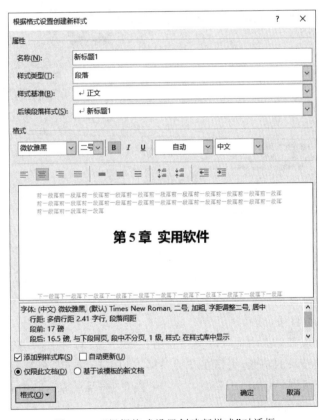

图 5-54 "样式"任务窗格　　　　图 5-55 "根据格式设置创建新样式"对话框

③ 修改样式。

可以根据需要,在原有样式的基础上进行简单修改。

在"样式"任务窗格中选择需要修改的样式,单击鼠标右键,选择"修改"命令,打开"修改样式"对话框,在对话框中按照需要进行修改。

④ 将当前文档样式应用到其他文档。

如果需要将几十份 Word 文档按照统一模板的格式进行调整,那么逐个调整每份文档的格式就显得非常烦琐,使用"管理样式"能轻松地批量处理这一重复性操作。使用"管理样式"可以将当前文档的样式导出,在创建新文档时,导入这个样式即可。具体方法如下。

- 单击"样式"组→"管理样式"按钮 🦋 ,打开"管理样式"对话框。
- 单击对话框中的"导入/导出"按钮。
- 打开"管理器"对话框的"样式"选项卡,对话框左侧的列表中列出了当前文档中的所有样式,选择一种样式后,单击"复制"按钮,将该样式添加到右侧的列表中,如图 5-56 所示。

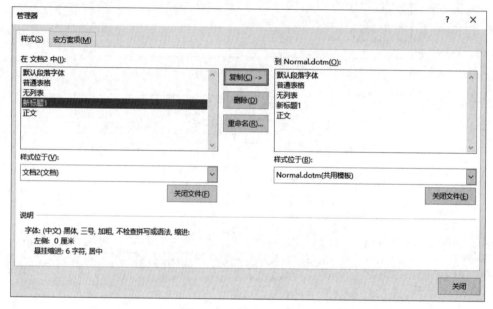

图 5-56 "管理器"对话框

- 单击"关闭"按钮,则该样式被添加到通用模板中。

此外,还可以对样式进行改名、删除操作。重新创建一个新文档,则可以在样式列表中看到新添加的样式。

(3) 目录。

目录可以清晰地列出文档的结构,方便人们对书籍内容的查找和了解。Word 具有自动生成目录的功能,可以在文档中插入和更新目录。创建目录的前提是各标题已经设置了样式或级别,Word 2016 提供了一个内置的"目录库",其中有多种目录样式可供选择。

① 插入目录。

- 将要在目录中显示的文本进行样式(或大纲级别)设置。例如将文档各章节的标题设为"标题 1",以后每增加一级标题,标题的级别就要降低一级(一般目录只显示到三级标题)。
- 将光标定位在要插入目录的位置。单击"引用"→"目录"组→"目录"按钮,从弹出的下拉列表中选择需要的目录样式,或者单击下拉列表中的"自定义目录"命令,打开如图 5-57 所示的对话框,可以指定标题显示级别、目录格式等。

图 5-57 "目录"对话框

单击"目录"对话框中的"修改"按钮,还可在弹出的"样式"对话框中选择要创建目录的样式外观。

☞提示:按下 Ctrl 键,单击目录中的某页码所在行,可以自动跳转到该页的标题。

② 更新目录。

如果对文档进行了增、删、改,目录中各标题内容或所在页码发生了变化,就需要更新目录。

单击"引用"→"目录"组→"更新目录"命令(或者单击图 5-58 所示的目录上方的"更新目录"按钮),打开如图 5-59 所示的"更新目录"对话框,按需要选择相应的选项后,单击"确定"按钮。

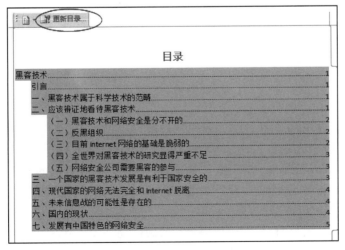

图 5-58 自动生成的目录

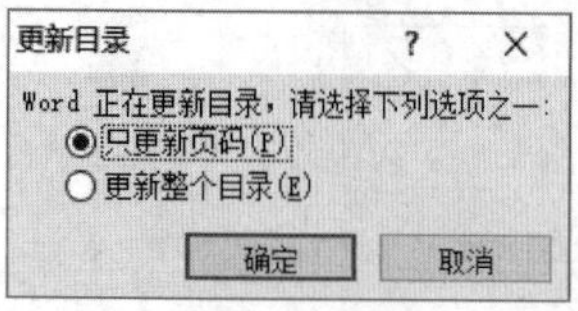

图 5-59 "更新目录"对话框

此能大大提高工作的效率。

【例 5-1】 制作成绩单。

具体操作步骤如下。

(1) 制作主文档。

使用 Word 制作如图 5-60 所示的主文档:"成绩单"。

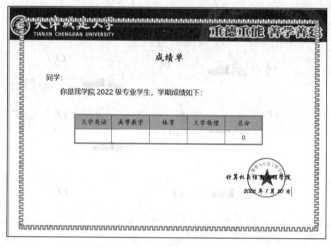

图 5-60 "成绩单"主文档

4. 邮件合并

日常的办公过程中可能有很多数据表,还需要根据这些数据信息制作出大量信函、信封、成绩单、奖状等。邮件合并主要就是用于批量处理内容基本相同的文档,这些文档只是某些固定位置的数据不同,需要从其他数据源中提取得到,因

(2) 创建数据源。

数据源可以是 Excel、Access 数据库等文件,此例选择用 Excel 创建的"学生成绩表.xlsx"作为数据源,具体数据如表 5-1 所示。

表 5-1 学生成绩表

姓　　名	大学英语	高等数学	体　育	大学物理	专　业	学　　期
陈思文	70	90	73	90	电信	2022-2023-1
董瑶	56	50	60	42	网络	2022-2023-1
王丽丽	60	80	82	72	计算机	2022-2023-1

(3) 进行邮件合并。

① 选取数据源。

单击"邮件"→"开始邮件合并"组→"选择收件人"按钮,在弹出的下拉列表中选择"使用现有列表"命令,选择数据源(学生成绩表的"Sheet1"),单击"确定"按钮。

② 插入合并域,预览合并结果。

在主文档中,将光标定位到需要插入合并域的位置,单击"邮件"→"编写和插入域"组→"插入合并域"命令,在下拉列表中选择所需的字段,插入合并域后的效果如图 5-61 所示。

邮件合并

此时,可以通过"邮件"→"预览结果"组→"预览结果"按钮查看合并域后的数据,如图 5-62 所示。

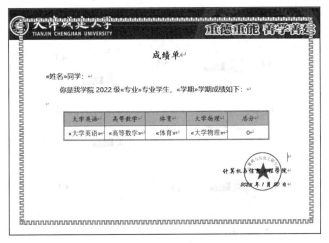

图 5-61　插入合并域后的效果

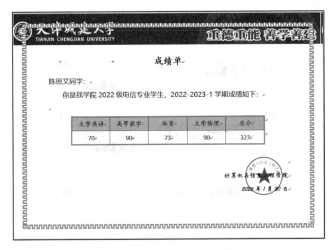

图 5-62　预览邮件合并后的效果图

③ 完成邮件合并。

单击"邮件"→"完成"组→"完成并合并"命令,在下拉列表中选择"编辑单个文档",打开"合并到新文档"对话框,如图 5-63 所示。可以在"合并记录"选项中选择合适的单选钮,这里选择"全部",合并所有记录,然后单击"确定"按钮,生成默认名为"信函 1"的新文档。

图 5-63　"合并到新文档"对话框

5.3 电子表格处理

Excel 2016 是 Office 办公软件中的重要组件之一,是一款常用的表格处理办公软件,用户可以利用它进行数据计算、数据管理和数据分析等操作。Excel 采用表格形式对数据进行组织和处理,并且预先定义了数学、财务、统计、查找和引用等不同功能的计算函数,可以方便快捷地完成各种复杂的计算和数据分析。Excel 提供了多种类型的统计图表,可以直观地展示数据的各方面指标和特性。

较之前的版本,Excel 2016 的功能更加集中,符合大部分人的使用习惯。界面新添加了带有深色主题和按钮设计的样式,这些样式开始逐渐接近 Windows 10。另外,Excel 2016 制作出的各种数据报表支持多端同步数据,可以与其他使用者在线同步操作,还有非常直观清晰的数据结构,支持各种文件格式的读取,简单方便,易于操作。

5.3.1 Excel 2016 基础知识

1. Excel 集成开发环境

Excel 2016 集成开发环境包括标题栏、快速访问工具栏、功能选项卡、状态栏等 Office 软件中的通用窗口元素,以及 Excel 特有的工作表编辑区、名称框、编辑栏等,如图 5-64 所示。"功能选项卡"默认为 8 个功能模块,若当前操作对象为图表或形状,则会自动增加相应对象的其他功能模块。

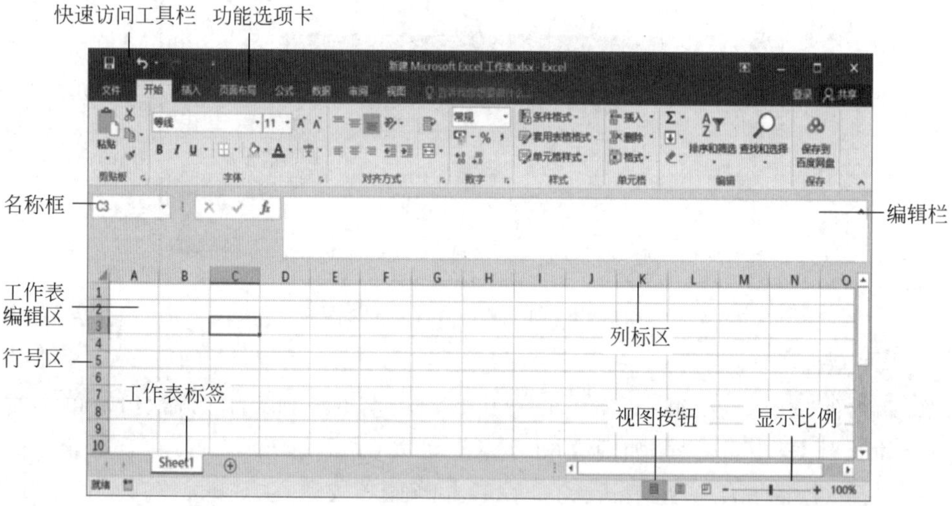

图 5-64　Excel 2016 集成开发环境

（1）工作表编辑区。

工作表编辑区包括行号区、列标区、二维表格区、工作表标签区。行号用阿拉伯数字表示,列标用英文大写字母表示。单元格地址由"列标＋行号"组成。

（2）名称框。

名称框位于工作表的左上方,用来定位或显示当前活动单元格的地址、选中单元格区域的名称。

（3）编辑栏。

编辑栏用来显示当前单元格中输入或编辑的内容，也可在其中直接输入和编辑，数据同时显示在当前活动单元格中。编辑栏左侧设有插入函数按钮 f_x，单击该按钮可以打开"插入函数"对话框。

2．Excel 基本概念

（1）工作簿。

Excel 创建的文件是工作簿文件，工作簿的扩展名是.xlsx，一个工作簿内可以包含若干张工作表，工作簿与工作表的关系就如同账本和账页之间的关系。新建工作簿默认由 Sheet1 一张工作表组成。

（2）工作表。

工作表是工作簿组织数据的部分，由若干行、列单元格构成。工作表可增加、删除。工作表标签区一般位于工作表的左下端，用于显示工作簿中各个工作表的名称，在包含多张工作表的情况下可以通过单击相应的工作表标签将该表设置为当前活动工作表。

（3）单元格。

单元格是 Excel 最基本的数据存储单元。单元格的地址由"列标＋行号"命名，例如：A1 单元格，B2 单元格。活动单元格为当前被选中的单元格，其边框会变为粗绿框，如图 5-64 中的 C3 单元格。

为了区分不同工作表的相同地址单元格，通常会在单元格引用地址前加上工作表名，中间用叹号分隔，例如："Sheet2!A5"。

（4）区域。

区域是指一组单元格，可以是连续的，也可以是不连续的。矩形连续区域的地址由该区域左上角单元格地址和右下角单元格地址表示，中间用冒号分隔。例如："B1:D4"表示由 B1 单元格和 D4 单元格连成的对角线所覆盖的共计 12 个单元格所组成的连续矩形区域。不连续区域地址用逗号分隔各个不连续区域即可，例如"A2:B5,E6:F8,H23"。

5.3.2 Excel 2016 基本操作

1．数据类型与数据输入

（1）数据输入的基本方法。

① 单击相应单元格（或单击单元格后再单击编辑栏）进行数据的输入，按 Enter 键结束。编辑或修改数据与此操作类似。

② 双击单元格，当单元格内出现光标闪烁时直接在单元格中输入数据，按 Enter 键结束。

（2）常用数据类型及输入方法。

① 数值型。

数值型数据可以直接输入，在单元格中默认为右对齐显示。如果输入的数值长度超过 11 位，则自动转换为指数法（又称科学计数法）显示。例如：输入数据为 1234567891234，则转换成 1.23457E＋12 显示。

☞提示：以"0"开头表示输入分数，注意"0"和分数之间用空格间隔。例如：输入分数"1/3"，须在单元格中输入"0 1/3"。若忘记输入"0"，则系统会将该分数自动识别为日期型数据并显示"1 月 3 日"。

② 文本型。

文本型数据由汉字、英文字母(大小写)、数字、特殊符号等组成。文本型数据可以直接输入,在单元格中默认为左对齐显示。

☞提示:文本型数据与数值型数据最明显的区别就是数据在单元格内的默认对齐方式,右对齐为数值型,左对齐为文本型。如果需要在单元格输入文本编号"01",需要在输入数字前先输入一个西文字符"'",将其制定为文本格式后,再输入编号"01",才能正确地显示数字前面的"0"。

③ 日期型。

日期型数据在输入时必须用"-"或"/"间隔年月日数据,年份数据可以使用 4 位或 2 位形式。例如:输入 2023 年 2 月 4 日,可以采用 4 种形式:2023-2-4、23-2-4、2023/2/4、23/2/4。

☞提示:若输入当年日期,可以省略输入年份。若输入当天日期,按 Ctrl+; 组合键即可。日期型数据在 Excel 系统内部实际存储的是从 1900 年 1 月 1 日到输入的日期数据之间的相差天数,本质上是一个整数值,因此日期型数据在单元格内右对齐显示。

④ 逻辑型。

在 Excel 中,逻辑型数据是两个固定值"TRUE"和"FALSE",分别表示"真"和"假"。逻辑型数据可以直接输入并且在单元格中默认居中显示。

(3) 数据填充方法。

① 组合键批量填充。

数据填充

若要在多个单元格中输入相同数据,可以使用组合键批量填充方式。操作步骤是先选定需要输入数据的多个连续或不连续单元格,再在编辑栏内输入数据,最后按 Ctrl+Enter 组合键结束。

② 填充柄填充。

将鼠标移动至单元格右下角,当鼠标形状变成"+"填充柄时,按住鼠标左键可以沿上、下、左、右 4 个方向拖动鼠标,以实现单元格内容的快速复制填充。若单元格内容为纯文本或纯数字,填充仅实现复制效果;若单元格内是文本与阿拉伯数字的混合内容,填充后文本内容不变,数字内容则以等差数列形式递增或递减。

Excel 系统自定义序列,如中英文星期、月份等,利用填充柄在输入过程中实现序列自动填充。通过单击"文件"→"选项"→"高级"→"常规"组中的"编辑自定义列表"按钮,可以添加自定义序列。自定义工作日序列"周一"至"周五"的效果如图 5-65 所示。

③ 序列填充。

根据在起始单元格内输入的原始数据,单击"开始"→"编辑"组→"填充"→"序列"菜单,在打开的"序列"对话框中输入"步长值",可以实现等差或等比数列填充,也可以按照不同的日期单位进行填充,如图 5-66 所示。

(4) 数据验证。

通过在用户输入数据前设置有效数据的条件和范围,可过滤掉输入数据中的无效数据,同时给出相应的错误提示。例如:在单元格内需要输入性别为"男"或"女"时,为避免输入其他无效数据,单击"数据"→"数据工具"组→"数据验证"→"数据验证"菜单,在打开的"数据验证"对话框中设置验证条件和出错警告,如图 5-67 所示。

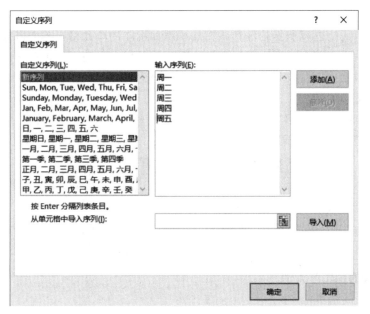

图 5-65 "自定义序列"对话框

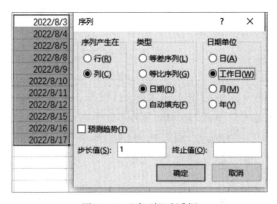

图 5-66 "序列"对话框

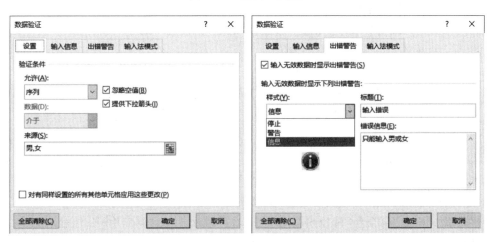

图 5-67 "数据验证"设置

（5）批注。

批注是对单元格内容所做的注释。在需要添加批注的单元格上单击鼠标右键,选择"插入批注"菜单,输入批注内容即可。添加批注后的单元格右上角有红色三角形标志。批注内容一般都是隐藏状态,当鼠标悬停在有批注的单元格上方时,批注内容会自动显示出来。

（6）获取外部数据。

Excel 提供了"获取外部数据"功能,允许从其他来源获取数据。Excel 2016 可导入的外部数据文件类型丰富,包括文本数据源、网页数据源、Access 数据源等,如图 5-68 所示。

图 5-68 "获取外部数据"功能组

2. 工作表的编辑与管理

（1）工作表的基本操作。

① 插入与删除工作表。

插入新工作表主要有两种方式:单击工作表标签右侧的"插入工作表"按钮 ；在任意工作表标签上单击鼠标右键,选择"插入"命令。

删除工作表主要通过快捷菜单中的"删除"命令完成。

② 移动与复制工作表。

移动工作表最快速的方式是选中工作表标签,按住鼠标左键将其拖动到需要的位置即可。另外也可以使用快捷菜单中的"移动或复制"命令移动工作表。

复制工作表时,选中工作表标签,同样选择快捷菜单中的"移动或复制"命令,在打开的"移动或复制"对话框中,选中"建立副本"复选框。

③ 重命名工作表。

通过快捷菜单或者双击工作表标签,可对工作表进行重命名操作。

（2）单元格的基本操作。

对单元格进行编辑时秉承"先选中后操作"的原则,被选中的单元格称为"活动单元格"。

① 单元格的选择。

• 单击某个单元格即可选中该单元格。

• 单击某个单元格后,按住鼠标左键拖动可选择连续单元格区域。

• 单击工作表左上角行列交叉位置的"全选"按钮 ,可选择工作表中的全部单元格。

② 单元格的插入与删除。

• 在活动单元格上单击鼠标右键,选择"插入"命令。

• 在活动单元格上单击鼠标右键,选择"删除"命令。

☞提示:"删除"命令和"清除内容"命令针对的对象不同,"删除"命令针对单元格,删除的是单元格连同单元格中的内容;"清除内容"命令仅针对单元格中的内容,内容虽然删除了可是单元格本身还在。

③ 单元格的复制与粘贴。

Excel 单元格中既有内容也有单元格格式,因此复制单元格后,粘贴时要确定"粘贴选项"。"粘贴选项"从左到右的按钮依次为:默认粘贴、数值粘贴、公式粘贴、转置粘贴、格式粘贴和粘贴链接。普通的内容粘贴选择相应的"粘贴选项"即可,复杂内容的粘贴需要在"选择性粘贴"对话框内进行设置,如图 5-69 所示。

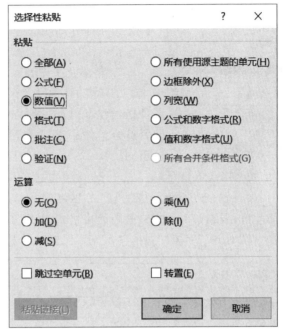

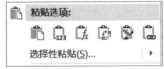

图 5-69　粘贴选项和"选择性粘贴"对话框

(3)工作表的其他操作。

① 隐藏工作表。

选中需要隐藏的工作表标签后单击鼠标右键,选择"隐藏"命令。通过快捷菜单中的"取消隐藏"命令,在弹出的窗口中选择相应的工作表,单击"确定"按钮,即可将隐藏的工作表显示出来,如图 5-70所示。

② 保护工作表。

选中需要保护的工作表标签后单击鼠标右键,选择"保护工作表"命令,设置相关保护选项和取消

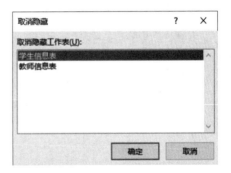

图 5-70　取消工作表隐藏

保护密码,如图 5-71 所示。当用户对受到保护的工作表进行编辑时,系统自动弹出相应的提示信息框。用户可以单击"审阅"→"更改"组→"撤销工作表保护"按钮,如有需要,输入密码后,即可撤销工作表的保护。

③ 拆分工作窗口。

在数据量比较大的工作表中,为了查看数据的前后对照关系,Excel 可以将工作表窗口拆分为 4 部分,方便表格中数据的编辑和其他操作。具体方法是,选中工作表中的任意单元格,单击"视图"→"窗口"组→"拆分"按钮。若要取消拆分状态,只需再次单击"拆分"按钮即可。

实用软件

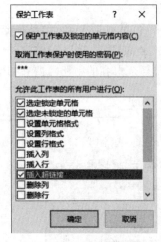

图 5-71　保护工作表

④ 冻结工作表窗口。

在数据量比较大的工作表中,为了方便地查看表头与数据的对应关系,可冻结工作表窗口,这样就能随意查看工作表的其他部分而不移动表头所在的行或列。工作窗口的冻结包括"冻结拆分窗格"、"冻结首行"和"冻结首列"3种。冻结拆分窗格的方法与拆分窗口的操作相似。工作窗口冻结后窗口被分为4部分,使用垂直滚动条和水平滚动条可以控制4部分窗格的滚动显示。

3. 格式化工作表

工作表的格式化包括设置单元格格式、设置行高列宽、条件格式和套用表格格式。其中条件格式是根据单元格内容是否符合条件来设置单元格格式,与其他工作表格式的设置不同。

(1)单元格格式。

选中需要设置格式的单元格或单元格区域,右击,选择"设置单元格格式"命令,通过打开的"设置单元格格式"对话框设置单元格格式,如图 5-72 所示。"设置单元格格式"对话框中包括"数字""对齐""字体""边框""填充""保护"6 个格式选项卡。

图 5-72　"设置单元格格式"对话框

其中"数字"格式主要设置单元格内数据的类型及形式,合并单元格可以通过"对齐"选项卡进行设置。Excel 中的工作表有统一样式的网格线,该网格线是表格编辑的辅助工具,打印时并不显示。若要为表格设置能够打印边框,可以通过"边框"选项卡进行设置。另外,绘制单元格的斜线表头也在此处设置。Excel 单元格的填充设置与 Word 的底纹设置类似。

图 5-73 中使用了多种单元格格式设置,如合并单元格、字体设置、内外边框设置、数值设置和单元格背景色设置等。

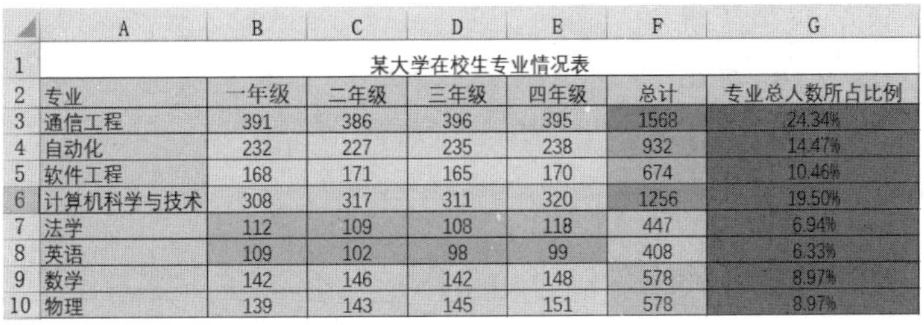

	A	B	C	D	E	F	G
1	某大学在校生专业情况表						
2	专业	一年级	二年级	三年级	四年级	总计	专业总人数所占比例
3	通信工程	391	386	396	395	1568	24.34%
4	自动化	232	227	235	238	932	14.47%
5	软件工程	168	171	165	170	674	10.46%
6	计算机科学与技术	308	317	311	320	1256	19.50%
7	法学	112	109	108	118	447	6.94%
8	英语	109	102	98	99	408	6.33%
9	数学	142	146	142	148	578	8.97%
10	物理	139	143	145	151	578	8.97%

图 5-73　单元格格式设置效果示例

☞提示:在设置背景色时,当鼠标悬浮在"背景色"色块上时,并不显示该色块对应的颜色名称,只能通过"图案颜色"下拉菜单中的色块来查看对应位置的色块颜色名称。

(2) 行高列宽。

在向单元格输入文字或数据时,经常会出现这样的现象:有的单元格中的文字只显示一部分,有的单元格中显示的是一串"♯",有的单元格输入太长的文字内容而延伸到了临近的单元格中,有的单元格中的文字内容被截断。因此,需要适当调整工作表的行高和列宽,这也是改善工作表外观的常用手段之一。修改工作表的行高与列宽可以通过以下两种方式。

① 鼠标拖曳。

修改行高时,将鼠标放置在行号区两行中间的分隔线上,当鼠标指针变成上下双向箭头时,按住鼠标左键拖动分隔线至合适位置即可。改变列宽时,将鼠标放置在两列列标区中间的分隔线上,当鼠标指针变成左右双向箭头时,按住鼠标左键拖动分隔线至合适位置即可。

② 格式菜单命令。

单击"开始"→"单元格"组→"格式"按钮,在弹出的格式菜单中选择"行高"或"列宽"命令可以精确设置行高和列宽的值,也可以设置单元格根据内容自动调整行高或列宽,如图 5-74所示。

☞提示:选中整行或整列,在行号区域或列标区域右击,也能找到设置行高或列宽的菜单选项。

(3) 条件格式。

设置条件格式的目的是突出显示满足条件的单元格内容。单击"开始"→"样式"组→"条件格式"按钮,在下拉菜单

图 5-74　"格式"菜单

中对“突出显示单元格规则”进行设置即可，如图5-75所示。例如，将学生成绩表中的各科目大于110分成绩单元格设置填充色效果，设置条件格式后的学生成绩表效果如图5-76所示。

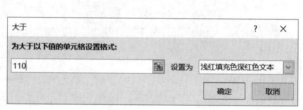

图5-75　条件格式设置

	A	B	C	D	E
1	某学校学生成绩表				
2	学号	组别	数学	语文	英语
3	A1	一组	112	98	106
4	A2	一组	98	103	109
5	A3	一组	117	99	99
6	A4	二组	115	112	108
7	A5	一组	104	96	90
8	A6	二组	101	110	105
9	A7	一组	93	109	107
10	A8	二组	95	102	106
11	A9	一组	114	103	104
12	A10	二组	89	106	116

图5-76　设置条件格式后的学生成绩表

(4) 套用表格格式。

为了使设置的表格标准、规范，可以通过套用Excel提供的多种专业表格样式，来自动快速地格式化整个工作表。具体操作时，先选中需要格式化的表格区域，单击“开始”→“样式”组→“套用表格格式”按钮，在弹出的“样式列表”中选择符合要求的样式即可，如图5-77所示。

4. 工作表的打印

在打印工作表之前，需要对工作表进行页面设置。页面设置主要包括页边距、纸张方向、纸张大小、打印区域、打印标题和页眉页脚等参数设置。通过“页面布局”选项卡中“页面设置”组内的各个按钮进行页面设置。完成页面设置后，对工作表进行打印预览，如果对设置效果满意即可打印。

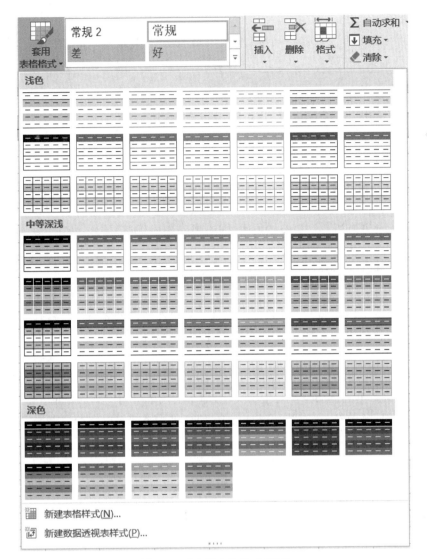

图 5-77 "套用表格格式"菜单

5.3.3 公式与函数

Excel 不仅能输入、显示和存储数据,更重要的是可以通过公式和函数方便地进行统计计算,如求和、求平均值、求最值以及其他更为复杂的运算。Excel 提供了大量的、类型丰富的实用函数,可以通过各种运算符及函数构造出各种公式以满足各类计算的需求。通过公式和函数计算出的结果不但正确,而且在原始数据发生改变后,计算结果也会自动更新,这是手工计算无法比拟的。

1. 公式

公式是以"="开头,将常量、单元格引用、区域名称、运算符、函数、括号等元素组合而成的式子。运算符是公式中必不可少的组成部分,包括算术运算符、比较运算符和文本运算符等。公式单元格的引用方式包括相对引用和绝对引用。

(1) 常量。

① 数值型常量：可以是整数、小数、分数、百分数等。例如 107、2.3、1/2、3％等。

② 文本型常量：由英文双引号括起来的若干字符，但其中不能包括英文双引号。例如"总分""VC++6.0 企业版"等。

③ 逻辑型常量：仅有 TRUE 或 FALSE。

(2) 运算符。

① 算术运算符：+(加)、-(减)、*(乘)、/(除)、^(乘方)等。

② 比较运算符：=(等号)、>(大于)、<(小于)、>=(大于等于)、<=(小于等于)、<>(不等于)。比较运算的结果为 TRUE 或 FALSE。

③ 文本连接运算符：&。例如："天津"&"城建大学"的运算结果是"天津城建大学"。

注意： 文本数据两侧的双引号不能省略，否则将返回错误值。

☞**提示：** 上述三种运算符中，算术运算符优先级最高，其次是文本运算符，最低是比较运算符。在公式中使用小括号可以改变运算符的优先级顺序。

(3) 单元格的引用。

所谓单元格的引用即通过单元格地址间接得到单元格内的数值。对含有单元格引用的公式或函数使用自动填充功能时，单元格的引用地址会相应自动调整。

① 相对引用。

相对引用是指公式所在的单元格与公式中所引用的单元格之间的相对位置，例如"A3"。若公式所在单元格的位置发生了变化，那么公式中引用的单元格的位置也将随之发生变化。当公式或函数在复制、移动或自动填充时，单元格的引用地址会根据公式或函数的新位置自动调整。

② 绝对引用。

若公式中需要引用某个固定的单元格，无论引用该单元格的公式复制或填充到什么位置，都不希望它发生改变，这时就要使用单元格的绝对引用。绝对引用方式是在单元格地址的行号或列标前加上"＄"符号，即"＄列标＋＄行号"。例如："＄A＄5"(固定单元格的行号和列标)。

③ 混合引用。

若要公式中单元格引用的一部分固定不变，而另一部分自动改变，例如行号变化列标不变，或者列标变化行号不变，这时就要使用单元格的混合引用。例如："＄A5"(仅固定列号)，复制公式时该单元格地址的列标不变，行号会根据目标单元格的位置而相应改变；"A＄5"(仅固定列标)，复制公式时该单元格地址的行号不变，列标会根据目标单元格的位置而相应改变。

④ 外部引用。

公式中可以引用同一工作簿中不同工作表的单元格，引用格式为"工作表名!单元格地址"，引用当前工作表中的单元格时，"工作表名!"是默认省略的。

【例 5-2】 根据素材表中给定的考试成绩和实验成绩占总成绩的比例，计算总成绩。

具体操作步骤如下。

① 选择 E2 单元格，在编辑栏中输入计算公式＝C2 * ＄G＄2＋D2 * ＄H＄2，按 Enter 键结束，如图 5-78 所示。

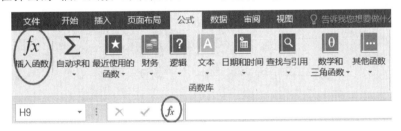

	A	B	C	D	E	F	G	H
	E2		× ✓ fx	=C2*H2+D2*H4				
1	学号	姓名	考试成绩	实验成绩	总成绩			
2	991021	李新	74	80	75.8		考试成绩占比	70%
3	993023	张磊	65	95				
4	992089	金翔	73	90			实验成绩占比	30%
5	991062	王春晓	78	85				
6	993026	钱民	66	80				
7	995014	张平	80	90				
8	994027	黄红	68	100				

图 5-78　计算总成绩

② 双击 E2 单元格填充柄,将公式向下填充至 E8 单元格,也可拖曳 E2 单元格填充柄至 E8 单元格完成填充。

2. 函数

Excel 2016 提供了 13 类内置函数,常用类别包括财务类、数学与三角函数类、数据库类、日期与时间类、逻辑类、文本类、查找与引用类、其他函数类包括统计类、信息类、工程类、多维数据集类、兼容类和 Web 类。函数的一般格式如下:

函数名([参数 1],[参数 2],……)

其中函数名是系统规定的,小括号中可以有零至多个参数,参数间要用逗号间隔。注意:无参函数的小括号是不能省略的。

(1) 函数输入方式。

① 利用"插入函数"对话框。

单击编辑栏中的"插入函数"按钮 fx,或者单击公式选项卡中的"插入函数"按钮(图 5-79),在弹出的"插入函数"对话框(图 5-80)中选择函数并设置函数参数。

图 5-79　"公式"选项卡"函数库"组的全部按钮

② 手动直接输入。

选择单元格后,先在编辑栏内输入"=",再输入函数和相应参数;或者双击单元格,待光标出现后在单元格内输入"=",函数名和相应参数。

③ 利用"自动求和"按钮输入。

在"开始"选项卡的"编辑"组内和"公式"选项卡的"函数库"组内都有"自动求和"按钮,两处按钮功能相同。单击"自动求和"按钮右侧的下拉箭头(图 5-81),下拉菜单中包含求和、平均值、最大值、最小值、计数和其他函数。若使用"自动求和"按钮,Excel 可以智能识别出待计算的单元格区域,并将区域地址自动添加到函数参数中,方便了用户的使用。

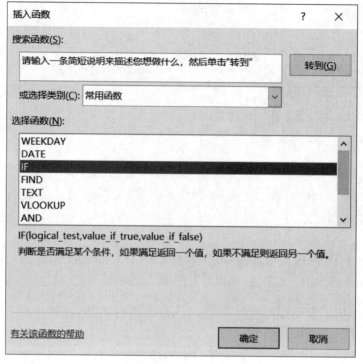

图 5-80 "插入函数"对话框

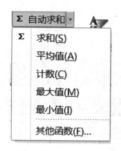

图 5-81 "自动求和"按钮

（2）基本函数。

表 5-2 基本函数

函 数 语 法	函 数 功 能
SUM(number1,[number2],…])	计算各参数的和
AVERAGE(number1,[number2],…)	计算各参数的平均值(算术平均值)
COUNT(value1,[value2],…)	计算包含数字的单元格以及参数列表中数字的个数
MAX(number1,[number2],…)	返回一组值中的最大值
MIN(number1,[number2],…)	返回一组值中的最小值

表 5-2 中的基本函数均可利用"开始"或"公式"选项卡中的"自动求和"按钮输入。

（3）常用函数。

常用函数详见表 5-3～表 5-8。

表 5-3 常用函数

函 数 语 法	函 数 功 能
ABS(number)	返回给定数值的绝对值,即不带符号的数值
INT(number)	将数值向下取整为最接近的整数
GCD(number1,number2,…)	返回最大公约数
MOD(number,divisor)	返回两数相除的余数
SUMIF(range,criteria,[sum_range])	对区域中符合指定条件的值求和
SUMIFS(range,criteria,[sum_range])	对区域中符合指定多条件的值求和
SUMPRODUCT(array1,array2,…)	返回相应的数组或区域乘积的和
SQRT(number)	返回数值的平方根

表 5-4 常用统计函数

函 数 语 法	函 数 功 能
AVERAGEIF(range,criteria,average range)	查找给定条件指定的单元格的平均值(算术平均值)
AVERAGEIFS(average_ range,criteria range,criteri…)	查找一组给定条件指定的单元格的平均值(算术平均值)
COUNTA(value1,value…)	计算区域中非空单元格的个数
COUNTIF(range,criteria)	计算某个区域中满足给定条件的单元格数目
COUNTIFS(criteria range,criteri…)	统计一组给定条件所指定的单元格数
RANK(number,ref,[order])	此函数与 Excel 2007 和早期版本兼容,返回某数字在一列数字中相对于其他数值的大小排名
RANK. AVG(number,ref,order)	返回某数字在一列数字中相对于其他数值的大小排名;如果多个数值排名相同,则返回平均值排名
RANK. EQ(number,ref,order)	返回某数字在一列数字中相对于其他数值的大小排名;如果多个数值排名相同,则返回该组数值的最佳排名

表 5-5 常用查找与引用函数

函 数 语 法	函 数 功 能
LOOKUP(lookup_value,lookup_vector,[result_vector])	查询一行或一列并查找另一行或列中相同位置的值
VLOOKUP(lookup_value,table_array,col_index_num,[range_lookup])	搜索表区域首列满足条件的元素,确定待检索单元格在区域中的行序号,再进一步返回选定单元格的值
INDEX(array,row_num,[column_num])	返回表格或区域中的值或值的引用
MATCH(lookup_value,lookup_array,[match_type])	在范围单元格中搜索特定的项,然后返回该项在此区域中的相对位置

表 5-6 常用文本函数

函 数 语 法	函 数 功 能
LEFT(text,[num_chars])	从一个文本字符串的第一个字符开始返回指定个数的字符
MID(text,start_num,num_chars)	从文本字符串中指定的起始位置起返回指定长度的字符
RIGHT(text,[num_chars])	从一个文本字符串的最后一个字符开始返回指定个数的字符

续表

函数语法	函数功能
TEXT(value,format_text)	根据指定的数值格式将数字转成文本
FIND(find_text,within_text,[start_num])	返回一个字符串在另一个字符串中出现的起始位置(区分大小写)

表 5-7 常用逻辑函数

函数语法	函数功能
AND(logical1,[logical2],…)	检查是否所有参数均为 TRUE,若所有参数值均为 TRUE,则返回 TRUE
IF(logical_test,value_if_true,[value_if_false])	如果指定条件的计算结果为 TRUE,IF 函数将返回第 2 个参数的值;如果该条件的计算结果为 FALSE,则返回第 3 个参数的值
OR(logical1,[logical2],…)	如果任一参数值为 TRUE,即返回 TRUE;只有当所有参数值均为 FALSE 时才返回 FALSE
NOT(logical)	对参数的逻辑值求反,参数为 TRUE 时返回 FALSE;参数为 FALSE 时返回 TRUE

表 5-8 常用日期函数

函数语法	函数功能
DATE(year,month,day)	返回在 Microsoft Excel 日期时间代码中代表日期的数字
YEAR(serial number)	返回日期的年份值,一个 1900～9999 的数字
MONTH(serial_number)	返回月份值,是一个 1(一月)到 12(十二月)的数字
DAY(serial_number)	返回一个月中的第几天的数值,是 1 到 31 的数字
DAYS360(start_date,end date,method)	按每年 360 天返回两个日期间相差的天数(每月 30 天)
WEEKDAY(serial number,return type)	返回代表周中的第几天的数值,是 1 到 7 的整数(注意:周日返回 1)
DATEDIF(start_date,end_date,unit)	计算两个日期之间相隔的天数、月数或年数。例如:=DATEDIF("2018/5/6","2018/7/5","D")结果为 60

【例 5-3】 计算"成绩表"工作表(图 5-82)的总分、平均分、最高分、评级和排名,最后统计一组人数和该组平均成绩。若平均分大于 105 则评级为"优秀",否则为"一般"。

	A	B	C	D	E	F	G	H	I	J
1	某学校学生成绩表									
2	学号	组别	数学	语文	英语	总分	平均分	评级	排名	一组人数
3	A1	一组	112	98	106	316				
4	A2	一组	98	103	109					一组平均成绩
5	A3	一组	117	99	99					
6	A4	二组	115	112	108					
7	A5	一组	104	96	90					
8	A6	二组	101	110	105					
9	A7	一组	93	109	107					
10	A8	二组	95	102	106					
11	A9	一组	114	103	104					
12	A10	二组	89	106	116					
13	最高分									

图 5-82 原始素材数据

具体操作步骤如下。

(1) 计算"总分""平均分""最高分"。

① 选择 F3 单元格，单击编辑组"自动求和"按钮下的"求和"函数。系统自动在编辑栏输入"＝SUM(C3:E3)"，单击 Enter 键确认。

② 选择 G3 单元格，单击编辑组"自动求和"按钮下的"平均值"函数。单击编辑栏的 *fx* 按钮，在弹出的函数参数对话框(图 5-83)中，单击"Number1"参数右侧的折叠按钮 ⊞ 隐藏函数参数对话框，在工作表中选择参数区域"C3:E3"，再单击折叠按钮 ⊞ 返回函数参数对话框，单击"确定"按钮结束。

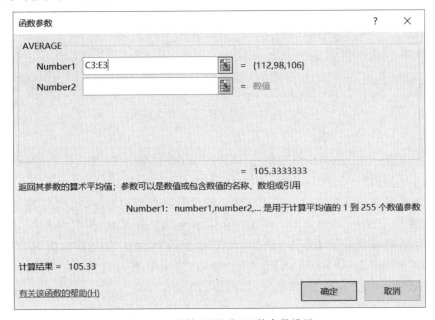

图 5-83　计算"平均分"函数参数设置

☞提示：在选定函数后，系统会自动提供默认参数值的区域，通常情况下该默认区域并不一定正确，所以重新选择参数的过程是不可省略的。

③ 分别选中 F3 和 G3 单元格，使用填充柄将这两列函数向下填充至第 12 行。

④ 选择 C13 单元格，与计算"总分"步骤类似，插入最大值函数，并用填充柄填充 D13 和 E13 单元格。

(2) 计算"评级"。

① 选择 H3 单元格，单击编辑栏输入"＝IF(G3＞105,"优秀","一般")"，单击 ✓ 按钮或按 Enter 键确认。

也可使用插入函数，选择"if 函数"，在弹出的函数参数对话框中将"Logical_test"参数设置为"G5＞105"，"Value_if_true"参数设置为"优秀"，"Value_if_false"参数设置为"一般"，单击"确定"按钮结束，如图 5-84 所示。

☞提示：在参数文本框中输入中文"优秀"后，系统会自动将汉字用英文半角双引号括起来。

② 使用填充柄将 H3 单元格中的函数向下填充至 H12 单元格。

计算评级

第 5 章

实用软件

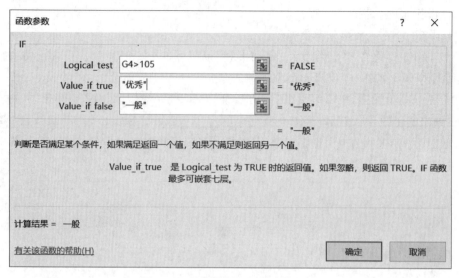

图 5-84　计算"评级"函数参数设置

（3）根据总分计算"排名"。

① 选择 I3 单元格，单击编辑栏中的"插入函数"按钮 f_x，在"插入函数"对话框中输入"RANK"，单击"转到(G)"按钮，选择函数框中的 RANK 函数。

② 在函数参数对话框，"Number"参数为需要找到排位的数字，也就是第一个学生的总分，因此将其设置为"F3"；"Ref"参数为全体学生的总分区域，排名函数在向下填充过程中总分区域的单元格列标不能改变，因此总分单元格区域应设置为混合引用格式"F\$3:F\$12"或绝对引用"\$F\$3:\$F\$12"；"Order"参数为零或省略表示降序排名，不为零则按照升序排名，单击"确定"按钮结束，如图 5-85 所示。

图 5-85　计算"排名"函数

☞提示："\$"符号既可以手动输入，也可以按 F4 键将单元格区域在相对引用、绝对引用和混合引用三种方式中切换。具体操作方法是：选中"F3:F12"区域，按 F4 键直到切换成"F\$3:F\$12"或"\$F\$3:\$F\$12"。

③ 双击 I3 单元格填充柄，将函数向下填充至 I12 单元格。

（4）统计一组人数和该组平均成绩。

① 选择 J3 单元格，单击编辑栏输入"＝COUNTIF（B3:B12,"一组"）"，按 Enter 键确认。

② 选择 J5 单元格，单击编辑栏输入"＝AVERAGEIF（B3:B12,"一组",G3:G12）"，按 Enter 键确认。

统计一组人数及该组平均成绩

5.3.4　图表

图表是数据的可视化表现形式。Excel 提供了丰富实用的图表功能，利用它可以快速创建各种图表。图形化的数据使不同数据系列之间的关系更加直观，有助于用户分析数据规律和了解数据发展趋势。

1. 图表的组成

图表一般由图表区、绘图区、数据系列、坐标轴、图表标题和图例组成，如图 5-86 所示。

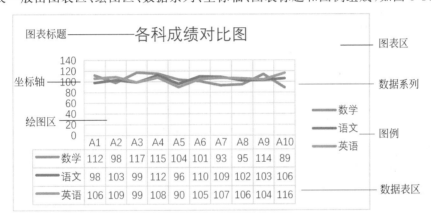

图 5-86　图表对象说明举例

① 图表区：整个图表及其全部元素，包括所有数据信息和图表辅助说明信息。

② 绘图区：以两个坐标轴为边的矩形区域。

③ 数据系列：数据系列对应工作表中的一行或一列数据，在绘图区中表现为彩色的点、线、面等图形，同一数据系列的图形颜色相同。数据系列上可以添加数据标签，数据标签代表源于数据表单元格的数据值。

④ 坐标轴：Excel 图表一般默认有两个坐标轴，即分类轴（水平 X 轴）和数值轴（垂直 Y 轴）。分类轴主要用来显示数据系列中的对应分类标签，数值轴用来显示每类的数值。

⑤ 图例：用来表示图表中各数据系列的名称。默认情况下，图例显示在图表区右侧。

⑥ 图表标题：图表标题一般显示在绘图区的上方，用来说明图表的主题。

2. 图表类型

Excel 2016 中提供了 15 种基本图表类型，每种图表类型又包含若干不同的子图表类型。下面简单介绍几种常用的图表类型。

① 柱形图：柱形图常用于在垂直方向进行数据比较，用矩形的高低长短来描述数据的大小。柱形图有 7 种子图表类型，如图 5-87 所示。

② 折线图：折线图是用直线段将各数据点连接起来而组成的图形，常用来分析数据随时间变化的趋势。折线图也有 7 种子图表类型。

实用软件

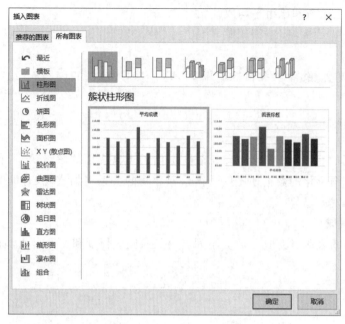

图 5-87 "插入图表"对话框

③ 饼图：饼图通常只用一组数据系列作为数据源。它将一个圆面划分为若干个扇形面，每个扇形面代表一项数据值。饼图通常用来描述比例信息。

④ 雷达图：雷达图是由一个中心向四周辐射出多条数值线，通常用来比较若干数据系列的总体水平值。

3. 图表操作

(1) 创建图表。

创建图表时需要先选择数据源区域，然后单击"插入"选项卡，在"图表"组中选择图表类型及子图表类型后，Excel 自动创建出该数据源对应的图表并作为对象嵌入到当前工作表中。

(2) 编辑图表。

对图表进行编辑是指对图表的各个组成部分进行相关修改。例如，更改图表类型、图表标题和图例位置，切换行/列，添加数据标签，调整坐标轴等。

单击图表对象后，Excel 主界面功能选项卡中自动出现"图表工具"选项卡，包括"设计"和"格式"两个子选项卡，如图 5-88 所示。利用图表工具选项卡可以对已创建好的图表进行编辑、布局设计和格式修改。

图 5-88 "图表工具"选项卡

Excel 创建的图表默认嵌入到当前工作表中，也可以将图表移动到一个新工作表中。具体操作方法是：选中图表后右击，选择"移动图表"，选择放置图表的位置为"新工作表"，输入新工作表名称，单击"确定"按钮，如图 5-89 所示。

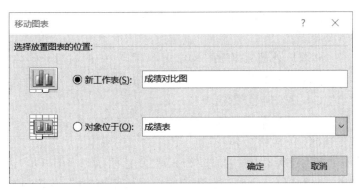

图 5-89 "移动图表"对话框

4. 迷你图

迷你图是绘制在单元格中的一个微型图表,它可以直观地反映数据系列的变化趋势,分为折线图、柱形图和盈亏图三种。迷你图和图表的主要区别是,图表是作为独立对象嵌入到工作表中的,而迷你图一般是在紧随数据单元格区域后的单个单元格内(图 5-90)显示的。

	A	B	C	D	E	F
1	某学校学生成绩表					
2	学号	组别	数学	语文	英语	迷你图
3	A1	一组	112	98	106	
4	A2	一组	98	103	109	
5	A3	一组	117	99	99	
6	A4	二组	115	112	108	
7	A5	一组	104	96	90	
8	A6	二组	101	110	105	
9	A7	一组	93	109	107	
10	A8	二组	95	102	106	
11	A9	一组	114	103	104	
12	A10	二组	89	106	116	

图 5-90 迷你图效果

迷你图的创建方法是,选中存放迷你图的单元格,单击"插入"→"迷你图"组 ➤ "柱形图"按钮,迷你柱形图效果如图 5-90 所示。

选中迷你图时,功能选项卡区域会自动出现"迷你图工具"选项卡,利用该选项卡能够对迷你图的数据、类型、显示、样式、分组等内容进行编辑设置。

5.3.5 数据管理

Excel 通过导入数据的方法让我们可以方便地使用外部数据,免去手动键入数据的麻烦。Excel 还可以实现一般数据库软件所具备的数据管理功能。应用数据管理功能时,有关的工作表要求具有一定的规范性。符合规范的工作表通常约定每列称为"字段",存放相同类型的数据;除了列标题行外的每行称为"记录",存放各字段的数据值。排序和筛选都以字段为关键字进行操作,分类汇总先按照单个字段分类,再对其他字段值汇总,数据透视则能够按照多个字段分类对其余字段值汇总。

1. 导入数据

Excel 可导入的外部数据主要类型有:文本类数据、网站类数据、数据库类数据。下面以导入文本文件为例,简单介绍 Excel 是如何将外部文件快速导入到工作表中的。

导入文本
数据

【例 5-4】 请将素材"学生档案素材.txt"数据导入到"sheet1"工作表。

具体操作步骤如下。

① 单击"数据"→"获取外部数据"组→"自文本"命令按钮,在打开的"导入文本文件"对话框中,找到要导入数据的文件所在的文件夹,选中相应的文件(学生档案素材.txt),单击"导入"按钮。弹出"文本导入向导"的第 1 步。

② 选择"分隔符号",在文本原始格式下拉菜单中选择"936:简体中文(GB2312)",勾选"数据包含标题"复选框,单击"下一步"按钮。

③ 在"文本导入向导"第 2 步中,勾选"Tab 键"复选框,单击"下一步"按钮。第 3 步,在下方"数据预览"中选择"身份证号码"列,然后在上方选择"文本",将该列数据格式设为"文本",单击"完成"按钮。

④ 在弹出的"导入数据"对话框中设置"现有工作表""=Sheet1!\$A\$1",单击"确定"按钮。

导入数据主要步骤如图 5-91 所示。

图 5-91 文本数据导入到 Excel 表

2. 排序

排序是对指定字段的值进行升序或降序的排列操作。指定字段称为排序关键字,排序关键字可以有多个。多字段排序即全部记录先按照主关键字排序,若主关键字值相同,再按照次要关键字排序。排序字段值为英文则按英文字母次序排序,字段值为汉字则按拼音顺序或笔画多少排序。

【例 5-5】 将"成绩表"工作表的数据按照主要关键字英语降序、次要关键字数学升序排序。

按照科目多关键字排序的具体操作步骤如下。

① 选中待排序数据区域(合并单元格区域不能选),单击"数据"→"排序和筛选"组→"排序"命令按钮,弹出"排序"对话框中。

② 单击"添加条件"按钮,然后按题目要求设置关键字、排序依据和次序,单击"确定"按钮。排序对话框的设置和排序结果如图 5-92 所示。

3. 筛选

筛选的用途是将指定字段中满足条件的数据记录显示出来,不满足条件的数据暂时隐藏,取消筛选后隐藏的数据便恢复显示。筛选分为自动筛选和高级筛选。

(1)自动筛选。

自动筛选为用户提供了在具有大量记录的数据清单中快速查找符合多重条件记录的

图 5-92　"排序"对话框和排序结果

功能。

【例 5-6】　筛选"成绩表"工作表中组别为"一组"、语文成绩大于或等于 100 的学生数据。

自动筛选具体操作步骤如下。

① 单击数据区任意单元格,单击"数据"→"排序和筛选"组→"筛选"命令按钮后,筛选字段标题单元格右侧出现筛选下拉箭头按钮，单击组别列按钮，在下拉菜单中只选择"一组",单击"确定"按钮。

② 根据题目要求在步骤①的筛选结果中,再次选择语文列按钮，选择数字筛选关系后,在"自定义自动筛选方式"对话框中设置语文成绩大于或等于 100,设置过程及筛选结果如图 5-93 所示。

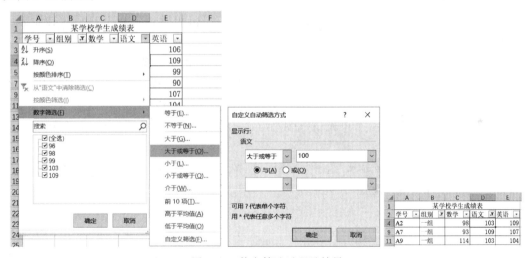

图 5-93　数字筛选过程及结果

如果要取消所有字段的筛选条件,单击"数据"→"排序和筛选"组→"清除"按钮即可。

(2)高级筛选。

有些更为复杂的筛选需要使用高级筛选功能。

【例 5-7】　筛选出"成绩表"中数学成绩大于 115 或语文成绩大于 110 或英语成绩大于 108 的学生信息。

高级筛选前需要设置条件区域,具体操作步骤如下。

① 选定 C2:E2 单元格区域,将其复制粘贴到 B14:D14;因为各科成绩的筛选条件是

"或"关系,所以分别在 B15、C16 和 D17 单元格输入筛选条件">115""">110"和">108"。然后为条件区域 B14:D17 设置边框,如图 5-94 左图所示。

☞提示:如果筛选条件是"与"关系,需要把筛选条件设置到同一行。条件区域如果不设置边框也不会影响筛选结果。

② 单击"数据"→"排序和筛选"组→"高级"按钮,在弹出的"高级筛选"对话框中输入高级筛选参数,单击"确定"按钮。

高级筛选的条件区域、参数设置和结果如图 5-94 所示。

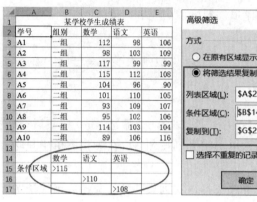

图 5-94 "高级筛选"中的条件区域、参数对话框和筛选结果图

4. 分类汇总

分类汇总即对工作表中的某个字段进行分类,该字段值相同的记录归为一类,其他字段进行诸如求和、求平均值、求最值等方式的汇总分析。

【例 5-8】:对"成绩表"中的数据按组别分类汇总数学、语文和英语成绩的平均分。

☞提示:在分类汇总之前,必须将表中数据按照分类字段进行排序(升序或降序均可)。

排序及分类汇总步骤如下。

① 单击"组别"列任意一个单元格,单击"开始"→"编辑"组→"排序和筛选"命令按钮下的"降序"命令。

② 单击"数据"→"分级显示"组→"分类汇总"按钮,在弹出的"分类汇总"对话框中勾选数学、语文和英语汇总项,设置"分类字段"为"组别","汇总方式"为平均值,如图 5-95 所示,单击"确定"按钮。

分类汇总结果通常按照三级显示,通过单击分级显示区左上角的三个按钮进行显示控制,单击 1 2 3 按钮中的"1"只显示表中列标题和总的汇总结果,单击 1 2 3 按钮中的"2"显示各个分类汇总结果和总的汇总结果,单击 1 2 3 按钮中的"3"显示全部数据和汇总结果。

另外,分类汇总结果左侧有"+"(展开)和"-"(折叠)两种符号按钮,单击这些按钮可以展开或隐藏分类后的明细数据,分类汇总数据展开效果如图 5-96 所示。

5. 数据透视表

分类汇总只能针对一个字段进行分类,若要对两个字段进行分类汇总,就需要使用数据透视表。在制作数据透视表之前不需要对分类字段进行排序。数据透视图是数据透视表的更直观显示,其创建步骤与数据透视表相似。

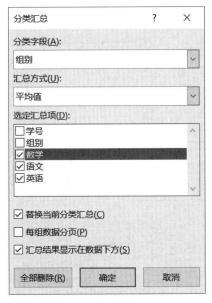

图 5-95　分类汇总设置

图 5-96　分类汇总结果全部展开效果

【例 5-9】　对"成绩表"中的数据按组别划分,分别汇总数学最高分、语文最低分和英语平均分。

建立数据透视表的一般步骤如下。

① 选择数据区域及透视表放置区域。单击"插入"→"表格"组→"数据透视表"下拉按钮→"数据透视表"命令,在弹出的"创建数据透视表"对话框中(图 5-97)选择要分析的数据区域和放置数据透视表的位置,单击"确定"按钮后出现数据透视表框架,如图 5-98 右侧所示。

建立数据透视表

图 5-97　"创建数据透视表"对话框

142

图 5-98　数据透视表字段设置及结果

②选择要添加到报表的字段。数据透视表中的"行标签"用来放置行字段,"列标签"用来放置列字段,"数值"用来放置进行汇总的字段。本例要求统计各组对应科目成绩的最大值、最小值和平均值。操作方法为:拖曳"组别"字段至"行标签"区域,拖曳"数学""语文""英语"字段至"数值区域"。

③设置值字段汇总方式。数值区字段值汇总方式默认为"求和项",可以在"数值区域"的字段上单击,在弹出的"值字段设置"对话框中修改汇总方式,如图 5-99 所示。

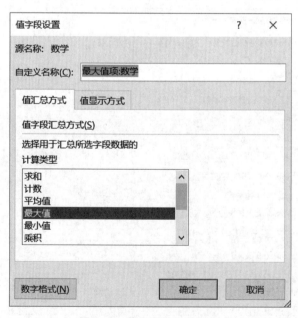

图 5-99　值字段设置对话框

数据透视表建立后,结果如图5-98中的A14:D17区域所示。

Excel的数据管理功能很强大,当源区域中的数据不以相同的顺序排列但使用相同的标签时,可以按类别进行合并计算;用户还可以对大量数据进行模拟分析。

5.4 演示文稿制作

PowerPoint 2016是Office 2016中一个重要的组件,该组件生成的文件叫作演示文稿。演示文稿是由若干张幻灯片组成的,通过对幻灯片进行编辑,可制作出形象生动、图文并茂,且具有动态效果的演示文稿。PowerPoint已经成为企业和公司越来越重视的办公软件,本节将讲述演示文稿的制作和演示功能。

5.4.1 PowerPoint 2016工作环境

演示文稿相当于Word中的文档或Excel中的工作簿。在PowerPoint 2016中,幻灯片是最基本的工作单元,一个PowerPoint演示文稿由一张或多张幻灯片组成,幻灯片又由文本、图片、声音、表格等元素组成。使用PowerPoint 2016可以轻松地创建和编辑演示文稿,其默认扩展名为.pptx。

启动PowerPoint 2016,其操作界面的总体布局也与Word、Excel相似,主要包括快速访问工具栏、功能区、缩略图窗格、幻灯片编辑区、状态栏等,如图5-100所示。

图5-100 PowerPoint 2016普通视图操作界面

在PowerPoint 2016中,功能区位于快速访问工具栏的下方,在功能区中可以快速找到完成某项任务所需要的命令。功能区包括多个菜单选项卡,每个菜单选项卡由多个组构成,每个组包含多个命令按钮。

5.4.2 制作演示文稿

1. 创建演示文稿

利用PowerPoint创建演示文稿常用的方法有"模板""根据现有内容新建""空白演示文稿"。

（1）模板。

用户在确定制作主题后,要想快速地完成演示文稿的设计,可以在某种设置好的演示文稿的基础上加以创建,这种基础就是演示文稿内置的模板。模板包括各种主题和版式,可以利用 PowerPoint 提供的内置模板自动、快速地形成每张幻灯片的外观,以节省设计的时间。可以单击"文件"→"新建"命令,在右方的列表框中选择某种模板,如"木材纹理"选项,单击"创建"按钮即可,如图 5-101(a)所示。除了内置模板外,还可以联机到 Office.com 上搜索和下载更多的 PowerPoint 模板,或者自定义 Office 模板进行使用,如图 5-101(b)所示。

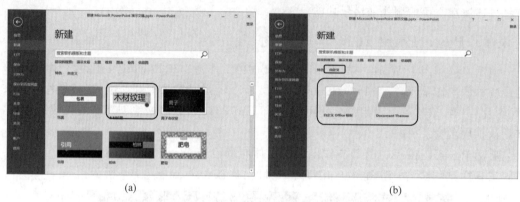

(a)　　　　　　　　　　　　　　　　(b)

图 5-101　根据模板创建演示文稿

（2）根据现有内容新建。

如果对所有的设计模板都不满意,而喜欢某一个现有演示文稿的设计风格和布局,可以直接在上面修改内容来创建新演示文稿。

（3）空白演示文稿。

用户如果希望建立具有自己风格和特色的幻灯片,可以从空白演示文稿开始设计。在PowerPoint 工作环境中单击"文件"→"新建"命令→"空白演示文稿"即可。

2. 新建和编辑幻灯片

在制作演示文稿的过程中不可避免地需要对幻灯片进行操作,如添加幻灯片、应用幻灯片版式、选择幻灯片、移动和复制幻灯片,以及删除幻灯片等,通过这些操作来确定演示文稿的整体框架。

（1）新建幻灯片。

创建的空白演示文稿页面中,在幻灯片编辑区"单击以添加第一张幻灯片"即可新建一张幻灯片,用户还可以根据需要在演示文稿的任意位置新建幻灯片。常用的新建幻灯片方法有 3 种。

① 通过快捷菜单新建。在工作区左侧缩略图窗格中需要新建幻灯片的位置单击鼠标右键,选择"新建幻灯片"命令,如图 5-102(a)所示。

② 通过选项卡新建。单击"开始"→"幻灯片"组→"新建幻灯片"按钮下方的下拉菜单,

在打开的下拉列表框中选择新建幻灯片的版式,图 5-102(b)所示为新建"标题幻灯片"。

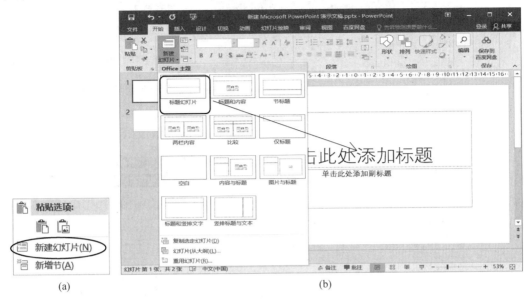

图 5-102　新建幻灯片

③ 通过快捷键新建。在工作区左侧缩略图窗格中,鼠标放置在需要新建幻灯片的位置,按 Enter 键,新建一张幻灯片。

(2) 选择幻灯片。

在普通视图工作区左侧缩略图窗格中,或在幻灯片浏览中,选择幻灯片的方法有选择单张幻灯片、选择多张连续的幻灯片、选择多张不连续的幻灯片和选择全部幻灯片,具体方法同 Word 操作。

(3) 移动和复制幻灯片。

在演示文稿的制作过程中,经常需要对各幻灯片的顺序进行调整,或在已完成的幻灯片上修改信息制作成一张新幻灯片,此时就需要进行移动和复制幻灯片的操作,方法有通过拖动鼠标移动或复制、通过菜单命令移动或复制和通过组合键移动或复制,具体方法同 Word操作。

☞提示:除上述方法外,还可以在其他演示文稿中复制幻灯片到目标演示文稿中,并选择是否保留源格式。

(4) 删除幻灯片。

在缩略图窗格和"幻灯片浏览"中可删除演示文稿中多余的幻灯片,其方法是:选择需要删除的一张或多张幻灯片后,按 Delete 键或单击鼠标右键,选择"删除幻灯片"命令即可。

(5) 导入幻灯片。

利用已有 PPT 素材.docx 文档,一次性导入多张幻灯片,保存文件名为世界遗产永定土楼.pptx。

单击"开始"→"新建幻灯片"组→选择"幻灯片(从大纲)",在对应路径下找到相应的 PPT 素材.docx 文档,单击"打开"按钮即可一键完成导入,如图 5-103 所示。

☞提示:这里的 PPT 素材.docx 文档必须是已经设置了不同级别的标题样式操作,才

导入幻灯片

第5章

实用软件

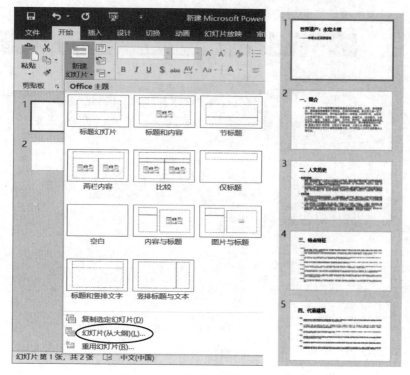

图 5-103　一次性导入多张幻灯片

能使用该方法进行一次性导入。

（6）节的应用和管理。

在保存的世界遗产永定土楼.pptx 文档左侧缩略图窗格中，在第一张幻灯片上方光标闪烁的位置单击鼠标右键→"新增节"，在"无标题节"处单击鼠标右键→"重命名节"→输入"节名称"，单击"确定"按钮，如图 5-104 所示。将光标移动到下一个分节幻灯片处重复操作，即可完成为多张幻灯片分节，添加过程同上。

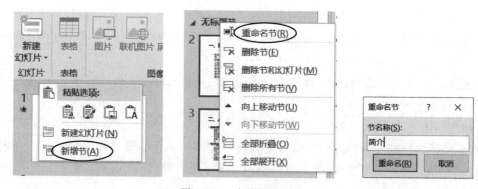

图 5-104　为幻灯片分节

为多张幻灯片分节后的效果如图 5-105 所示。

☞提示：为演示文稿中的幻灯片进行分节管理后，可以通过选中所在节，批量设置幻灯片的设计主题和切换效果。

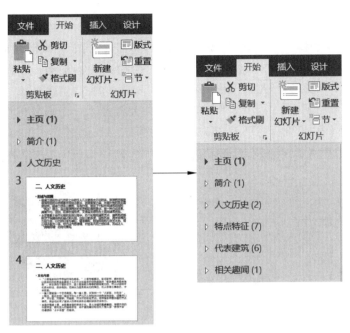

图 5-105　分节后效果图

5.4.3　为幻灯片添加对象

在幻灯片中使用文本虽然能够简洁、清晰地表达各种内容,但会略显枯燥,很难引起观众的共鸣。如果在幻灯片中增加一些图形元素,如表格、图片、剪贴画、图表、相册等对象,就能使幻灯片更加生动形象,从而提高观众的兴趣。

1. 插入表格

在含有"内容"占位符的幻灯片中,单击"插入表格",在"插入表格"对话框中确定表格的"行数"和"列数"即可。PowerPoint 表格的编辑及格式与 Word 操作类似。

还可以在某张幻灯片文本框中插入一个已有 Excel 文档表格,单击"插入"→"对象"→"插入对象"对话框→"由文件创建"→"浏览",找到 Excel 文档所在路径→"确定"即可,如图 5-106 所示。

☞提示:如果要求表格内容随 Excel 文档的改变而自动变化,则必须勾选"链接"选项。

图 5-106　Excel 表格转换处理

2. 插入形状

除了使用图片或 Web 联机图片外,PowerPoint 2016 还提供了非常强大的绘图工具,形

第 5 章

实用软件

状便是其中一个,它可以为形状或对象添加文字、编辑形状和对象的组合等。

　　单击"插入"→"插图"组→"形状"下拉按钮,选择需要的图形,此时光标呈十字形状,按住鼠标左键并拖动,到适当位置释放鼠标左键,即可绘制出一个图形,操作界面如图 5-107(a)所示。还可以对多个图形进行组合,形成一些有代表意义的图示。

　　【例 5-10】　参照图 5-107(b)效果,在幻灯片中通过插入一个内置的形状形成圆锥,要求顶部的棱台效果为"角度",高度为 300 磅,宽度为 150 磅。

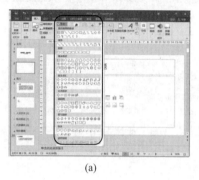

(a)　　　　　　　　　　　　(b)

图 5-107　绘制图形

插入形状

　　具体操作步骤如下。

　　单击"插入"→"插图"组→"形状",选择"椭圆"形状,按住 Shift 键,在幻灯片中间画一个正圆。选中圆,先单击"绘图工具|形状格式"→"形状效果"组→"形状效果"→"三维旋转"→"离轴 1 上"。然后单击"形状效果"→"棱台"→"角度"。再单击"棱台"→"三维选项",在打开的"设置形状格式"窗口中,设置顶部棱台"宽度"为 150 磅,"高度"为 300 磅。

3. 插入 SmartArt 图形

　　SmartArt 图形是信息和观点的可视表示形式,用户可以从多种布局中进行选择,从而快速轻松地创建所需形式,以便有效地传达信息或观点。

　　(1) 直接插入法。

**直接法插入
SmartArt
图形**

　　世界遗产永定土楼.pptx 中,如果想在幻灯片中插入一个基本 V 形流程图,方法如下。

　　选中需要插入基本 V 形流程图的幻灯片,单击"插入"→"插图"组→"SmartArt"按钮,打开"选择 SmartArt 图形"对话框,单击"流程"→"基本 V 形流程"→"确定"按钮。创建后,可以直接单击幻灯片流程图中的文本框输入文字内容,也可以单击"文本"窗格中的文本来添加文字内容。添加文本完毕后,需要单击"文本"窗格的"关闭"按钮,将文本窗格隐藏,还可以为插入的图形选择适当的主题颜色和样式,如图 5-108 所示。

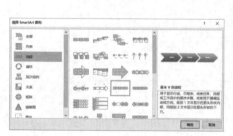

图 5-108　直接法插入 SmartArt 图形

（2）在占位符中插入 SmartArt 图形。直接单击占位符中的对应图标插入 SmartArt 图形，如图 5-109 所示。

图 5-109　使用占位符插入 SmartArt 图形

（3）文字转换法。

选中已有文字，单击鼠标右键，选择"转换为 SmartArt"，在"选择 SmartArt 图形"中选择对应分类的图形或选择其他 SmartArt 图形，如图 5-110 所示。

文字转换法
插入SmartArt
图形

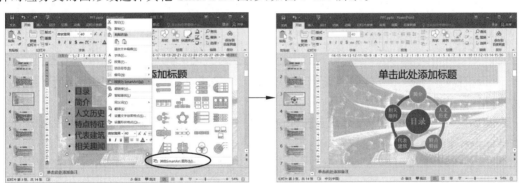

图 5-110　文字转换法示意图

4. 插入音频和视频文件

在幻灯片中可插入文件中的音频文件、剪贴画中的音频文件或录制音频，方法如下。

切换到需插入声音的幻灯片，单击"插入"→"媒体"组→"音频"按钮或单击"音频"按钮下方的下拉箭头，选择"PC 上的音频"或"录制音频"选项，则可插入计算机中保存的音频文件或录制音频。

图 5-111　插入音频

音频插入幻灯片后，会出现"喇叭"图标，用户可根据需要移动、缩放图标，如图 5-111 所示。还可以在"音频工具"→"格式"选项卡中对该图片的格式进行设置。需要注意的是，选择该图标后，可在"音频工具"的"播放"选项卡中对插入的声音进行播放控制，如图 5-112 所示。

图 5-112　设置音频参数

PowerPoint 2016 支持多种格式的音频,表 5-9 中列出的音频格式文件都可以添加到幻灯片中。

表 5-9　常用音频格式文件

音 频 文 件	音 频 格 式
AIFF 音频文件(aiff)	*.aif、*.aifc、*.aiff
AU 音频文件(au)	*.au、*.snd
MIDI 音频文件(midi)	*.mid、*.midi、*.rmi
MP3 音频文件(mp3)	*.mp3、*.m3u
Windows 音频文件(wav)	*.wav
Windows Media 音频文件(wma)	*.wma、*.wax
QuickTime 音频文件(aiff)	*.3g2、*.3gp、*.aac、*.m4a、*.m4b、*.mp4

插入视频文件的方法与插入音频的方法相同,通过"视频"下拉列表来选择所需的视频文件即可。

PowerPoint 2016 支持很多格式的视频,表 5-10 中列出的视频格式文件都可以添加到幻灯片中。

表 5-10　常用视频格式文件

视 频 文 件	视 频 格 式
Windows Media 文件(asf)	*.asf、*.asx、*.wpl、*.wm、*.wmx、*.wmd、*.wmz、*.dvr-ms
Windows 视频文件(avi)	*.avi
电影文件(mpeg)	*.mpeg、*.mpg、*.mpe、*.mlv、*.m2v、*.mod、*.mp2、*.mpv2、*.mp2v、*.mpa
Windows Media 视频文件(wmv)	*.wmv、*.wvx
QuickTime 视频文件	*.qt、*.mov、*.3g2、*.3gp、*.dv、*.m4v、*.mp4
Adobe Flash Media	*.swf

5. 插入超级链接

(1) 插入超链接。

插入超链接

在演示文稿中可以给文本、图形或图片等对象添加超链接,通过这一操作可以直接链接到演示文稿中的指定位置,以此创建导航幻灯片,或链接到其他文件等。选择需要设置超链接的文本或图形对象,单击"插入"→"链接"组→"超链接"按钮,打开"插入超链接"对话框。在"链接到:本文档中的位置"→"请选择文档中的位置"中选择某一张幻灯片,单击"确定"按钮。也可以选择"现有文档或网页"、"新建文档"或"电子邮件地址",设置相应的超链接位置和形式,如图 5-113 所示。

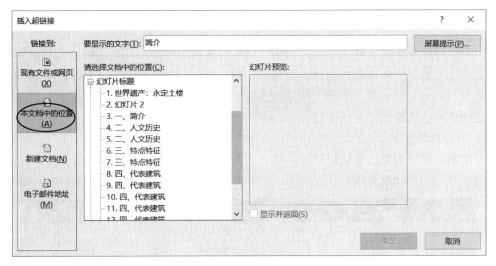

图 5-113　设置超链接

（2）创建动作按钮。

PowerPoint 2016 提供了一组动作按钮，可以将其添加到演示文稿中。单击"插入"→"插图"组→"形状"下拉按钮→"动作按钮"列，如图 5-114 所示，选择一个动作按钮，拖动鼠标在幻灯片编辑区即可绘制一个动作按钮，绘制完成后弹出"动作设置"对话框，在"动作设置"对话框可以设置"单击鼠标"和"鼠标悬停"相关动作，如图 5-115 所示。

图 5-114　动作按钮

图 5-115　设置按钮动作

5.4.4 美化幻灯片

用户在幻灯片中输入标题、文本后,为了使幻灯片更加美观、易读,可以设定文字和段落的格式。除了对文字和段落进行格式化外,还可以对插入的文本框、图片、自选图形、表格、图表等其他对象进行格式化操作,只需双击这些对象,在打开相应的工具选项卡中设置即可。此外还可以设置幻灯片的主题、背景和母版等。

1. 幻灯片的主题

美化幻灯片可以对演示文稿整体的格式和效果进行统一设置,使每张幻灯片自动应用背景颜色、字体、形状效果等样式。如图5-116所示,将幻灯片设置为"环保"主题。

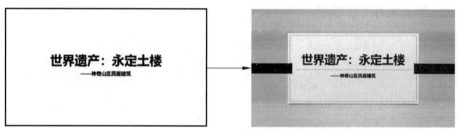

图 5-116 设置主题样式

☞提示:设置主题可以应用于所有幻灯片,也可以应用于选定的一张、一节幻灯片。

2. 幻灯片背景

除了修改背景颜色,还可以直接自定义背景样式。单击"设计"→"自定义"组→"设置背景格式"按钮,可以设置背景的填充效果,或者以图片填充,如图5-117所示。

3. 幻灯片母版

使用幻灯片母版可以使文档保持相同的风格和布局,提高编辑效率。例如为演示文稿的每张幻灯片都插入同一图片,如果一张张插入非常麻烦,使用幻灯片母版功能则非常便捷。可以先通过PowerPoint提供的母版功能设计一张母版,然后使之应用于所有幻灯片。母版包括用于存储演示文稿的主题和幻灯片版式的信息,包括背景、颜色、字体、效果、占位符大小和位置等显示元素,这样可以对整个演示文稿中的幻灯片进行统一调整,避免重复制作。

PowerPoint的母版分为幻灯片母版、讲义母版和备注母版,其中幻灯片母版是最常用的。它可以控制演示文稿中幻灯片相同版式上输入的标题和文本格式与类型,使它们具有相同的外观。如果要统一修改多张幻灯片的外观,只需在相应幻灯片版式的母版上修改即

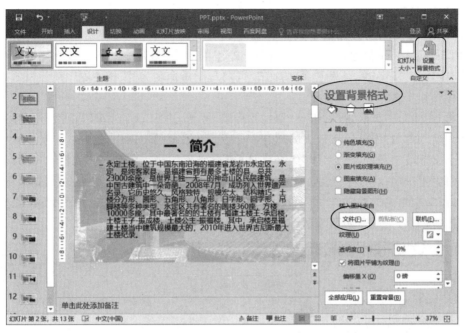

图 5-117　设置幻灯片背景

可,节省了时间。

通过单击"视图"→"母版视图"→"幻灯片母版"按钮,进入幻灯片母版视图,在左侧缩略图窗格列出的多种版式中选择所需版式进行修改和调整,如图 5-118 所示。在幻灯片母版操作完成后,单击"幻灯片母版"视图→"关闭母版视图"按钮。还可以使用背景和文本格式设置功能在各张幻灯片上覆盖幻灯片母版的某些自定义内容,但其他内容(如页脚和徽标)只能在"幻灯片母版"视图中修改。

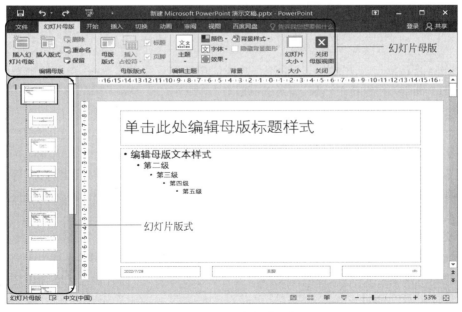

图 5-118　设置幻灯片母版

☞提示：建议在开始构建各张幻灯片之前创建幻灯片母版，添加到演示文稿中的所有幻灯片都会基于该幻灯片母版和相关联的版式，而不要在构建了幻灯片之后再创建母版。

【例5-11】 将世界遗产永定土楼.pptx文档中所有幻灯片中的所有级别文本的格式均修改为"微软雅黑"字体、深蓝色、两端对齐，并将母版重命名为"土楼主题"。

具体操作步骤如下。

单击"视图"→"母版视图"组→"幻灯片母版"按钮，进入幻灯片母版视图。在母版视图的左侧缩略图中，选中第一张较大的幻灯片母版。在右侧编辑区中，选中内容文本框中的所有占位文字，单击"开始"→"字体"组→字体"微软雅黑"→字体颜色→标准色→"深蓝色"；单击"段落"组→"两端对齐"按钮，分别设置文字的字体和对齐方式。切换至"幻灯片母版"→"编辑母版"→"重命名"，打开"重命名版式"对话框，在"版式名称"文本框中输入"土楼主题"，单击"重命名"按钮，如图5-119所示。

设置幻灯片
母版

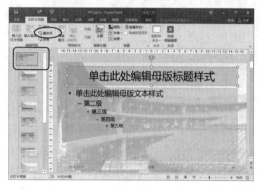

图5-119　母版中设置主题

☞提示：批量设置字体、字号时需要在幻灯片母版视图中，选择工作区左侧缩略图窗格中的第一张幻灯片后，再单击"开始"菜单设置字体。

5.4.5　设置幻灯片的切换方式与动画效果

幻灯片的切换方式和动画效果会使演示文稿在放映时具有生动活泼的动态效果，这是PowerPoint最具特点的功能之一。为幻灯片添加切换方式和动画效果，包括添加幻灯片切换方式、计时切换、设置动画效果、高级动画设置、动画计时设置等。

1. 幻灯片切换

幻灯片切换方式是指在放映演示文稿时，一张幻灯片到下一张幻灯片之间的过渡效果。在左侧幻灯片窗格选中一张或多张幻灯片→单击"切换"→"切换到此幻灯片"组，在列表框中通过右侧下拉按钮，向上或向下滚动鼠标查找需要的切换方式，如"淡出""擦除"等。

☞提示：为了批量处理幻灯片切换效果，还可以对幻灯片进行分节处理，分别设置各节的切换效果。

2. 幻灯片动画

幻灯片动画并不是针对幻灯片本身，而是针对幻灯片中的每个对象，通过为不同对象设置不同的动画效果，不仅可以使演示文稿放映时更加形象生动，而且也有助于演讲者更好地进行过程控制。PowerPoint 2016提供了"进入动画""强调动画""退出动画""动作路径动画"四种方案以供使用。

（1）添加动画。

选中要添加动画的对象，单击"动画"→"动画"组的下拉箭头，按照"进入""强调""退出""动作路径"状态选择动画效果。或者单击"动画"→"高级动画"组→"添加动画"，选择要添加的动画效果，如图 5-120 所示。

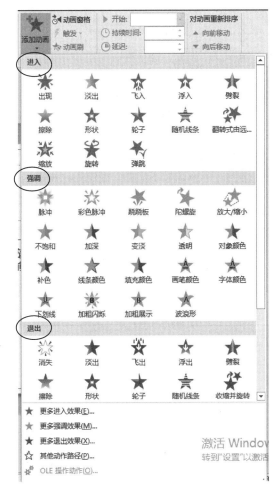

图 5-120　添加动画

单击"动画窗格"按钮，可以在打开的"动画窗格"中看到已经设置的动画效果列表，在此可以对动画效果进行调整和修改，如图 5-121 所示。

【例 5-12】　为世界遗产永定土楼.pptx 文档首页标题幻灯片中的标题和副标题分别指定动画效果，其顺序为：标题自动在 3 秒内自左侧"飞入"，同时副标题以相同的速度自右侧"飞入"。

添加动画

具体操作步骤如下。

① 选中标题文本框，单击"动画"→"动画"组→"进入动画"→"飞入"，单击"效果选项"按钮，在下拉列表中选择"自左侧"；选中副标题文本框，单击"动画"→"动画"组→"进入动画"→"飞入"，单击"效果选项"按钮，在下拉列表中选择"自右侧"。

② 单击"动画"→"高级动画"组→"动画窗格"按钮，打开动画窗格，单击第一个动画条目右侧的下拉箭头，在列表框中选择"效果选项"，在弹出的"效果选项"对话框中，切换到"计

实用软件

时"选项卡,设置"开始:"为"上一动画之后";设置"期间"为"慢速(3秒)",单击"确定"按钮,如图5-122所示。

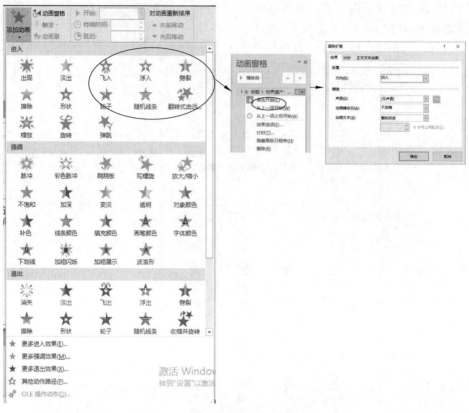

图5-121 设置动画效果

图5-122 设置动画计时效果

③ 在动画窗格中,设置第二个动画条目的动画效果,方法与第②步类似。

☞提示:为标题设置动画效果时,需要选定标题所在的文本框,而不是标题文字。

(2) 触发器设置动画。

触发器动画是指设置指定的操作后才能播放对应的动画效果,其设置方法如下。

在动画窗格中选择某个动画选项,或在幻灯片中选择某个已添加了动画的对象,单击"动画"→"高级动画"组→"触发"按钮,选择"单击"选项→选择触发的对象即可,如图 5-123所示。

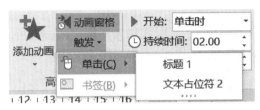

图 5-123　触发器设置动画

(3) 设置动作路径动画。

PowerPoint 系统预设了许多动作路径动画,但实际操作时可能这些路径都无法满足需求,此时可自行定义动作的路径,从而创建出更加丰富的动画效果。自定义动作路径动画的方法如下。

选中某个对象,单击"动画"→"动画"组右侧的"其他"按钮，在展开的下拉列表中选择"动作路径"组的"自定义路径"选项,在幻灯片中单击鼠标绘制所需的路径,完成后双击鼠标即可,如图 5-124 所示。路径绿色端点为动画起点,红色端点为动画终点。

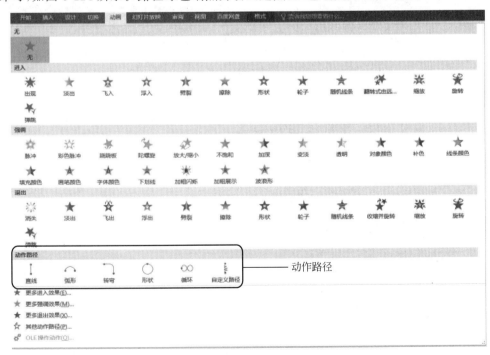

图 5-124　设置自定义路径动画

另外,还可按以下几种方法对路径进行进一步编辑。

① 移动路径:选择绘制的路径对象,拖曳鼠标或按键盘上的方向键,可对路径的位置进行调整。

② 编辑路径:在路径上单击鼠标右键,选择"编辑顶点"命令,此时路径上将显示黑色顶点,拖曳顶点可调整顶点位置;在非顶点的路径上单击鼠标右键,在打开的快捷菜单中选择"添加顶点"命令,即可添加顶点。

插入路径动画

图 5-125 自定义路径动画效果

【例 5-13】 实现形状的路径动画效果。

具体操作步骤如下。

① 插入任意一个形状,如基本形状中的"饼形",单击"动画",在其他动画栏中选择动作路径为"自定义路径"。

② 在当前幻灯片的任意位置拖动鼠标画出任意路径,完成后双击鼠标即可,如图 5-125 所示。

③ 放映当前幻灯片,验证路径动画效果。

5.4.6 放映演示文稿

在 PowerPoint 中,幻灯片可以由演讲者控制放映,也可根据观众需要自行放映。因此在放映之前,需要进行相应的设置,如设置放映方式、录制旁白、应用排练计时、自定义放映、控制幻灯片放映等,从而满足不同场合对放映的不同需求,如图 5-126 所示。

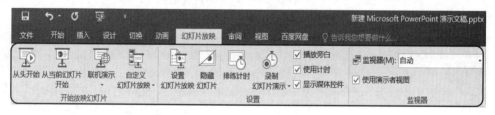
图 5-126 设置幻灯片放映

5.4.7 幻灯片设计原则及新增功能

在制作幻灯片之前,首先需要确定文稿的主题、要点、框架,明确制作幻灯片的目的。其次,把文字分为许多页面,构思页面细节,包括如何表达内容、传递思想。最后,制作内容的提纲挈领,突出内容的关键点,尽量让描述具有悬念、形象生动。

1. 幻灯片设计原则

(1) 去繁。

幻灯片作为展示工具,强调丰富的视觉表达方式,包括图形、色彩、动画和空间布局等。同时,幻灯片在展示时一般会配合用户的讲解,因此应突出关键信息,而非堆积信息。避免文字太多、颜色太多、效果太多、背景过于复杂。

(2) 幻灯片风格统一化。

幻灯片风格统一化是指不同幻灯片的图形、字体、颜色和图片等元素在使用时保持一致性和相似性,避免出现多种不同风格的元素。例如,应尽量避免混用平面图形和 3D 图形,颜色的数量尽量不要超过3种等。事实上,保证幻灯片风格统一的最好办法是重复,包括标题、正文和强调等格式及细节元素的不断重复。

(3) 关键内容抓眼球。

关键内容是指在幻灯片中需要重点凸显的主题和关键词等信息。为了确保这些重要信息被观众注意,学会"操控观众视线"十分重要,要能引导观众"先看到什么、后看到什么、重点看什么、忽略什么"。例如变色、变大、变粗、变字体和变动画,从而轻松实现突出关键性的数据及用户的观点。千篇一律的文字和长时间的阅读会带来疲劳感,也可以用图片和影像传达信息,吸引观众的注意力。

2. 新增功能

制作幻灯片时可以与多个软件配合使用(如 Word、Excel),操作上具有技巧性。PowerPoint 2016 还新增了一些功能。

(1) 主题色。

PowerPoint 2016 在原有的白色和深灰色 Office 主题上新增了彩色和黑色两种主题色。

(2) 丰富的 Office 主题。

PowerPoint 2016 在 PowerPoint 2013 版本的基础上新增了 10 多种丰富的 Office 主题。

(3)"TellMe"助手功能。

通过"TellMe"助手,可以快速获得想要使用的功能和想要执行的操作。

(4) 墨迹功能。

PowerPoint 2016 提供了手写功能——墨迹功能,也就是在幻灯片上用鼠标或手写笔进行书写,包括插入图形、文字、公式等功能,并提供部分识别转换功能。具体操作与 Word 中类似。

(5) 屏幕录制功能。

PowerPoint 2016 新增了录制计算机屏幕并将录制内容嵌入 PowerPoint 的功能。此功能的应用场景非常广泛并且很实用,可以截取一段正在播放的视频,或录制计算机操作的视频,还可以为演讲者录演讲过程中的幻灯片同步播放过程视频等。

单击"插入"→"媒体"组→"屏幕录制"按钮,界面中包含"录制""选择区域""音频""录制指针"命令,如图 5-127 所示。在录制过程中,"屏幕录制"工作面板将隐藏,需要通过组合键进行操作控制。当录制停止时,录制好的视频文件将自动插入到当前幻灯片,可以通过"视频工具|播放"选项卡的相关操作,对幻灯片中的视频对象进行预览、编辑和设置控制等。为快速操作,可以通过组合键控制视频的录制、暂停和停止,如表 5-11 所示。

图 5-127 "屏幕录制"界面

表 5-11　快捷组合键

功　　能	快捷组合键
录制/暂停	Windows 徽标键＋Shift＋R
停止	Windows 徽标键＋Shift＋Q

5.5　多媒体处理软件

多媒体处理软件通常是指多媒体的创作或编辑软件,主要包括绘图软件、图像处理软件、动画制作软件、声音编辑软件以及视频处理软件等。

5.5.1　图形图像处理软件

1. 画图

画图是 Windows 操作系统预装的一款图像编辑软件,如图 5-128 所示。画图程序是一个位图编辑器,可以对多种格式的图片进行编辑,如 BMP、JPEG、GIF、PNG 等格式。用户也可以自己绘制图片,或者对扫描的图片进行编辑和修改。Windows 10 中自带的 Paint 3D 是一款全新的 3D 绘画软件,如图 5-129 所示。

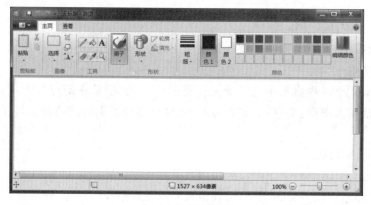

图 5-128　画图软件

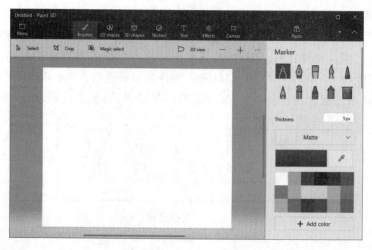

图 5-129　Paint 3D 软件

2. ACDSee

ACDSee 是一款图片管理编辑工具,具有良好的操作界面,简单人性化的操作方式,优质的快速图形解码方式。ACDSee 提供图片浏览与图片管理功能,使用 ACDSee 可以从数码相机或扫描仪中获取图片,支持多种格式图片的查找、组织和预览。ACDSee 也是图片编辑工具,能够轻松校正照片中的不足,例如增强或者调暗曝光、修正图片弯曲、挽救构图不佳,以及修复红眼等各种常见的摄影问题。ACDSee 最新版为 ACDSee Pro 2023。

3. Adobe Illustrator

Adobe Illustrator 是一款著名的矢量图形处理软件,其强大的功能和体贴的界面使其占据了全球矢量编辑软件中的大部分份额。该软件主要应用于印刷出版、海报书籍排版、专业插画、广告牌、Web 图标、产品包装等领域。使用 Illustrator 创作的矢量图可以任意放大和缩小。

4. CorelDRAW

CorelDRAW 是 Corel 公司出品的矢量图形制作软件,该软件给专业设计师及绘图爱好者提供了矢量动画、位图编辑和网页动画设计等多种功能。CorelDRAW 应用于平面设计、包装设计和服装设计等领域,它提供的多种绘图工具以及操作向导可以充分降低用户的操控难度,允许用户更加容易、精确地创建物体的尺寸和位置,节省设计时间。

5. AutoCAD

AutoCAD 是 Autodesk 公司开发的计算机辅助设计软件,可以用于二维制图和基本三维设计,通过它无须懂得编程即可自动制图。因此 AutoCAD 在全球广泛应用于土木建筑、装饰装潢、工业制图、工程制图、电子工业和服装加工等领域。AutoCAD 具有良好的用户界面,通过交互菜单或命令行方式便可以进行各种操作。它的多文档设计环境,让非计算机专业人员也能很快地学会使用。AutoCAD 具有广泛的适应性,它可以在各种操作系统支持的微型计算机和工作站上运行。目前最新版本是 AutoCAD 2023。

6. Adobe Photoshop

Photoshop 简称"PS",是 Adobe 公司推出的图像处理软件,主要处理由像素所构成的数字图像。它功能强大,操作界面友好,支持众多图像格式。Photoshop 拥有强大的滤镜功能,对图像的常用操作和变换做到了非常精细的程度,得到许多第三方开发厂家的支持,也赢得了众多用户的青睐。2003 年,Photoshop 8 被更名为 Photoshop CS。2013 年 Adobe 公司推出了新版本的 Photoshop CC,自此 Photoshop CS6 作为 Adobe CS 系列的最后一个版本被新的 CC 系列取代。

5.5.2 屏幕抓取软件

在浏览网页或进行其他计算机操作时,通过键盘上的 PrintScreen 键可以快速实现截屏操作。PrintScreen 键只能抓取整体屏幕,若要截取屏幕中的某些细节部分,则必须在截图后对图片进行裁切等编辑操作。下面介绍几种屏幕截图工具。

1. Windows 截图工具

Windows10 在系统附件中自带了截图工具,如图 5-130(a)所示。使用截图工具可以捕获如图 5-130(b)所示类型的截图。

(1)矩形截图:围绕对象拖动光标构成一个矩形。

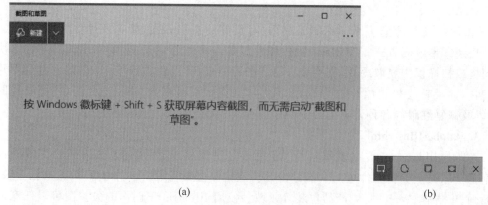

图 5-130　Windows 附件截图工具

（2）任意格式截图：围绕对象绘制任意形状。

（3）窗口截图：选择一个要捕获的窗口（如浏览器窗口或对话框）。

（4）全屏截图：捕获整个屏幕。

捕获截图后，系统会自动将其复制到截图工具窗口。在该窗口中可以为截图添加批注、保存截图、共享截图。

2. 常用屏幕抓取软件

（1）SnagIt。

SnagIt 是一款极其优秀的屏幕抓取软件，它不仅可以捕捉静止的图像，还可以捕获动态图像和声音，而且能够在选中的范围内只获取文本。SnagIt 可以选择整个屏幕、某个静止或活动窗口，也可以让用户自己随意选择捕捉内容。SnagIt 具备简单的图像处理功能，利用内嵌编辑器可对图像进行自动缩放、颜色减少、单色转换、抖动和转换灰度级等改进操作。目前 SnagIt 最新版本为 SnagIt 21。

（2）FastStone CapTure。

FastStone CapTure 是一款体积小巧且功能强大的抓屏工具，兼具截图、图像处理和屏幕录像器三种功能。附带功能包括：屏幕放大器、屏幕取色器、屏幕标尺、将图像转换为 PDF 文件等功能。自 7.0 版本开始，加入了屏幕录像功能，质量堪比专业屏幕录像软件，目前最新版本号为 9.7。

5.5.3　动画制作软件

常用动画制作软件包括二维动画制作软件如 Flash，三维动画制作软件如 3D Studio Max、Maya 等。另外动画的后期处理在制作过程中也是至关重要的，相关软件有 Anime Studio Pro 和 Adobe 公司的 After Effects 等后期动画处理软件。

1. Flash

Flash 是由 Macromedia 公司（后被 Adobe 公司收购）推出的一款二维矢量动画制作软件，是集动画创作与应用程序开发于一身的创作软件。Flash 以流式控制技术和矢量技术为核心，制作的动画短小精悍，广泛应用于网页设计中。Adobe Flash Professional CC 为创建数字动画、交互式 Web 站点、桌面应用程序以及手机应用程序开发提供了功能全面的创作和编辑环境。设计人员和开发人员可使用它来创建演示文稿、应用程序和其他允许用户交互的内容。2015 年 Adobe 公司将动画制作软件 Flash Professional CC 改名为 Animate CC。目前 Animate 2022(23.0.0 版)为市场最新版(图 5-131)。

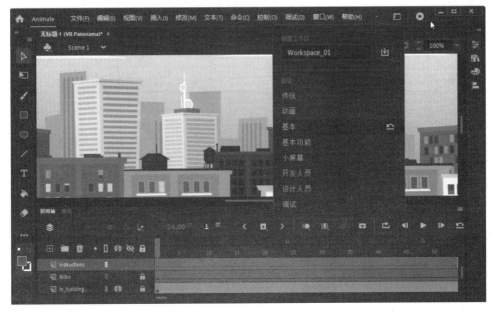

图 5-131　Animate CC

2. 3D Studio Max

3D Studio Max 简称为 3ds Max,是 Discreet 公司开发的(后与 Autodesk 公司合并)基于 PC 的三维动画渲染和制作软件。3ds Max 的性价比高且对计算机系统的配置要求较低,软件制作流程简洁高效,学习者可以很快上手。3ds Max 广泛应用于广告、影视、工业设计、建筑设计、三维动画、多媒体制作、游戏、辅助教学以及工程可视化等领域。

3. Maya

Maya 是 Autodesk 公司出品的三维动画软件,该软件可应用于专业的影视广告、角色动画、电影特技等领域。Maya 功能完善、制作效率高、渲染真实感强,是电影级别的高端制作软件。Maya 集成了先进的动画及数字效果技术,它不仅包括制作一般三维视觉效果的功能,而且还与最先进的建模、数字化布料模拟、毛发渲染、运动匹配技术相结合,是进行数字和三维制作的首选解决方案。

5.5.4　音频视频处理软件

1. 音视频播放软件

音视频播放软件通常指能播放以数字信号形式存储的视频或音频文件的软件。除了少数波形文件外,大多数播放器携带解码器用以还原被压缩的媒体文件,播放器还内置了一整套转换频率以及缓冲的算法。不同的播放软件界面虽有不同,但本质上软件的播放模式都是类似的。现在安装任意一个播放软件就能基本满足音频和视频的播放功能。

(1) Windows Media Player。

Windows Media Player 是微软公司出品的一款免费的播放器(图 5-132),属于 Microsoft Windows 的一个组件。Windows Media Player 可以播放 MP3、WMA、WAV 等格式的音频

文件,还可以播放 AVI、WMV、CD、DVD 等格式的视频文件。支持从 CD 抓取音轨复制到硬盘。Windows Media Player 集成了 Windows Media 的专辑数据库,支持与便携式音乐设备同步音乐。

图 5-132　Windows Media Player

(2) 网络媒体播放平台。

网络媒体播放平台同时支持在线音视频和本地音视频的播放,支持高质量音视频文件的共享和下载。平台依靠海量的数字媒体资源库支持用户的音视频搜索需求,同时能够推送与用户相关的音视频资源。

QQ 音乐是腾讯公司推出的网络音乐平台,也是一款免费的音乐播放器,为用户提供方便流畅的在线音乐和丰富多彩的音乐社区服务。网易云音乐是一款由网易开发的音乐产品,依托专业音乐人、好友推荐及社交功能,提供在线音乐服务。爱奇艺影音是一款专注视频播放的软件,用户可在线享受网站内全部免费高清正版视频。暴风影音是暴风科技有限公司推出的一款播放软件,兼容绝大多数音频和视频格式,支持字幕选择、声道切换、高清视频硬件加速和在线视频点播等功能。

2. 音视频制作软件

(1) 录音机。

录音机是 Windows 10 操作系统提供的录音软件,如图 5-133 所示。

(2) Camtasia Studio。

Camtasia Studio 是一款专业的屏幕录像与编辑的软件套装,它能轻松记录屏幕动作,包括影像、音效、鼠标移动轨迹等。该软件也提供了视频的剪辑和编辑、视频菜单制作、视频剧场和视频播放等功能。用户可以方便地进行屏幕操作的录制和配音、视频过场动画、添加说明字幕和水印、制作视频封面和菜单、视频压缩和播放、添加转场效果等操作。Camtasia

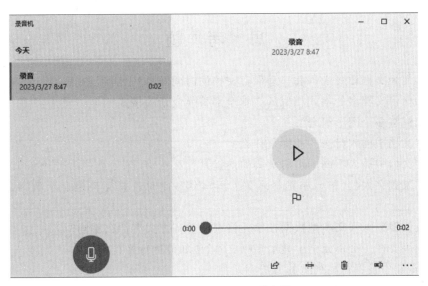

图 5-133　Windows 10 录音机

可以将多种格式的图像、视频剪接成电影。Camtasia 输出的文件格式包括 SWF、FLV、AVI、WMV、MOV、RM 等。

（3）Adobe Premiere。

Adobe Premiere 是一款常用的视频编辑软件，广泛应用于广告制作和电视节目制作中，目前最新版本为 Adobe Premiere Pro 2023。Premiere 提供了采集、剪辑、调色、美化音频、字幕添加、输出、DVD 刻录等一系列流程，并与其他 Adobe 软件高效集成，创建出高质量的视频作品。

3. 音视频格式转换软件

（1）LAME MP3 Encoder。

LAME 是一款出色的 MP3 压缩程序，它通过强大的专业音频分析算法对源文件进行分析并制定出最佳的压缩方式，最大限度地保证了压缩后的音频音质。LAME 编码后的MP3 音色纯厚、低音清晰、细节表现良好，它使用了独创的人体听音心理学模型和声学模型，保证了 CD 音频还原的真实性。配合多种参数的设置，编码后的音质几乎可以媲美 CD音频，但音频文件体积却非常小。

（2）ProCoder。

ProCoder 是 Canopus 公司开发的一款适合专业人士使用的视频转换工具，目前最新版本为 ProCoder 3。ProCoder 可以在几乎所有主流应用的视频编码格式之间进行转换，而且支持批处理、滤镜等高级功能。ProCoder 支持包括 Windows Media、Real Video、Apple QuickTime、Microsoft DirectShow、Microsoft Video for Windows 等视频格式。

（3）格式工厂。

格式工厂是一款免费的多媒体格式转换工具。该软件支持几乎所有类型的多媒体格式，包括各种类型的视频格式、音频格式和图片格式。在视频文件转换过程中，可以修复损坏的文件，让转换质量无破损，支持从 DVD 复制视频；在音频文件转换过程中，支持从 CD复制音乐；转换图片文件时支持缩放、旋转和水印等功能。

思 考 题

（1）如何为文档设置密码和自动保存文档的时间间隔？

（2）如何将文档多处格式相似的文本全部替换成新的格式？

（3）如何将多个图形组合？

（4）在文档中插入目录的前提是什么？

（5）在文档中插入不同的页眉页脚的前提是什么？

（6）如果数字太长，单元格则显示为"＃＃＃＃"，此时若想完整地显示数字，应该如何操作？

（7）数值型数据和文本型数据在单元格中的对齐方式有什么不同？

（8）如果要在一个单元格中显示多行文本，该如何进行换行操作？

（9）Excel 中设置行高列宽的方法有几种？

（10）饼图中的数据源是否可以有多个字段？

（11）Excel 如何获取外部数据？

（12）PowerPoint 中可以编辑哪些多媒体元素？

（13）在 PowerPoint 中，母版和模板有何区别？

（14）什么是主题？PowerPoint 内置的主题有哪些。

（15）PowerPoint 中的主题与背景样式有何区别？

第6章　数据管理与数据库

数据管理是利用计算机硬件和软件技术对数据进行有效的收集、存储、处理和应用的过程。而数据库系统是一个为实际可运行的存储、维护和应用系统提供数据的软件系统,是存储介质、处理对象和管理系统的集合体。如何管理和利用数据已经成为人们必须面对的问题,高效管理数据、合理利用数据也成为信息社会人们需要具备的能力与素养。本章将主要介绍数据管理、数据库技术及设计等。

6.1　数据管理基础

6.1.1　信息、数据与数据处理

1. 信息

信息就是对客观事物的存在方式、运动状态和相互联系特征的一种表达和陈述,是自然界、人类社会和人类思维活动中普遍存在的一切物质和事物的属性,它存在于人们的周围,通常以文字、声音或图像的形式来表现。

信息具有依附性、时效性、可感知、可传递、可加工、可共享等基本特征。在信息社会中,信息与物质、能源一样重要,是人类生存和社会发展的基本资源之一。

2. 数据

在计算机中,各种信息都是以数据的形式出现,对数据进行处理后产生的结果就是信息,因此数据是信息的载体。数据表现信息的形式是多种多样的,不仅包括数字、文字和其他特征字符组成的文本形式,还包括图形、图像、影像和声音等多种媒体形式。

数据本身没有意义,只有经过处理和描述,才能赋予其实际意义。如数据"37"并没有实际意义,但表示成"小高的体温为37℃",这条信息就有意义了。

3. 数据与信息

在一般用语中,信息和数据并不严格区分。在应用现代科技(电子技术、计算机技术等)采集、处理信息时,必须要将现实生活中的各类信息转化成计算机能识别的符号(信息的符号化就是数据),再加工处理成新的信息。

4. 数据处理

数据处理(Data Processing)是指将数据加工成信息的过程,它包括对数据的收集、整理、存储、分类、排序、检索、维护、加工、统计和传输等一系列操作过程。数据处理的目的是从收集的大量原始数据中获得所需要的资料并提取有用的数据成分,作为行为和决策的依据。数据处理工作分为以下三类:

（1）数据管理。

数据管理(Data Management)的主要任务是收集信息，用数据表示信息并按类别组织保存。数据管理的目的是为各种数据处理快速、正确地提供必要的数据，是数据处理的核心。

（2）数据加工。

数据加工的主要任务是对数据进行变换、抽取和运算。通过数据加工会得到更有用的数据，以指导或控制人的行为或事物的变化趋势。

（3）数据传播。

通过数据传播，信息在空间或时间上以各种形式传递。数据传播过程中，数据的结构、性质和内容不改变。数据传播会使更多的人得到信息并且更加理解信息的意义，从而使信息的作用充分发挥出来。

6.1.2 数据管理技术的发展

数据库是数据管理的技术和手段，而数据管理是其他数据处理的核心和基础，具体包括以下三部分。

（1）组织和保存数据。

将收集到的数据合理地分类组织，将其存储在物理载体上，使数据能够长期保存。

（2）数据维护。

数据维护工作是根据需要随时进行插入新数据、修改原始数据和删除失效数据的操作，确保数据的更新。

（3）数据查询和数据统计功能。

数据管理工作提供数据查询和数据统计功能，以便快速得到需要的正确数据，满足各种使用要求。

随着计算机软硬件技术的发展，数据管理量的规模日益扩大，数据管理的应用需求越来越广泛，数据管理技术的发展也不断变迁，主要经历了以下三个发展阶段。

1. 人工管理阶段

20世纪50年代中期以前，计算机主要用于数值计算。在这一阶段，只有卡片、纸带、磁带用于存储数据，软件方面还没有操作系统，没有进行数据管理的软件。

在人工管理阶段，应用程序与数据之间的关系如图6-1所示。

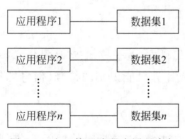

图6-1 人工管理阶段应用程序与
数据的依赖关系

在这一阶段，数据管理的特点如下。

（1）数据不保存。程序员将程序和数据编写在一起输入内存，程序对数据进行处理后输出处理结果。程序运行结束后，数据也将从内存释放。

（2）应用程序与数据之间缺乏独立性。应用程序与数据之间相互依存，不可分割；编写程序时要安排数据的物理存储，当数据有所变动时，应用程序也随之变动。程序员的工作量大、烦琐，程序难以维护。

（3）数据无法共享，重复存储，冗余度大。

2. 文件管理阶段

20世纪60年代中后期,硬件方面出现了磁带、磁盘等大容量存储设备,软件方面出现了操作系统。在这一阶段,由于使用专门的操作系统中的文件管理系统实施数据管理,数据被组织成数据文件,可以脱离应用程序而独立存在。

用户的应用程序与数据文件可分别存放在外存储器上,不同的应用程序可以共享一组数据,实现了数据以文件为单位的共享,如图6-2所示。

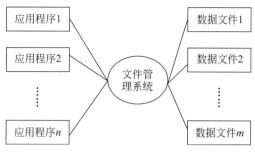

图 6-2　文件管理阶段应用程序与数据的关系

在文件管理阶段,数据处理的特点如下。

(1) 数据可以长期保存。

(2) 应用程序与数据之间有了一定的独立性。

(3) 数据文件有了一定的共享性,但仍存在较大的数据冗余,数据还未达到完全的一致性。

3. 数据库系统管理阶段

进入20世纪60年代后期,随着计算机应用领域的日益发展,计算机在数据处理方面的应用越来越广泛,处理的数据量越来越大,仅仅基于文件系统的数据处理技术很难满足应用领域的需求。与此同时,出现了大容量且价格低廉的磁盘,改善数据处理软件的功能成为许多软件公司的重要目标。在实际需求迫切,硬件与软件技术发展趋于成熟的条件下,出现了数据库技术和统一管理数据的专门软件系统——数据库管理系统。1968年,美国IBM公司研制成功的信息管理系统(Information Management System,IMS)标志着数据处理技术进入了数据库系统阶段。

数据库系统是由数据库及其管理软件组成的系统,系统对相关数据实行统一规划管理,形成一个数据中心,构成一个数据仓库,实现了整体数据的结构化。用数据库系统管理数据比文件系统有明显的优势,从文件系统到数据库系统,标志着数据管理技术的飞跃。

在数据库管理系统的支持下,应用程序与数据之间的关系如图6-3所示。在这一阶段,

图 6-3　数据库系统中应用程序与数据的关系

数据管理与数据库

170

系统可以有效地管理和存取大量的数据,提高了数据的共享性,使多个用户可以同时访问数据库中的数据,减少了数据冗余,保证了数据的一致性和完备性,数据与应用程序相对独立,减少了应用程序开发和维护的成本。

从文件系统到数据库系统,标志着数据管理技术的飞跃,在数据库中建立的数据结构充分描述了数据间的内在联系,便于实现数据修改、更新等操作,同时保证了数据的独立性、可靠性、安全性与完整性,实现了数据共享,减少了数据冗余。

4. 数据管理新技术

数据、计算机硬件和数据库应用,这三者推动着数据库技术与系统的发展。尤其是互联网的出现,极大地改变了数据库的应用环境,向数据库领域提出了前所未有的技术挑战。这些因素的变化推动着数据库技术的进步,催生了一批新的数据库技术。如 Web 数据库技术、数据仓库技术、数据挖掘技术等。

(1)Web 数据库技术。

Web 数据库是将数据库技术与 Web 技术融合在一起,使数据库系统成为 Web 的重要有机组成部分,从而实现数据库与网络技术的无缝结合。这一结合不仅把 Web 与数据库的所有优势集合在了一起,而且充分利用了大量已有数据库的信息资源。Web 数据库由数据库服务器、中间件、Web 服务器和浏览器组成。

Web 数据库的工作过程是用户通过浏览器端的操作界面,以交互的方式经由 Web 服务器来访问数据库。用户向数据库提交的信息以及数据库返回给用户的信息都是以网页的形式显示。

(2)数据仓库技术。

随着 Internet 的兴起与飞速发展,大量的信息和数据出现在人们面前,用科学的方法去整理数据,从不同视角对企业经营各方面的信息进行精确分析、准确判断,比以往更为迫切,实施商业行为的有效性也比以往更受关注。

数据仓库技术是基于数学及统计学的严谨逻辑思维并达成"科学的判断、有效的行为"的一个工具。数据仓库技术也是一种达成"数据整合、知识管理"的有效手段,其特征是面向主题的、集成的、与时间相关的、不可修改的数据集合。典型的数据仓库系统有经营分析系统,决策支持系统等。

(3)数据挖掘技术。

随着信息技术的迅速发展,数据库的规模不断扩大,从而产生了大量的数据。为了给决策者提供一个统一的全局视角,在许多领域建立了数据仓库,但大量的数据往往使人们无法辨别隐藏在其中的能对决策提供支持的信息,传统的查询、报表工具无法满足挖掘这些信息的需求。因此,需要一种新的数据分析处理技术来处理大量数据,并从中抽取有价值的潜在知识,数据挖掘(Data Mining)技术应运而生。

数据挖掘是数据库知识发现(Knowledge-Discovery in Databases,KDD)中的一个步骤,一般是指从大量的、多样化的、不完全的、有噪声的数据中心提取或挖掘知识的过程。通常与计算机科学有关,并通过统计学、人工智能、高性能计算、情报检索、机器学习、专家系统(依靠过去的经验法则)和模式识别等,高度自动化地分析企业的数据,做出归纳性推理,从中挖掘出潜在的模式,帮助决策者调整市场策略,减少风险,做出正确的决策。

从数据挖掘的定义可以看出数据挖掘的特点。

① 数据挖掘要处理的数据经常是庞大的数据集。

② 数据挖掘面对的原始数据是多样化的,可以是结构化、半结构化和非结构化的数据。

③ 数据挖掘中的数据经常是不完整的或有噪声的。

④ 数据挖掘输出的结果通常是模型或规则。

⑤ 数据挖掘的目标是挖掘未知但有潜在价值的信息。

数据挖掘主要侧重解决四类问题。

① 分类:预测一个未知类别的项目属于哪个已知的类别。

② 聚类:根据选定的目标,对一群数据进行划分,形成具有各自特征的类别。

③ 关联:从数据背后发现事物之间可能存在的关联或联系。

④ 预测:根据一系列的已知数据对未知的数据和形式进行预判。

目前出现了很多数据挖掘工具,如 Python、SAS、Weka 和 RapidMiner 等。数据挖掘工具的出现让使用者不必掌握高深的统计分析技术,但使用者仍然需要了解数据挖掘工具是如何工作的,以及它所采用的算法原理。

6.2 数据库技术基础

6.2.1 数据库系统

1. 数据库系统的组成

数据库系统(DataBase System,DBS)是引入了数据库的计算机系统,它包含计算机的软硬件系统、操作系统、数据库管理系统、数据库应用系统和人员,如图 6-4 所示。

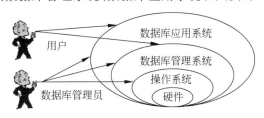

图 6-4 数据库系统的组成

(1) 数据库。

所谓数据库(Data Base,DB),是以一定的组织方式将相关的数据组织在一起,长期存放在计算机内,可为多个用户共享,与应用程序彼此独立、统一管理的数据集合。

(2) 数据库管理系统。

数据库管理系统(DataBase Management System,DBMS)是对数据库进行管理的一系列软件的集合,它以统一的方式管理和维护数据库,并提供数据库接口供用户访问数据库。数据库管理系统是数据库系统的核心,其主要工作就是管理数据库,为用户或应用程序提供访问数据库的方法,主要功能包括定义数据库、操作数据库和管理与维护数据库。

(3) 数据库应用系统。

数据库应用系统(DataBase Application System,DBAS)是指软件开发人员利用数据库管理系统提供的功能,对数据库进行管理和应用而开发的方便用户使用的,应用于某一个实际问题的应用软件。学生成绩管理系统、学籍管理系统、人事档案管理系统、图书借阅系统、用于大型企业的信息管理系统等都属于数据库应用系统。

（4）人员。

数据库系统的人员是指管理和使用数据库系统的全部人员，主要包括数据库管理员和用户。

① 用户主要通过数据库应用系统提供的用户界面使用数据库，是数据库的使用者。

② 数据库管理员（DataBase Administrator，DBA）负责技术层的全局控制，主要有以下3方面的具体工作。

- 数据库设计：对数据的需求做全面的规划、设计和集成，这是数据库管理员的基本任务。
- 数据库维护：对数据库中数据的安全性、完整性、并发控制及系统恢复进行实施与维护。
- 改善系统性能和提高系统效率：随时监视数据库的运行状态，不断调整内部结构，保持系统的最佳状态与最高效率。

2. 数据库系统的特点

（1）数据的结构化。

这是数据库系统与文件系统的根本区别。数据库系统中的数据是有结构的，这些数据由数据库管理系统进行统一的管理。在数据库系统中，数据不再针对某一个应用，而是面向全组织，形成整体的结构化。

（2）数据的共享程度高、易扩充、冗余度低。

数据库系统从整体规划角度来描述系统中存储的数据，数据由数据库系统统一管理、集中存储。数据面向整个系统应用，而且容易增加新的应用，易于扩充。

由于数据的集成性使得数据可为多个应用所共享，特别是发达的网络扩大了数据库的应用范围。数据的高共享性又减少了数据的冗余度，避免了数据的不一致性。

数据冗余是指数据库中数据的重复存储，数据冗余不仅浪费了大量的存储空间，而且还会影响数据的正确性和一致性。数据冗余是不可避免的，但是由于数据库内的数据可以被多个用户、多个应用共享，所以可以最大限度地减少数据的冗余度。

（3）数据的独立性高。

数据的独立性包括数据的物理独立性和逻辑独立性。

数据的物理独立性是指用户的应用程序与存储在磁盘上的数据库中的数据是相互独立的。它的优点是数据的物理存储结构即使改变了，用户的应用程序也不需要跟着改变。

逻辑独立性是指用户的应用程序与数据库的逻辑结构是相互独立的。它的优点是即使数据的逻辑结构改变了，用户的应用程序也可以保持不变。

（4）数据控制功能较强。

数据库中的数据被多个用户或应用程序所共享。当多个用户同时存取或修改数据库中的数据时，对于相互之间发生的干扰、产生的错误数据，甚至破坏数据库等不良行为，数据库管理系统都能提供较强的保护控制功能，包括数据的并发控制、安全性控制和完整性控制，避免错误数据的产生。

6.2.2 数据模型

数据模型是对现实世界特征的模拟和抽象。由于计算机不可能直接处理现实世界中的具体事物,所以人们需要把具体事物转换成计算机能够处理的数据,在数据库中采用数据模型来抽象、表示和处理现实世界中的数据和信息。数据模型是数据库中数据的存储方式,是数据库系统的核心和基础,它描述了不同数据之间的关系,决定了数据库的设计方法,将现实世界中的具体事物抽象,组织成数据库管理系统支持的数据模型。

1. 数据模型层次

各种 DBMS 软件都是基于某种数据模型,或者说支持某种数据模型的。模型有不同的层次,根据模型的应用目的,可以将数据模型分为概念数据模型、逻辑数据模型和物理数据模型三个层次。

(1) 概念数据模型。

概念数据模型(Conceptual Data Model)简称概念模型,是面向数据库用户的现实世界的模型,主要用来描述世界的概念化结构。它使数据库的设计人员在设计的初始阶段,摆脱计算机系统及 DBMS 的具体技术问题,集中精力分析数据以及数据之间的联系等,与具体的数据库管理系统无关。

其中最著名的概念数据模型是实体-联系模型(Entity-Relationship Model,E-R 模型),目前在数据库设计中广泛使用此模型。为了更好地理解 E-R 模型,下面介绍几个基本术语。

① 实体。

实体是客观事物的真实反映,既可以是实际存在的对象,如一名教师、一名学生、一本书等,又可以是某种抽象概念或事件,如一门课程、一次授课、一个班级、一张成绩表、一次借阅图书等。

② 属性。

实体所具有的某一方面的特性称为属性。每个实体通常都具有多个属性,如学生实体有学号、姓名、性别、出生日期、政治面貌等多个属性,教师实体有教师编号、姓名、性别、工作时间、职称等多个属性。属性由属性名和属性值两部分构成,一个属性的取值范围称为该属性的值域。如性别只能从"男"或"女"两个值中选择,所以性别的值域为{男,女};成绩的值域为[0,100]。

实体的某一属性或属性的组合的值能唯一标识出某一个实体,称为关键字,也称为码。如"学号"属性是学生实体的关键字,"学号"和"课程号"两个属性共同作为成绩表实体的关键字,关键字一般用下划线标识。

③ 实体型和实体集。

具有相同属性的实体具有相同的特性,用实体名和属性名集合来抽象和刻画同类实体,称为实体型。如学生信息(学号,姓名,性别,出生日期,政治面貌,班级)就是一个实体型。

同类实体的集合称为实体集,如全体学生就是一个实体集。

④ 联系。

现实世界是一个有机的相互关联的整体,这种关联在概念模型中表现为实体之间的对应关系。通常将实体之间的对应关系称为联系。实体之间的联系有一对一、一对多和多对多三种类型。

- 一对一联系(1∶1)。

一对一联系是指一个实体和另一个实体之间存在着一一对应关系。如一所学校只有一名校长,并且一名校长只能在一所学校任职,不可以在别的学校任职,校长与学校之间的联系就是一对一的联系,如图 6-5(a)所示。同样,班级与班长之间、行进中的汽车与司机之间都是一对一的联系。

- 一对多联系(1∶n)。

一对多联系是指一个实体对应着多个实体。如一个班级有多名学生,并且一名学生只能属于一个班级,班级和学生之间的联系就是一对多的联系,如图 6-5(b)所示。同样,系与教师之间、企业与职工之间都是一对多的联系。

- 多对多联系($m∶n$)。

多对多联系是指多个实体对应着多个实体。如一名学生选修多门课程,并且一门课程有多名学生选修,课程和学生之间就是多对多的联系,如图 6-5(c)所示。同样,供应商与商品之间、教师与课程之间、教师与学生之间的联系都是多对多的联系。

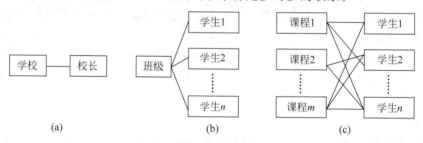

图 6-5 联系类型示意图

在现实生活中,多对多联系是普遍现象,一对多、一对一联系仅是多对多联系的特例。

⑤ E-R 图。

E-R 图用图形的方式描述概念模型,它通用的表现方式如下。

- 用长方形表示实体,在框内写上实体名。
- 用椭圆形表示属性,并用直线把实体与属性连接起来。
- 用菱形表示实体间的联系,在菱形框内写上联系名。用直线把菱形与相关实体连接,在直线上标上联系的类型。如果联系有自己的属性,则把属性和菱形也用直线连接起来。

图 6-6 描述的是课程和学生之间的 E-R 图。

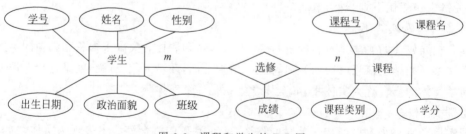

图 6-6 课程和学生的 E-R 图

用 E-R 图表示的概念模型与具体的数据库管理系统所支持的数据模型相互独立,是各种数据模型的共同基础,因而比数据模型更一般、更抽象、更接近现实世界。

（2）逻辑数据模型。

逻辑数据模型是一种图形化的展现方式,能够有效组织来源多样的各种业务数据,使用统一的逻辑语言描述业务。其借助相对抽象、逻辑统一且结构稳健的结构,实现数据仓库系统所要求的数据存储目标,支持大量的分析应用,是实现业务智能的重要基础,同时也是数据管理分析的工具和交流的有效手段。

（3）物理数据模型。

物理数据模型（Physical Data Model,PDM）是指提供系统初始设计所需的基础元素,以及相关元素之间的关系。用于存储结构和访问机制的更高层描述,描述数据是如何在计算机中存储的,如何表达记录结构、记录顺序和访问路径等信息。使用物理数据模型,可以在系统层实现数据库。

2. 数据模型分类

从数据库的逻辑结构出发,对数据库中的实体、实体之间的联系进行描述,构成了数据模型。在几十年的数据库发展史中,出现了四种重要的数据模型:层次模型、网状模型、关系模型和面向对象模型。

（1）层次模型。

层次模型是数据库系统中最早采用的数据模型,它用树形结构组织数据。

在树形结构中,各个实体被表示为节点,节点之间具有层次关系。相邻两层节点称为父子节点,父节点与子节点之间构成了一对多的关系。

层次模型有且仅有一个根节点（无父节点）,其余节点有且仅有一个父节点,但可以有零个或多个子节点。

它的优点是简单、直观且处理方便,适合表现具有比较规范的层次关系的结构。在现实世界中存在着大量可以用层次结构表示的实体,如单位的行政组织结构、家族关系、磁盘上的文件夹结构等都是典型的层次结构,图 6-7 描述了某高校院系的组织结构。

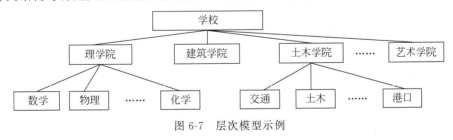

图 6-7　层次模型示例

（2）网状模型。

网状模型是层次模型的扩展,用图的方式表示数据之间的关系。网状模型可以方便地表示实体间多对多的联系,但结构比较复杂,数据处理比较困难,如公交线路中各个站点之间的关系、城市交通图等都可以用网状模型来描述。图 6-8 描述了教学管理中各实体之间的联系。

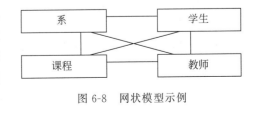

图 6-8　网状模型示例

（3）关系模型。

关系模型是用二维表表示实体与实体之间联系的模型，它的理论基础是关系代数。关系模型中数据以表的形式出现，操作的对象和结果都是二维表，每一个二维表称为一个关系，它不仅描述实体本身，而且还能反映实体之间的联系。

在上面介绍的三种数据模型中，层次模型和网状模型由于其使用的局限性，已经很少用了，目前应用最广泛的是关系模型。关系模型最大的优点是简单，用户容易掌握，只需用简单的查询语句就能对数据库进行操作。用关系模型设计的数据库系统是用查表方法查找数据的，而用层次模型和网状模型设计的数据库系统是通过指针链查找数据的，这是关系模型和其他两类模型的很大区别。

（4）面向对象模型。

面向对象模型是面向对象概念与数据库技术相结合的产物，该模型吸收了层次、网状和关系模型的优点，并借鉴面向对象的设计方法，可以描述上述三种模型难以处理的复杂数据结构，具有较好的灵活性、可重用性及可扩充性。

3. 关系模型

关系模型具有坚实的数学理论基础，20世纪80年代以来，软件开发商提供的数据库管理系统几乎都是支持关系模型的。目前常用的数据库管理系统 Oracle、SQL Server、Access、MySQL 等都是关系数据库。

（1）关系模型的基本术语。

① 关系。

关系是用二维表的结构表示实体和实体之间的联系，它由行和列组成。要建立表，首先必须确定表的结构，如表 6-1、表 6-2 和表 6-3 所示。一个关系对应一张二维表，如表 6-4 所示。

表 6-1　学生信息

字　段　名	字　段　类　型	字　段　大　小	是　否　主　键
学号	文本	8	是
姓名	文本	10	否
性别	文本	1	否
出生日期	日期/时间	8	否
政治面貌	文本	2	否
班级	文本	10	否

表 6-2　课程

字　段　名	字　段　类　型	字　段　大　小	是　否　主　键
课程号	文本	5	是
课程名	文本	20	否
课程类别	文本(查阅向导)	5	否
学分	数字	字节	否

表 6-3 成绩

字 段 名	字 段 类 型	字 段 大 小	是 否 主 键
学号	文本	8	是
课程号	文本	5	是
分数	数字	单精度(小数位数为1)	否

表 6-4 学生情况

学 号	姓 名	性 别	出 生 日 期	政 治 面 貌	班 级
23220101	张三	男	2005-12-21	群众	23 土木 1
23220102	郭永庆	男	2006-3-12	团员	23 土木 1
23220103	吕元昭	女	2006-3-14	团员	23 土木 1
23220104	唐洋	女	2005-9-19	团员	23 土木 1
23220105	张春本	男	2005-7-21	党员	23 土木 1
23220106	高文龙	男	2006-5-13	团员	23 土木 1

② 记录。

在二维表中,每一行称为一条记录,记录也被称为元组,它存储一个具体实体的信息。如学生关系有 6 行,因此它有 6 个元组。

③ 属性。

表中的一列称为一个属性,属性也被称为字段。如"学生情况"共 6 列,因此它有学号、姓名、性别等 6 个属性。

④ 值域。

属性的取值范围,即不同元组对同一个属性的取值所限定的范围。如"学生情况"的"性别"属性值域为{男,女}。

⑤ 候选码(关键字)。

在关系中可以唯一地标识或区分一个元组的属性或属性组称为候选码。如"学生情况"中的"学号"是候选码,它可以唯一地确定每一个元组;而在"成绩"中,"学号"不能单独成为候选码,属性组合(学号,课程号)可以唯一确定一个学生的某门课程的成绩,所以共同组成候选码。因此,在一个关系中,候选码可以有多个。

⑥ 主码(主关键字)。

一个关系中可能有多个候选码,但在实际应用中只能选择一个使用,被选用的候选码称为主码。例如"学生情况"的主码为"学号"。

(2) 关系完整性约束。

关系的完整性约束是指关系中的数据及具有关联关系的数据间必须遵循的约束关系,关系的完整性用于保证数据的正确性和有效性。

关系模型提供了 3 种完整性约束。

① 实体完整性约束。

关系的实体完整性约束是对关系中元组的唯一性约束,而关系中的主码可以标识每个元组,所以关系的实体完整性约束实质上是对关系中主码的约束,要求主码不能有空值,不能有重复值。

在关系数据库管理系统中,一个关系只能有一个主码,系统会自动进行实体完整性检查。

② 用户自定义完整性约束。

用户自定义完整性约束是针对某个具体数据库，由用户自定义的约束条件。其作用是将某些属性的值限制在合理的范围内，对于超出正常值范围的数据系统将报警，同时这些非法数据无法进入数据库中。如"性别"属性的取值只能是"男"或"女"，"学分"属性的取值范围只能是[1,5]等。

③ 参照完整性约束。

参照完整性约束是对相关联的两个或多个关系之间的约束，外键必须是被参照关系中主关键字的有效值。例如，根据表 6-1、表 6-2 和表 6-3 有以下三个关系（加下划线的字段为对应关系的主键）：

学生情况(<u>学号</u>,姓名,性别,出生日期,政治面貌,班级)

课程(<u>课程号</u>,课程名,课程类别,学分)

成绩(<u>学号</u>,<u>课程号</u>,分数)

显然，通过"学生情况"关系可知，"学号"和"课程号"任何一个都不能唯一地确定"成绩"关系中的记录，因此主关键字是属性组合(学号,课程号)，而"学号"和"课程号"分别是"学生情况"和"课程"的主键，此时，称"学号"或者"课程号"分别是"成绩"的外键。参照完整性约束是指"成绩"中作为外键的"课程号"，其取值均为"课程"中作为主键的"课程号"的属性的有效值。通过外键"课程号"这个共有属性，将"课程"和"成绩"关联起来。

在数据库管理系统中，系统为用户提供了设置参照完整性约束的环境和手段，通过系统自身和用户自定义的完整性约束，可以充分保证关系的完整性、相容性和正确性。

（3）关系运算。

用户可以使用关系运算从关系中查询所需要的数据，关系运算主要包括选择、投影和连接等。

① 选择。

从关系中筛选出满足给定条件的元组的操作称为选择，选择是从行上进行选择。如在学生关系中查询所有女生的信息，就是一个关系选择运算。

② 投影。

从关系中指定若干个属性组成新的关系称为投影，投影是从列上进行选择。如在学生关系中显示所有学生的学号、姓名和出生日期，就是一个关系投影运算。

③ 连接。

连接是把两个关系中的记录按一定的条件进行连接，生成一个新的关系。不同关系中的公共属性是实现连接运算的纽带。如利用学生关系和成绩关系显示所有学生的学号、姓名、课程名和成绩，就是一个关系连接运算。

6.2.3 关系数据库

关系数据库是基于关系模型的数据库。在关系数据库中，数据被分散到不同的数据表中保存，以便使每一个表中的数据只记录一次，减少了数据冗余，其数据结构简单、清晰，易于操作和管理。它既解决了基于层次模型的数据库横向关联不足的缺点，又避免了基于网状模型的数据库关联过于复杂的问题，是目前发展最快、应用最广泛的数据库。

由关系模型建立的数据库称为关系数据库。关系数据库是由多个二维表组成的。

关系模型与关系数据库中的术语的对应关系如表 6-5 所示。

1. 表

在关系数据库中,表是基本的存储数据单位,每个表之间具有独立性(用表名来区分每一个表),而且多个表之间具有相关性,这样使数据的操纵方式更加简单和方便。

在表中,数据的保存形式类似于电子表格,是以行和列的形式保存的,表中的行和列分别称为记录和字段。

表 6-5 关系模型与关系数据库中的术语对照

关系模型术语	关系数据库术语
关系	表
元组	记录
属性	字段
主码	主键
外码	外键

若表的一个字段或几个字段的组合能够标识一条记录,则称其为关键字;当一个表中有多个关键字,但在实际应用中只能选择一个,被选用的关键字称为主键,主键通常用下划线标示。

在关系数据库中,表之间是相互关联的。两个表通过主键和外键作为纽带建立关联关系,将主键所在的表视为主表,将外键所在的表视为从表。如:学生信息表和学生成绩表通过"学号"建立关联,其中学生信息表是主表,学生成绩表为从表。

2. 关系数据库的特点

(1)以面向系统的观点组织数据,使数据具有最小的冗余度,支持复杂的数据结构。

(2)具有高度的数据和程序的独立性,应用程序与数据的逻辑结构及物理存储方式无关。

(3)数据库中的数据具有共享性,能为多个用户提供服务。

(4)关系数据库允许多个用户同时访问,同时提供了多种控制功能,能保证数据的安全性、完整性和并发性控制。

6.2.4 数据库设计

在数据库应用系统的开发过程中,数据库设计是开发的核心和基础。数据库设计是指对于一个给定的应用环境,构造最优的数据模式,建立数据库及其应用系统,使创建的数据库能够有效地存储数据,满足各类用户的应用需求。数据库设计通常分为需求分析、概念设计、逻辑设计和物理设计等阶段。

1. 需求分析

需求分析阶段是数据库设计的第一步,也是后续各阶段的基础,是最为困难、最耗费时间的阶段。需求分析是否准确直接关系到数据库的成败和质量,影响到数据库应用系统的开发和使用。

需求分析阶段的主要任务是从多方面对整个组织进行调查,大量收集基础数据,全面了解用户对系统的信息需求、处理需求、安全性需求和完整性需求。需求分析人员既要懂数据库技术,又要对具体业务熟悉,一般由数据库专业人员与领域专家合作进行需求分析。

2. 概念设计

概念设计是将需求分析阶段得到的用户需求抽象为反映用户观点的概念模型的过程。

描述概念模型常使用 E-R 图。概念设计是整个数据库设计的关键,通过对用户数据和业务需求的综合、归纳与抽象,形成一个独立于具体的 DBMS 的概念数据模型,该阶段依然需要设计人员与用户反复交流。

3. 逻辑设计

逻辑设计是在概念模型确定后,按照计算机系统的观点对概念模型进行描述,也就是将概念模型转化为 DBMS 所支持的逻辑模型,并对其进行规范化和优化。目前最常用的逻辑数据模型是关系模型。概念模型中的 E-R 图是由实体、属性和联系组成的,而关系模型的逻辑结构是一系列关系模式的集合,因此本阶段的任务是将 E-R 图转换成关系模型,将实体、实体属性和实体间的联系转换成关系模式。例如,确定建立一个还是多个关系数据库,确定数据库中包含的表及字段,明确表与表之间的关系、主码、外键和完整性约束等。

4. 物理设计

数据库的物理结构是指在逻辑设计的基础上,选取一个最适合应用环境的物理结构和存储方法。物理设计是指按照所选的计算机硬件、逻辑数据模型、安全性和应用程序设计工具等,选取一个合适的数据库管理系统。在关系数据库系统中,存储结构与存取方法主要由 DBMS 自动完成。

6.2.5 常用的数据库管理软件

1. MySQL

MySQL 数据库管理系统是 MySQL 开放式源代码组织提供的小型关系数据库管理系统,可运行在多种操作系统平台上,是一种具有客户机/服务器体系结构的分布式数据库管理系统。MySQL 适用于网络环境,在 Internet 上共享。由于它追求的是简单、跨平台、零成本和高效率,因此特别适合互联网企业,许多互联网上的办公和交易系统也采用了 MySQL 数据库。

2. Oracle

Oracle 是以结构化查询语言为基础的大型关系数据库,是目前最流行的客户机/服务器体系结构的数据库之一。Oracle 作为一个通用的数据库管理系统,应用广泛,功能强大,支持多媒体数据,具有完整的数据管理功能,还是一个分布式数据库系统,支持各种分布式功能,特别是支持 Internet 应用。Oracle 以其自身良好的安全性和数据存储能力,满足了大型企业的要求,但 Oracle 数据库不是免费使用的,且价格不菲,因此主要应用于大中型企业。

3. SQL Server

SQL Server 是 Microsoft 公司推出的关系型数据库管理系统,具有使用方便、可伸缩性好、与相关软件集成程度高等优点,其性能不比其他数据库逊色,但不支持跨平台使用。SQL Server 数据库引擎为关系型数据和结构化数据提供了更安全可靠的存储功能,可以构建和管理用于业务的高可用和高性能的数据应用程序,是目前大中型企业开发软件时,特别是在应用微软的开发平台 Visual Studio 时,选择比较多的一款数据库。

4. Access

Access 是 Microsoft 公司推出的关系型数据库管理系统,它作为 Microsoft Office 集成办公应用软件的重要组成部分,深受广大用户喜爱。它界面友好、操作简单、功能全面、使用方便,并为用户提供了大量的工具和向导。

Access 数据库提供了存储信息的表、显示人机交互界面的窗体、有效检索数据的查询、信息输出载体的报表、提高应用效率的宏、功能强大的模块工具等。通过编写少量的程序代码,甚至不用编写任何程序代码,就可以开发一套功能较为完善并且能满足实际需求的数据库应用系统。数据库对象包括表、查询、窗体、报表、宏和模块。

(1) 表。

表是数据库中用来存储数据的对象,是一个保存数据的容器,也是整个数据库系统的基础。Access 允许一个数据库中包含多个表,用户可以在不同的表中存储不同类型的数据。通过在表之间建立关系,可以将不同表中的数据联系起来,以供用户使用。

(2) 查询。

查询是用来操作数据库中记录的对象,利用它可以按照一定的条件(准则)从一个或多个表中筛选出需要的数据。查询对象的本质是 SQL 命令,可以根据用户提供的特定规则对表中的数据进行查询,并以数据表的形式显示,在最常用的选择查询操作中,用户可以查看、连接、汇总、统计所需的数据。

(3) 窗体。

窗体是用数据库和用户联系的界面。通过窗体,可以输入、编辑数据,也可以将查询到的数据以适当的形式输出。使用系统提供的工具箱,用户可以根据程序对数据访问的需求添加各种不同的访问控件,如文本框、组合框、标签和按钮等,并对这些控件进行参数设置。对于普通用户,不用编写代码就能完成简单系统的设计;对于更复杂的用户需求,可以通过VBA 语言编写代码来实现。

(4) 报表。

报表是用于生成报表和打印报表的基本模块,通过它可以分析数据或以特定格式打印数据。报表对象不包含数据,它的作用是将用户选择的数据按特定方式组织并打印输出。报表的数据来源可以是表、查询或 SQL 命令。

(5) 宏。

宏是一系列操作的集合,其中每个操作实现特定的功能,用户使用一个宏或宏组可以方便地执行一系列任务。运行宏可以使某些普通的任务自动完成,例如将一个报表打印输出。

(6) 模块。

模块是用 VBA 语言编写的程序段,提供宏无法完成的复杂和高级功能,可分为类模块和标准模块,其中标准模块又可分为 Sub 过程、Function 过程。Access 2016 没有提供生成模块的向导,必须由开发人员编写代码形成。

总之,表是数据库的核心和基础,存放着数据库中的全部数据信息。报表、查询和窗体都是从表中获得数据信息,以实现用户的某一特定需要,如查找、计算、统计、打印、编辑、修改等。窗体可以提供一种良好的用户操作界面,通过它可以直接或间接地调用宏或模块,并执行查询、打印、预览、计算等功能,甚至对表进行编辑修改。

Access 可以通过 ODBC 与 Sybase、Visual Basic、SQL Server、Oracle、DB2 等其他数据库相连,也可以与 Office 办公套件中的 Word、Excel、Outlook 等进行数据的交互和共享。

6.3 结构化查询语言——SQL

结构化查询语言(Structure Query Language,SQL)提供了与关系数据库进行交互的方法,能够实现数据库生命周期中的全部操作,提供了数据定义、数据查询、数据操纵和数据控制等功能。同时它也是一种高度非过程化的语言,只要求用户指出做什么,而不需要指出怎么做,大大减轻了用户的负担,已经成为关系数据库语言的国际标准。

SQL 是高级的非过程化编程语言,允许用户在高层数据结构上工作。它不要求用户指定对数据的存放方法,也不需要用户了解具体的数据存放方式,所以具有完全不同底层结构的不同数据库系统,可以使用相同的结构化查询语言作为数据输入与管理的接口。SQL 语句可以嵌套,这使它具有极大的灵活性和强大的功能。

各种流行的关系数据库系统中,支持 SQL 的常用数据库有 Oracle、MySQL、SQL Server 和 Access 数据库。

1. SQL 数据定义

SQL 数据定义功能主要包括定义基本表、定义视图和定义索引三部分,分别通过 SQL 的 CREATE TABLE(创建表)、ALTER TABLE(修改表)语句实现。

- CREATE TABLE 语句的语法格式为:

```
CREATE TABLE 表名(字段名 1 类型[约束条件 1][,字段名 2 类型[约束条件 2]][, … ]);
```

语句含义:创建一个新的基本表的结构,表名与各个属性名及其数据类型都由语句直接给出。

【例 6-1】 创建学生信息表 student,字段包括:学号,文本类型,长度为 8;姓名,文本类型,长度为 10;出生日期,日期型,长度为 8;政治面貌,文本类型,长度为 2;班级,文本类型,长度为 10,如表 6-1 所示。其中,学号不能为空,且取值唯一,则对应的 SQL 语句为:

```
CREATE TABLE student( 学号 CHAR(8) PRIMARY KEY,
                      姓名 CHAR(10),
                      出生日期 CHAR(8)
                      政治面貌 CHAR(2)
                      班级 CHAR(10));
```

有时由于建表之初考虑不够充分,需要修改已经建好的基本表,这时可以使用 ALTER TABLE 语句实现添加、修改或者删除字段或约束等处理。

- ALTER TABLE 语句的语法格式为:

```
ALTER TABLE 表名
{ADD{字段名 类型[(长度)][NOT NULL][CONSTRAINT 约束条件]|
ALTER 字段名 类型[(长度)]|
CONSTRAINT 多字段约束}|
DROP{字段名| CONSTRAINT 约束条件}};
```

其中,ADD 子句用于增加新的列和新的完整性约束条件,DROP 子句用于删除指定的完整性约束,ALTER 子句用于修改原有的列(字段或数据类型等)。

语句含义:根据上述不同的子句实现表中字段的修改、增加和删除操作。

【例 6-2】 在例 6-1 创建的学生信息表 student 中增加一个字段"性别",文本类型,长度为 1,则对应的 SQL 语句为:

```
ALTER TALBE student ADD 性别 CHAR(1);
```

2. SQL 数据操纵

SQL 数据操纵功能主要包括对数据记录的更新操作,即增、删、改,分别通过 SQL 的 INSERT、DELETE 和 UPDATE 语句实现。

• INSERT INTO 语句的语法格式为:

```
INSERT INTO 表名[(字段名 1[,字段名 2[,…]])]
    VALUES(对应字段名 1 的值[,对应字段名 2 的值[,…]]);
```

其中,表名是待添加记录的表,表名后的字段名可以缺省,表示需要插入的是表中所有列的数据,此时要求插入的值的格式与表的格式完全一致。

语句含义:将 VALUES 后面的数据插入到指定的表中。

【例 6-3】 向 student 表中添加一条学生记录,则对应的 SQL 语句为:

```
INSERT INTO student
    VALUES("23220101","郭永庆"," 男","2005 - 3 - 12","团员","23 土木 1");
```

检查刚刚添加到表中的记录发现,学号录入错误,可以利用 UPDATE 语句更正。

• UPDATE 语句的语法格式为:

```
UPDATE 表名
    SET 字段名 1 = 新值 1[,字段名 2 = 新值 2[,…]]
    [WHERE[条件]];
```

语句含义:对指定表名中满足 WHERE 子句条件的行,将相应列的内容用新值替换。

【例 6-4】 将学号为"23220101"的学生学号改为"23220133",则对应的 SQL 语句为:

```
UPDATE student SET 学号 = "23220133" WHERE 学号 = "23220101";
```

如果要删除表中记录,可利用 DELETE 语句实现。

• DELETE 语句的语法格式为:

```
DELETE FROM 表名 WHERE[条件];
```

语句含义:对指定表删除满足 WHERE 子句条件的数据。

【例 6-5】 将学号为"23220102"的学生信息删除,则对应的 SQL 语句为:

```
DELETE FROM student WHERE 学号 = "23220102";
```

3. SQL 数据查询

SQL 数据查询功能是数据库中应用最广泛的一种操作,对数据记录可以实现各种方式的查询,如按单关键字查询、基于各种组合关键字的查询等。所有这些操作都是通过 SQL 的 SELECT 语句实现,它是 SQL 语言的核心语句,其基本结构是 Select…From…Where。

• SELECT 语句的语法格式为:

```
SELECT [DISTINCT] 字段名 1[,字段名 2[,…]]
```

```
FROM 表名 1 [,表名 2[,…]]
[WHERE 条件 1]
[GROUP BY 字段名 i1[,字段名 i2[,…]] [HAVING 条件 2]]
[ORDER BY 表达式 1 [ASC|DESC] [,…]];
```

语句含义：从表 1 中查询满足"条件 1"的所有记录，并将这些记录按照字段名的名称和次序选取相应的列。如果有 ORDER BY 子句，则结果根据指定"表达式 1"按升序（ASC，默认）或者降序（DESC）排序。如果有 GROUP BY 子句，则将结果按照后面指定的"字段i1[,字段名 i2[,…]]"等分组，选取满足 HAVING 子句中"条件 2"的组予以输出。

【例 6-6】 检索"23 土木 1"班级的所有学生信息，则对应的 SQL 语句为：

SELECT * FROM student WHERE 班级 = "23 土木 1";

其中，SELECT 子句中的"*"表示输出所有字段。

【例 6-7】 查询 student 表中所有学生的学号和姓名，并按照学号升序排列，则对应的 SQL 语句为：

SELECT 学号,姓名 FROM student ORDER BY 学号 ASC;

其中省略了 WHERE 子句。

思 考 题

（1）数据和信息有什么区别？
（2）数据库的基本特点是什么？
（3）简述数据模型的概念、作用和分类。
（4）实体之间的联系有几种？
（5）什么是 E-R 图？ E-R 图的构成要素有哪些？
（6）关系模型的特点是什么？

第7章　计算机网络

21世纪是网络飞速发展的时代,网络科技几乎渗透到每一个科学领域。随着人类社会的不断进步、经济的迅猛发展以及计算机的广泛应用,人们对信息的要求越来越高,为了更有效地传送和处理数据,计算机网络应运而生。本章介绍计算机科学中的重要分支——计算机网络。首先重点讲解计算机网络知识,包括计算机网络的发展史、网络体系结构、组成网络的软硬件以及Internet基础、信息安全等,其次简单介绍手机网络、传感器网络等自组网。

7.1　计算机网络基础

计算机网络是计算机技术和现代通信技术密切结合的产物,是一门涉及多种学科和技术领域的综合性技术。当今,计算机网络广泛应用于工业、农业、制造业、医疗、军事、娱乐、新闻、生活等方面。

计算机网络是通过通信设备和线路(有线或无线)将具有独立功能的计算机连接起来的计算机系统。计算机网络的资源共享和信息交流功能提升了人们的生活质量,学习和掌握计算机网络技术,可以有效解决工作、学习和生活中的信息相关问题。

7.1.1　计算机网络发展史

1. 计算机网络全球发展史

计算机网络的发展经历了一个从简单到复杂的演变过程,其发展过程可以归纳为以下几个阶段。

(1) 面向终端的通信网络阶段。

第一代计算机网络以单台计算机为中心,其原理是将地理上分散的多个终端通过通信线路连接到一台中心计算机上,利用中心计算机进行信息处理,其余终端都不具备自主信息处理能力。第一代计算机网络的典型代表是1963年在美国投入使用的航空订票系统,它用一台中心计算机连接着2000多个遍布全美各地的终端,用户通过终端进行操作。这一时期计算机网络的缺点是:中心计算机负荷较重,通信线路利用率低,这种结构属于集中控制方式,可靠性低。

(2) 基于分组交换的计算机网络阶段。

20世纪60年代后期,出现了以分组交换通信子网为中心的计算机网络,这就是第二代计算机网络。其典型代表是美国国防部高级研究计划署开发的项目ARPA网(ARPANet)。分组交换技术是现代计算机网络的理论基础,这种技术将网络分成了通信子网和资源子网两部分。第二代计算机网络大都是由研究单位、大学和计算机公司各自研制的,没有统一的网络体系结构,不能适应信息社会日益发展的需要。

（3）开放式标准化网络阶段。

为了使不同体系结构的网络也能相互交换信息,国际标准化组织(ISO)制定了世界范围内网络互联的标准,称为开放系统互联(Open System Interconnect,OSI)参考模型,于1984年正式批准使用。该阶段的计算机网络是开放式标准化网络,具有统一的网络体系结构,遵循国际标准化协议,标准化使不同的计算机网络能方便地互联在一起。

（4）Internet 与高速网络阶段。

从 20 世纪 90 年代开始,网络进入高速发展阶段。计算机网络向互联、高速、智能化和全球化发展,并且迅速得到普及,实现了全球化的广泛应用。这一阶段的代表是 Internet(因特网),其特点是采用高速网络技术实现网络互联,同时多媒体和智能型网络蓬勃兴起。用户可以利用 Internet 实现全球范围的信息传输、信息查询、信息收集等业务,共享文本、图像、声音和视频在内的大量信息。

2. 计算机网络在我国的发展

在我国,最早建设专用计算机网络的是铁道部。铁道部 1980 年开始进行计算机网络实验,1989 年 11 月,我国第一个公用分组交换网 CNPAC 建成运行。20 世纪 80 年代后期,公安、银行、军队等其他部门相继建立各自的计算机广域网。1994 年 4 月 20 日,我国用 64kb/s 专线正式连入互联网。同年 9 月,中国公用计算机互联网 CHINANET 正式启动。至今,我国规模较大的计算机网络有：中国电信、中国联通、中国移动、中国教育科研网和中国科学技术网。

根据 2023 年《中国互联网络发展状况统计报告》的数据,截至 2022 年 6 月,我国网民规模达 10.51 亿,较 2021 年 12 月新增网民 1919 万,互联网普及率达 74.4%,较 2021 年提升1.9%。使用手机上网的比例为 99.6%,手机成为上网的最主要设备。

对我国互联网事业发展影响较大的人物和事件非常多,下面简单列举几个。

① 1996 年,张朝阳创立了中国第一家互联网公司——爱特信公司,两年后推出“搜狐”产品,并更名为搜狐公司(Sohu)。1999 年,搜狐在分类搜索引擎的基础上增加了新闻及内容频道,成为一个综合门户网站。

② 1997 年,丁磊创建网易公司(NetEase),网易邮箱(163 和 126)已成为国内最受欢迎的中文邮箱之一。

③ 1998 年,王志东创立新浪网(Sina.com),该网站现已成为全球最大的中文综合门户网站。新浪微博是全球使用最多的微博之一。

同年,马化腾、张志东创立腾讯公司(Tencent),1999 年推出即时通信软件 QQ,2011 年推出了专门供智能手机使用的通信软件“微信”(国外版的微信叫作 WeChat)。这个软件是张小龙(著名的电子邮件客户端软件 Foxmail 的作者)领导下成功研发的。如今微信已成为国内最大的交流平台之一,并且具有实时视频、在线支付等功能。

④ 1999 年,马云创建阿里巴巴网站(Alibaba.com)。2003 年,马云创立了大型网购平台——淘宝网(Taobao.com),改变了人们的购物模式,大大方便了生活采购。2004 年,阿里集团创立第三方支付平台——支付宝(Alipay.com),为中国电子商务提供了简单、安全、快速的在线支付手段,彻底改变了人们的支付模式,并且功能还在持续完善和更新中。

⑤ 2000 年,李彦宏和徐勇创建百度公司(Baidu),现已成为国内最大的搜索引擎。

7.1.2 计算机网络定义和功能

本节将从计算机网络的定义和功能这两方面阐述网络的基本知识。

1. 计算机网络定义

计算机网络是使用通信设备和通信线路将分布在不同地理位置的若干台具有独立功能的计算机互相连接起来,在网络协议和软件的支持下实现彼此之间数据通信和资源共享的系统。图 7-1 为一个典型的计算机网络结构示意图。

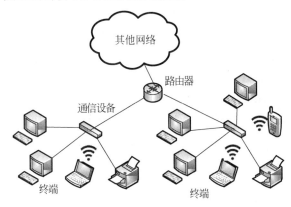

图 7-1　计算机网络结构示意图

2. 计算机网络的功能

计算机网络的主要目的是实现网络上的资源共享和信息交换,其主要功能体现在以下两方面。

(1) 信息交换。

计算机网络可以实现各台计算机之间的信息传输,并使分散在不同地点的信息得到统一、集中的管理,如电子邮件、发布新闻消息、远程教育、可视电话和会议等。

(2) 资源共享。

计算机网络突破地理位置限制,实现资源共享。资源共享是计算机网络最重要的功能,包括软、硬件资源共享和数据资源共享。

① 硬件资源共享:如高速打印机、绘图仪、大型主机、海量存储器等。

② 软件资源共享:如远程查询、软件下载、调用其他计算机中的文件和有关信息。

③ 数据资源共享:如用户可以使用网络上共享数据库中的数据。

7.1.3 计算机网络类型

计算机网络有各种各样的分类方法,最常用的是按地理覆盖范围划分,将各种类型的网络分为局域网、广域网、城域网、个人区域网。

1. 局域网(Local Area Network,LAN)

局域网是一个小型网络,一般限定在一座建筑物或园区内,地理覆盖范围通常在几百米到 10km,最小的局域网可由两台计算机互联而成。在局域网发展的初期,一个企业或学校往往只建立一个局域网,现在局域网广泛使用,一个学校或企业拥有多个互联的局域网,这样的网络经常称为校园网或企业网。其数据传输速率一般在 100～1000Mb/s,甚至达到 10Gb/s。

2. 城域网(Metropolitan Area Network,MAN)

城域网是介于广域网与局域网之间的一种高速网络。城域网的作用范围一般是一个城市,其作用距离约为 5～50km。城域网可以为一个或几个单位所拥有,也可以是一种公用设施,用来将多个局域网进行互连。目前很多城域网采用的是以太网技术,因此有时也常并入局域网的范围进行讨论。

3. 广域网(Wide Area Network,WAN)

广域网也称远程网,它所覆盖的地理范围从几十到几千千米。它是跨地域的网络系统,如城市、国家、洲之间的广域网。广域网由多个部门和国家联合组建,能实现大范围的资源共享,如电话交换网、公用数字数据网、公用分组交换数据网,典型的广域网是因特网。

4. 个人区域网(Personal Area Network,PAN)

个人区域网通常指个人随身携带或数米之内的计算设备,如计算机、电话、PDA、数字相机等组成的通信网络。它既可用于这些设备之间互相交换数据,也可以用于连接到高层网络或互联网。

大多数网络在应用中不是孤立的,除了与本部门的系统互相通信外,还可以与广域网连接。网络互联形成了更大规模的互联网,可使不同网络上的用户能相互通信和交换信息,实现了与广域资源共享。

7.1.4 OSI 和 TCP/IP 参考模型

为了实现复杂的网络通信,采取分层技术制定网络协议,通过分层将庞大而复杂的问题转化为若干简单的问题。在层级结构中,低层为高层提供服务,各层之间的信息传递通过层间接口来实现。计算机网络的各个层次根据功能的不同,分别使用不同的协议,相邻层也有层间协议。计算机网络的各层协议和层间协议的集合称为网络体系结构,常见的网络体系结构模型有 OSI 和 TCP/IP 参考模型。

1. OSI 参考模型

计算机网络是一个非常复杂的结构,两台计算机要想实现通信,必须具有高度协调的系统,能够兼容彼此的信息,而达到这种兼容、协调是一件困难的事情。为了设计这样复杂的计算机网络,人们提出了很多建议,但都难以实行。

然而,全球经济的发展,使不同体系结构的客户迫切需要互相交换信息,实现系统互联。国际标准化组织于 1977 年成立了专门机构来解决这一问题,在 1984 年正式颁布了一个称为开放系统互联参考模型(Open Systems Interconnection Reference Model OSI/RM)的国际网络体系结构标准,简称 OSI。OSI 参考模型是一个描述网络层次结构的模型,将网络分成了七层结构,如图 7-2(a)所示。其标准保证了各类网络技术的兼容性和互操作性,描述了数据或信息在网络中的传输过程以及各层在网络中的功能和架构。

OSI 试图达到一种理想境界,即全球计算机网络都遵循这个统一标准,实现全球计算机方便的互连和交换数据。当时,很多大公司包括国家政府纷纷支持 OSI。然而到了 20 世纪 90 年代,当整套 OSI 国际标准制作出来以后,基于 TCP/IP 的互联网已抢先大范围成功运

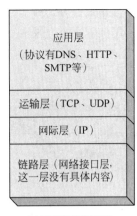

(a) OSI七层模型   (b) 讲述原理的五层模型   (c) TCP/IP四层协议

图 7-2 OSI 和 TCP/IP 参考模型的层次对比

行了,几乎找不到什么厂家能够生产出符合 OSI 的商用产品。因此人们得出这样一个结论:OSI 只获得了一些理论成果,但在市场化方面则事与愿违地失败了。OSI 失败的原因可归纳如下。

① OSI 的专家们缺乏实际经验,缺乏商业驱动力。

② OSI 的协议实现起来过于复杂,而且运行效率低。

③ OSI 标准制定周期过长,使得按其标准的设备无法及时进入市场。

④ OSI 的层次划分不太合理。

2. TCP/IP 参考模型

OSI 参考模型设计较早,结构复杂,现实应用并不多。而 Internet 所采用的体系结构是 TCP/IP 参考模型,这使得 TCP/IP 成为事实上的行业标准。OSI 和 TCP/IP 模型层次对比如图 7-2 所示,为了更清晰地描述网络原理,人们也将网络接口层拆成物理层和数据链路层,称为五层协议(图 7-2(b))。

TCP/IP 参考模型也是一个开放模型,能很好地适应世界范围内数据通信的需要。TCP/IP 共有四层,即应用层、运输层、网际层以及链路层。TCP/IP 协议并不是一个协议,而是一组 100 多个网络协议的集合,因为其中的传输控制协议(Transmission Control Protocol,TCP)和网际协议(Internet Protocol,IP)最重要,所以被称为 TCP/IP 协议。

图 7-2(c)的 TCP/IP 模型列举了每一层对应的一些协议,常用的协议有 TCP、IP、UDP 和 HTTP 协议等,目前流行的网络操作系统都已包含了上述协议,成了标准配置。TCP/IP 体系结构的目的是实现网络与网络的互联,由于 TCP/IP 来自 Internet 的研究和应用实践中,现已成为网络互联的行业标准。

7.1.5 宽带接入技术

接入 Internet,主要是解决通信线路的选择问题,普通用户接入 Internet,通常是指连至 Internet 服务提供商(Internet Service Provider,ISP)。ISP 有直接与 Internet 连接的计算机,并且能对用户提供域名解析服务。常见的接入因特网的方法有以下几种。

1. ADSL

ADSL 是一种利用电话线和公用电话网接入 Internet 的技术。ADSL 在用户线两端各安装一个调制解调器(Modem,图7-3)来实现拨号上网。虽然标准电话信号的频带在300～3400Hz,但实际上用户线本身可通过的信号频率却超过1MHz。高频信号就留给用户上网使用。ADSL最大的好处是可以利用现有的电话网用户线(铜线),而不需要重新布线。有

图7-3 Modem

许多老的建筑或是需要保护的建筑,若重新铺设光纤,往往会对建筑造成一些损坏。有一种超高速DSL(Very hign speed DSL,VSDL),300m的距离速率可达300Mbit/s。目前在欧洲,这种VDSL的接入方式很受欢迎。这是因为在欧洲,具有历史意义的古老建筑非常多,而各国政府都已制定了很严格的保护文物的法律。在受保护的古老建筑墙上钻洞铺设光缆是被严格禁止的,但这些建筑的电话线早就铺设好了,因此使用电话接入互联网非常方便。

2. 光纤入户

一般家庭上网采用光纤入户(Fiver To The Home,FTTH)的方式连入Internet。中国三大运营商中国联通、中国电信、中国移动均提供宽带光纤入户的服务,上网速度可达百兆、千兆甚至1Gb/s,速度还在持续提高。光纤入户还可和有线电视信号、手机绑定,实现宽带光纤联网、网络电视、手机上网等。大多数家庭采用这种方式连接Internet,既简单又能够具备较高的上网速率。

现在还有很多种宽带光纤接入方式,称为FTTx,表示Fiber To The…,这里字母x可代表不同的光纤接入地点。接入家里x就是H,光纤到小区FTTZ(Z表示Zone)、光纤到大楼FTTB(B表示Building)、光纤到楼层FTTF(F表示Floor)、光纤到办公室FTTO(O表示Office),等等。截至2021年12月,光纤接入(FTTH/O)用户规模达5.06亿户,占固定互联网宽带接入用户总数的94.3%。

7.2 计算机网络组成

大型计算机网络(如城域网、Internet)都是多个小型网络相互连接而成,本节从计算机网络逻辑、结构、建设等方面的组成进行讲述。

7.2.1 资源子网和通信子网

典型的计算机网络从逻辑功能上可以分为资源子网和通信子网。

(1)资源子网。

由主计算机系统、终端、终端控制器、计算机外设、各种软件资源与信息资源组成,如图7-4所示外层部分。资源子网负责全网的数据处理业务,向网络用户提供各种网络资源与网络服务。

(2)通信子网。

由通信设备和通信线路组成,主要包括中继器、集线器、交换机、路由器、网关和信号变换设备等软硬件设施,如图7-4所示内层部分。通信子网主要负责网络数据传输、转发等通信处理任务。

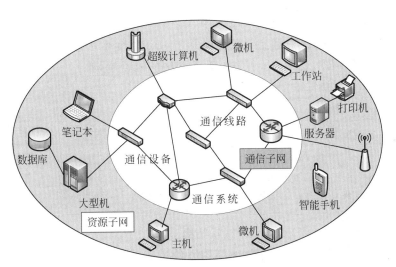

图 7-4   通信子网和资源子网划分

7.2.2   网络拓扑结构

在计算机网络中,将通信线路和节点(计算机、服务器、交换机、路由器等网络设备)连接起来的几何排列形式叫作网络拓扑结构,常见的基本拓扑结构有星形结构、总线型结构、环状结构、树形结构以及网状结构五类。大部分网络是这些基本结构的组合形式。

1. 星形结构

星形结构是以一台设备(通常是交换机)作为中央节点,其他外围节点都单独连接到中央节点上,如图 7-5 所示。各外围节点之间不能直接通信,必须通过中央节点进行数据通信。

这种结构的优点是结构简单、故障诊断容易、便于管理,缺点是一旦中央节点出现故障将导致整个网络系统彻底崩溃。如果外围节点过多,中央节点的负载就会大幅增加。

2. 总线型结构

总线型结构是将所有节点都连接到一条通信线路上,如图 7-6 所示。总线型结构以广播方式传播数据,一个节点发送的信号其他节点均可接收,每次只能有一台计算机发送信息。

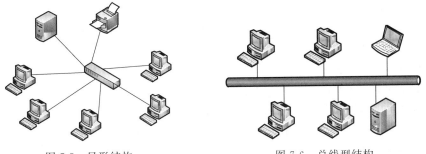

图 7-5   星形结构   图 7-6   总线型结构

总线型结构的优点是连接简单,可直接扩充或删除一个节点,不需停止网络的正常工作。缺点是各计算机需竞争使用总线型,容易造成冲突。

计算机网络

3. 环状结构

环状结构是一种闭合的总线型结构,如图7-7所示。环中各节点的地位和作用是相同的,因此,环状结构容易实现分布式控制。环状网络的缺点是,任一个节点发生故障都会造成网络瘫痪,因此可靠性低。

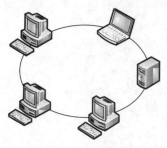

图7-7 环状结构

4. 树形结构

树形结构由多个星形结构连接而成,如图7-8所示。树形结构的每个节点可以是计算机或转接设备,一般越靠近树根,设备性能越好。树形结构具有星形结构的优缺点,并且可扩展性非常好。缺点是对根的依赖太大,如果根发生故障,则整个网络不能正常工作。

5. 网状结构

网状结构中的所有节点之间的连接是任意的,没有规律,如图7-9所示。实际存在的广域网基本上都采用网状结构,其冗余链路设计使得网络的可靠性大大提高,信号传输快。由于节点之间有多条路径相连,某一线路或节点出现故障时,不会影响整个网络的工作。但节点间的任意连接使得网状结构复杂,需要更复杂的路由选择和流向控制。

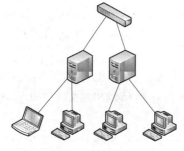

图7-8 树形结构

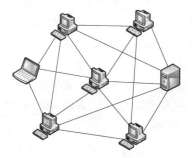

图7-9 网状结构

7.2.3 传输介质和设备

计算机之间通过传输线路和传输设备连接起来,才能互相通信。这些传输设备(路由器、交换机、网线等)工作在物理层,用来传输数据信号。

1. 网络传输介质

传输介质是指网络中发送方和接收方之间的物理线路,包括有线传输介质和无线传输介质两种。一般短距离传输使用双绞线,长距离传输使用光纤、光缆和卫星通信。

(1) 双绞线。

我们常说的网线,是综合布线工程中最常使用的有线传输介质。它由4对8根绝缘的铜线两两互绞在一起而得名,如图7-10所示。双绞线的有效传输距离是100m,超过这个距离之后,数据信号会大幅衰减。

图7-10 双绞线

将双绞线的一端8根带颜色的铜线按照一定的线序排列好后,和水晶头(图7-11)连接在一起,就可以插入网卡设备连接网络了,连接好的网线如图7-12所示。一般的网线线序为：橙白-橙-绿白-蓝-蓝白-绿-棕白-棕。

图 7-11　水晶头

图 7-12　连接好的网线

（2）同轴电缆。

同轴电缆由内导体铜质芯线、绝缘层、网状编织的外层体屏蔽层以及绝缘保护套组成（图 7-13）。由于外导体屏蔽层的作用，同轴电缆具有很好的抗干扰性，被广泛用于传输高速率数据。

在局域网初期广泛使用同轴电缆作为传输媒体，随着技术的进步，现在一般采用双绞线传输近距离数据。目前同轴电缆主要用于有线电视网。

（3）光纤。

光纤是一根很细的可传导光线的纤维媒体，其半径仅几微米至一二百微米，如图 7-14 所示。制造光纤的材料可以是超纯硅和合成玻璃或塑料。相对于双绞线和同轴电缆等金属传输介质，光纤有高速率、低衰减、大容量和电磁隔离等优点。

多根光纤合在一起，外面加上保护层就形成了光缆。光缆的基本结构一般是由缆芯、加强钢丝、填充物和护套等几部分组成，如图 7-15 所示。

图 7-13　同轴电缆　　　　图 7-14　光纤　　　　图 7-15　光缆

（4）无线传输介质。

随着无线传输技术的发展，无线连接被越来越多的领域所接受。连接固定的设备一般使用光纤和双绞线进行通信，其他移动设备（手机、笔记本等）使用无线通信。图 7-16 是无线电磁波的频谱，目前常用的是无线电和微波，受地球曲面影响，直线传播距离只有 50 千米，架设 100m 天线塔后能达到 100km，使用卫星通信后，跨度可达 18 000 多千米。在十分偏远的地方或是海洋，要进行通信必须使用卫星通信。

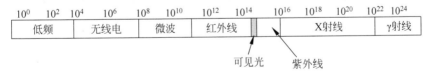

图 7-16　无线电磁波频谱

2．网络连接设备

组建局域网除了必要的计算机和网络传输介质，还需要网卡、交换机、路由器等连接设备。常用的网络连接设备有以下几种。

194

（1）网络适配器。

网络适配器也称为网络接口卡或网卡，包括有线网卡和无线网卡两种类型，如图 7-17 所示。网卡的作用是将计算机与通信设施相连接，将计算机的数字信号转换成通信线路能够传送的电子信号或电磁信号。它是计算机和计算机之间直接或间接传输介质互相通信的接口。

(a) 有线网卡　　　　　　　　(b) USB无线网卡

图 7-17　网卡

每个网卡都有一个全球唯一的标识，称为物理地址，简称 MAC(Media Access Control) 地址。MAC 地址为一组 12 位的十六进制数，可通过以下方式查看。

右击"开始"→"运行"，在"打开"文本框中输入 cmd，然后按 Enter 键进入运行窗口。在窗口的光标闪烁处输入命令行"ipconfig/all"，按 Enter 键即可看到网卡的相关信息（MAC 地址、IP 地址、子网掩码等），如图 7-18 所示。

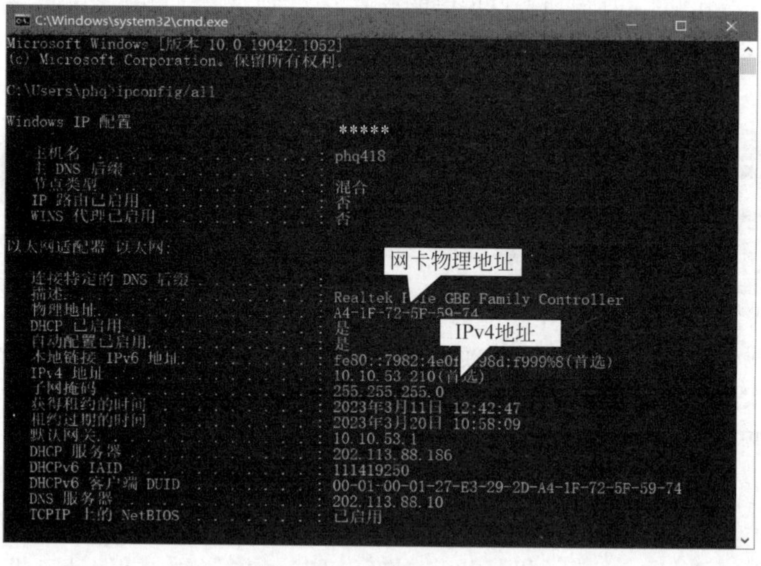

图 7-18　查看网卡信息

（2）交换机。

交换机(图 7-19)可以将多台计算机连接起来，它的特点是各端口都可以并发地进行通信而独占带宽。目前多数局域网都采用交换机来连接计算机。交换机没有不同网段的路由转换功能，只是用于扩充网络规模。

（3）路由器。

路由器用于连接相同或不同类型的网络，分为无线和有线两种。如果一个局域网需要连接因特网，那么需要使用一个路由器。相对于交换机来说，路由器是一个跨网段的互连设备。目前办公、家庭应用较多的是无线路由器,如图 7-20 所示。

图 7-19 交换机

图 7-20 路由器

(4) 无线 AP。

无线 AP(Access Point)也称为无线接入点或"热点",它的作用是将无线设备(手机、笔记本等)接入有线网络,主要用于大楼内部、家庭、学校等场所。

无线 AP 和无线路由器的主要区别是,无线 AP 没有路由功能,它仅提供将设备接入网络的服务。无线路由器既有无线 AP 的功能,又具有路由功能,可以连接不同的两个网段。

构成局域网所需的软件包括网络操作系统、网络协议以及网络应用软件等。

① 网络操作系统。

网络操作系统是运行于网络主机或服务器上的操作系统,用来管理网络中的所有资源。除了具备一般操作系统的功能外,还需具有网络共享资源管理、网络安全管理、多任务管理和网络服务等功能。常用的网络操作系统有 Windows NT、Windows Server、UNIX 和 Linux。

② 网络协议软件。

网络中的计算机必须遵守一定的协议才能互相通信,这些协议集称为网络协议软件。局域网中常用的网络协议是 TCP/IP 协议。

③ 网络应用软件。

网络应用软件是在网络环境下为用户服务的软件。常用的有浏览器(Microsoft Edge、搜狗、百度等)、迅雷下载、股票交易等软件。

7.3 IP 地址和域名

当连接好计算机设备后,下一步需要设置本机的 IP 地址、子网掩码等信息才能正常上网。IP 地址是计算机通信中计算机的位置标识,类似于邮寄信件写的地址。目前有 IPv4 地址和 IPv6 地址两种。域名是由一串用点分隔的名字组成的 Internet 上某一台计算机或计算机组的名称,用于在数据传输时对计算机的定位标识。

7.3.1 IPv4 地址

1. 地址格式

IP 地址是网上的通信地址,每一个 IP 地址在全球是唯一的,是运行 TCP/IP 协议的唯一标识。IPv4 地址由 32 位二进制数组成,例如:

11001101 01011001 11100101 10101111

为了方便使用,将这32位二进制位每8位一组,每组换算为十进制的形式,四组数通过圆点隔开,称为"点分十进制法"。这样,上面的IP地址就可以写成:

205.89.229.175

显然,每组十进制数的范围为0～255。

2. 地址分类

IP地址的32个二进制位分为两部分:网络地址(或称网络号)+主机地址(或称主机号)。网络地址就像电话的区号,标明主机所在的子网,主机地址则在子网内部区分具体的主机。

根据网络规模和应用的不同,IPv4地址分为A～E类,它的分类如图7-21所示,其中A、B和C类称为基本类,D类是广播地址,允许发送到一组计算机,E类是保留地址。

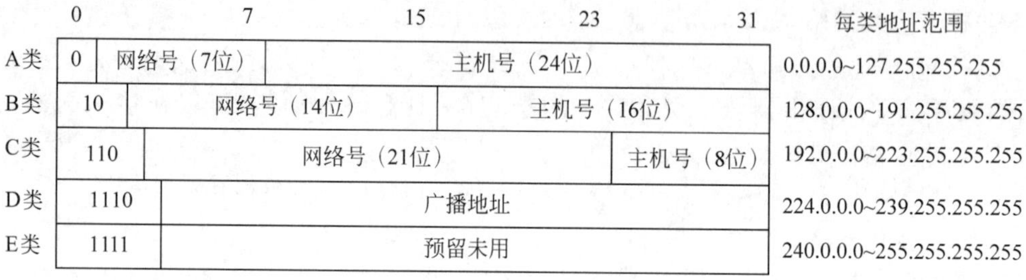

	0	7	15	23	31	每类地址范围
A类	0	网络号(7位)	主机号(24位)			0.0.0.0～127.255.255.255
B类	10	网络号(14位)		主机号(16位)		128.0.0.0～191.255.255.255
C类	110	网络号(21位)			主机号(8位)	192.0.0.0～223.255.255.255
D类	1110	广播地址				224.0.0.0～239.255.255.255
E类	1111	预留未用				240.0.0.0～255.255.255.255

图 7-21 IPv4 地址格式

这五类地址中,C类地址适用于主机数量不超过254台的小型网络,B类地址适用于中型网络,A类地址适用于大型网络。

3. 私有地址和公有地址

公有地址又称为固定IP,通过它可以直接访问因特网。但是IPv4地址数量有限,不足以为全球每台计算机分配一个固定IP。为了缓解固定IP短缺的情况,规定在局域网内部可以重复使用一部分IP地址,这类IP地址称为私有地址,但同一网段的私有IP不可重复使用。设置私有IP的计算机无法直接连接到互联网,需要通过设置固定IP的路由器或网关连接因特网。

私有IP地址有以下几部分。

A类:10.0.0.0～10.255.255.255

B类:172.16.0.0～172.31.255.255

C类:192.168.0.0～192.168.255.255

7.3.2 IPv6 地址

IPv4地址已经使用了数十年,随着网络的飞速发展,Internet用户呈指数级增长,IP地址面临分配殆尽的危险。因此,人们提出了新一代的IPv6地址以缓解这一问题。

1. IPv6 地址格式

每一个IPv6地址具有128位,最多有 $2^{128}-1$ 个该类型的地址。IPv6采用"冒分十六进制"的方式表示一个IP地址。将128位地址每16位一组,写成8组十六进制数的组合,具体格式为:

XXXX:XXXX:XXXX:XXXX:XXXX:XXXX:XXXX:XXXX。

例如 1258:FD45:891A:0:15:369:10C5:9024。

在十六进制记法中,允许把数字前面的 0 省略,如果数字全为 0,也可进行零压缩,即一连串的 0 可以用一对冒号替代,例如:

12F:0:0:0:0:FF34:15:4B1

可压缩为:

12F::FF34:15:4B1

为了保证零压缩不出现歧义,规定在任一地址中只允许使用一次零压缩。该技术十分实用,因为很多 IPv6 地址包含较长连续的零。

下面再给出几个零压缩的例子。

1080:0:0:0:0:1:100:38C:F67	记为 1080::1:100:38C:F67
FF01:0:0:0:0:0:0:101(多播地址)	记为 FF01::101
0:0:0:0:0:0:0:1(环回地址)	记为 ::1
0:0:0:0:0:0:0:0(未指明地址)	记为 ::

IPv6 单播地址划分方法非常灵活,可以是如图 7-22 中所示的任何一种。这就是说,可以是 128 位都作为一个节点的地址,或者 n 位作为子网前缀,其余 128-n 位作为接口标识符(相当于 IPv4 的主机号)。还可以划分成三部分,n 位全球路由,m 位子网前缀,其余 128-n-m 位作为接口标识符。

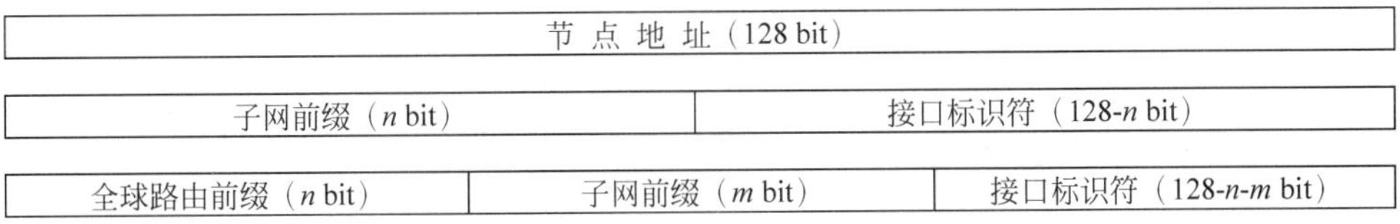

节 点 地 址 (128 bit)		
子网前缀 (n bit)	接口标识符 (128-n bit)	
全球路由前缀 (n bit)	子网前缀 (m bit)	接口标识符 (128-n-m bit)

图 7-22　IPv6 的单播地址的几种划分方法

2. IPv6 地址新特性

IPv6 的新增特征主要有以下 4 方面:

① 地址尺寸。每个 IPv6 地址含 128 位,代替了原来的 32 位,这样地址空间大得足以适应未来几十年的全球 Internet 的发展。

② 头部格式。IPv6 的数据报头字段数量以及扩展头部格式不同于 IPv4,全新的数据头格式设计可最大限度地减少协议头开销。

③ 对音频和视频的支持。在 IPv6 中,发送方与接收方能够通过底层网络建立一条高质量的路径,这样就为音频和视频的应用提供了高性能的保证。

④ 可扩展的协议。IPv6 提供了可扩展的方案,使得发送者能为一个数据报增加另外的信息,因此更加灵活。

据数据显示,我国已申请 IPv6 地址资源位居全球第一,截至 2021 年 8 月,我国 IPv6 活跃用户数已达 5.51 亿,约占中国网民的 54.52%。排名前 100 位的商业网站及应用均可通过 IPv6 进行访问。

3. 从 IPv4 向 IPv6 过渡

由于互联网规模庞大,规定一个日期统一改为 IPv6 是不现实的,只能采用逐步演进的办法,同时要求新安装的 IPv6 系统能够向后兼容。也就是说,IPv6 系统必须能够接收 IPv4 的网络数据信息。

7.3.3　子网掩码

为了在路由器转发数据包时能够方便寻址,每个 IPv4 地址由网络地址和主机地址构成,就像电话座机的号码由区号+电话号码组成一样。

同时,在分配地址时会遇到这种情况,一个企业使用一个 A 类地址(1677 万个)有些浪费,但是一个 B 类地址(65534 个)又不够用。又如,一个 C 类地址主机号只有 254 个,但很多单位需要 300 个以上的 IP 地址。为了更大程度地使用地址又不至于产生浪费,引入了子网掩码的方法。

将网络划分成更小的网络,称为子网(Subnet),子网号是主机号的前几位。例如,有 3 个小型局域网,主机数分别为 10、20、30,远远少于 C 类地址允许的 254,为这 3 个 LAN 申请 3 个 C 类 IP 地址有点浪费,可使用一个 C 类 IP 地址,再分割成 3 个子网络。这个网络中的 IP 地址可以采用下列方式:

$$\underbrace{11000000\ 10101000\ 00000001}_{\text{网络号}}\underbrace{XXX}_{\text{子网号}}\underbrace{YYYYY}_{\text{主机号}}$$

路由器寻找网络地址的方法为:将 IP 地址与子网掩码进行二进制"与"运算,得到的结果就是该 IP 的网络地址。例如一个主机的 IP 地址为 192.168.1.163,子网掩码为 255.255.255.224,进行下列运算。

```
IP 地址：  11000000 10101000 00000001 10100011    192.168.1.163
子网掩码： 11111111 11111111 11111111 11100000    255.255.255.224
结果：     11000000 10101000 00000001 10100000    192.168.1.60
```

根据运算结果可以知道,网络号为 192.168.1,子网号为 $(101)_2$。

子网掩码由一连串"1"和一连串"0"组成,"1"对应于 IP 地址中的网络地址字段,而"0"对应于主机地址字段。为了使用方便,子网掩码也采用 IP 地址的"点分十进制"方法表示。不同类型的 IP 地址对应的默认子网掩码如下。

- A 类网络,默认子网掩码是 255.0.0.0。
- B 类网络,默认子网掩码是 255.255.0.0。
- C 类网络,默认子网掩码是 255.255.255.0。

IPv6 不需要子网掩码,因为它是端到端的通信,不需要建立子网。

7.3.4　域名系统

由于数字形式的地址难以记忆,用户通过 IP 地址访问网络时比较困难。因此,Internet 引入域名服务系统(Domain Name System,DNS),使用域名标识 Internet 上的服务器。这样,将域名和难以记忆的 IP 地址一一对应,方便使用和记忆。

当用户输入域名访问资源时,系统会查询域名服务器,经过域名解析,将该域名对应的 IP 地址告诉本机。计算机网络处理数据报时要使用 IP 地址而不是用域名,就是因为 IP 地址的长度是固定的 32 位(若是 IPv6 则为 128 位),而域名的长度并不是固定的,机器处理起来比较困难。

1. 域名结构

域名采用分层次方法命名,每一层都有一个子域名。子域名之间用"点"号分隔,自右至左分别为最高层域名、机构名、网络名、主机名。例如,www.tcu.edu.cn,图 7-23 描述了该域名的组成说明,该域名和百度的主页 IP 地址(110.242.68.4)对应,在浏览器中输入该域名或者输入对应的 IP 地址都可以访问该主页。注意:域名中的"点"和点分十进制 IP 中的"点"并无一一对应关系。点分十进制 IP 地址固定有三个"点",但每一个域名中"点"的数目可以不是三个。

www.baidu.com

主机　百度　机构

图 7-23　域名组成实例

有了域名服务系统,用户可以等价地使用域名或 IP 地址,表 7-1 是部分域名与 IP 地址的对照。

表 7-1　部分域名与 IP 地址对照实例

位　　置	域　　名	IP 地址	网络类别
中国教育科研网	www.cernet.edu.cn	202.113.0.36	C
百度	www.baidu.com	110.242.68.4	A
网易邮箱	mail.163.com	123.126.96.214	A
天津大学	www.tju.edu.cn	2001:250:400:1289::1895	IPv6

2. 顶级域名

顶级域名分为两类:一是国际顶级域名,例如 com 标识商业组织,gov 标识政府部门等,其他常见的机构顶级域名如表 7-2 所示;二是国家顶级域名,用两个字母标识世界各个国家和地区,例如,cn 代表中国,hk 代表中国香港,表 7-3 列举了几个国家和地区顶级域名。

表 7-2　以机构区分的域名实例

机 构 域 名	机 构 名 称	机 构 域 名	机 构 名 称	机 构 域 名	机 构 名 称
com	商业组织	edu	教育机构	gov	政府机构
mil	军事部门	net	网络机构	org	各种非营利组

表 7-3　以国别或地域区分的域名实例

域	含　义	域	含　义	域	含　义
au	澳大利亚	gb	英国	ca	加拿大
nz	新西兰	de	德国	us	美国
it	意大利	sg	新加坡	se	瑞典
jp	日本	kr	韩国	in	印度
cn	中国	hk	中国香港	tw	中国台湾

7.4　Internet 应用

前面我们介绍了网络如何连接、设置 IP 地址,做好这两件事情之后,就可以上网遨游了。上网即连接 Internet,Internet 上有丰富的信息资源,有各种各样的信息服务方式,支持多种应用。常见的 Internet 应用有 WWW 服务、信息检索服务、电子邮件服务、文件传输服务、远程登录服务等。由于 Internet 的广泛应用和发展,人类社会的生活理念正在发生变化,全世界已经成为一个地球村。

7.4.1　Internet 概述

Internet 中文译名有两种:"因特网"和"互联网",是由数量极大的计算机网络互连起来的。对于广大网络用户来说,Internet 好像一个庞大的信息和服务资源网络,用户可以利用因特网实现全球范围的电子邮件、WWW 信息查询与浏览、电子新闻、文件传输、语音与图像通信服务等功能。Internet 连接了分布在世界各地的计算机,并且按照"全球统一"的规则为每台计算机命名,制定了"全球统一"的协议来约束计算机之间的交往。

什么是互联网呢? 多数人心中都有一些概念,我们可以从两方面来认识一下互联网:互联网的应用和工作原理。

大部分人接触互联网都是从 Internet 应用开始的,现在使用手机上网的普及率已经达到了 99.6%,可以说即便是小孩也会上网玩游戏、看视频,或者和朋友聊天。许多商品都可以从网上购买,既方便又经济实惠,还能送到家里,改变了以往实体店的传统购物模式。在互联网上买机票、订酒店非常方便快捷,节省了去大厅排队的时间。出门买菜购物也不需要现金,因为最小摊位的商贩都有微信或支付宝二维码,可以使用手机支付,节省了找零的麻烦及其他的风险。银行付款、转账可以通过网上银行来完成,在家里就可以操作,不必到拥挤的银行大厅取号排队等待。现在互联网的应用已经大大超过设计之初的预期,并且新的应用层出不穷,改善着我们的生活。

互联网的工作原理比较复杂,涉及通信信道复用、数据报封装、寻址、路由选择、遵从一定的协议等方面的知识,这里仅做简单介绍,感兴趣的读者可以从其他详细文献资料中继续深入学习。

互联网有两个重要特点:资源共享和连通性。连通性就是互联网使得上网用户之间,不管地理位置多远,都可以非常便捷、非常经济地交换各种信息(包括数据和各种音频、视频),好像这些用户终端都彼此直接连通一样。资源共享可以共享信息、软件甚至硬件资源。例如,办公室共用的打印机就是共享硬件。

现在,人们的生活已经离不开互联网。设想如果网络瘫痪,会发生什么事呢? 这时,不能上网搜索信息,不能和朋友及时交流信息,网上购物更是停顿,无法购买机票、火车票,不能通过手机缴纳水费、电费,股市行情也无法看到。可见,人们的生活越来越依赖互联网。但是互联网也有一些弊端,有人通过网络肆意传播计算机病毒,窃取用户资料,破坏数据,或在网上发表不当言论、传播不良信息等,有的小朋友沉迷游戏耽误学业等。所以保持健康的互联网,不仅需要法律法规的约束,更需要每个人约束自己,不做违反网络道德的事情。

7.4.2　Internet 相关概念

1. 浏览器

浏览器是一个客户端程序,主要功能是使用户获取因特网上的各种资源。通过浏览器,用户可以在因特网上搜索和浏览自己感兴趣的信息。常用浏览器有 Microsoft Edge 浏览器、谷歌浏览器等。

2. 超链接

超链接是指向其他目标的通道,这个目标可以是网页、图片、下载等。上网浏览网页时,当鼠标变成小手状,单击鼠标可打开超级链接网页。

3. WWW

万维网(World Wide Web,WWW)是因特网上集文本、声音、图像、视频等多媒体于一身的全球信息资源网络,是互联网的重要组成部分。通过 WWW,任何一个人都可以方便地访问互联网上的网页,获取丰富的信息资料。

4. URL 地址

在 WWW 上,每一信息资源都有统一且在网上唯一的地址,称为统一资源定位器(Uniform Resource Locator,URL)。URL 由 4 部分组成:资源类型、存放资源的主机域名、端口号和资源文件名。例如下面的 URL 地址:

https://jwc.tcu.edu.cn/info/1887/7148.htm

其中 http 表示该资源类型是超文本信息;jwc.tcu.edu.cn 是天津城建大学教务处的主机域名;info/1887/7148.htm 为资源路径和文件名。此外,URL 还使用 Gopher、Telnet、FTP 等标志来表示其他类型的资源。Internet 上的所有资源都可以用 URL 来表示。

5. HTTP

HTTP 超文本传输协议(Hyper Text Transfer Protocol)定义了浏览器如何向 Web 服务器发出请求,以及 Web 服务器如何将 Web 页面返回给浏览器的通信规则。与其他协议相比,HTTP 协议简单,通信速度快,时间开销少,允许传输任意类型的数据,包括多媒体文件,因而在 WWW 上可方便地实现多媒体浏览。

6. HTML

HTML 超文本标记语言(HyperText Markup Language)是一种制作网页的标准语言。超文本是用超链接的方法,将各种不同空间的文字信息组织在一起的网状文本。HTML 是一组用来确定网页上字体、颜色、图形和超链接等的格式标准,用这种语言写出的文档称为 HTML 文档。

7. Web 页

Web 页又称网页,是使用浏览器查看的 HTML 文档的另一个名称,万维网就是由这些 Web 页组成的,通过 WWW 服务进行信息查询时的起始 Web 页称作一个站点的主页。

Web 页除了普通文本、图形等外,还包含某些"超级链接",这些链接可以指向另外一些 Web 页(在 Internet 上某一站点上的 Web 页)。通过这一功能,可以把 Internet 上各站点的 Web 页连接在一起构成一个庞大的信息网,带来更多的与此相关的文字、图片等信息。网页可存放在全球任何地方的 WWW 服务器上,上网时,可以使用浏览器访问全球任何地方的 WWW 服务器上的信息。浏览器与 Web 服务器之间以页为单位传送信息。

7.4.3 信息浏览与搜索

在互联网上浏览信息是 Internet 最基本的功能。信息搜索是 WWW 信息服务的一种,在浩瀚的信息海洋搜索到准确的信息变得越来越重要。

1. 信息浏览

通过在浏览器中输入相应的网址(URL)或 IP 地址即可浏览相应网页的信息。例如访问天津城建大学主页,可在浏览器地址栏输入:www.tcu.edu.cn。如图 7-24 所示,然后单击感兴趣的超级链接,继续浏览其他相关内容。

浏览页面时,遇到重要的信息可以将网页或图片保存到本地计算机,保存网页时常用的

图 7-24 通过浏览器访问网页

保存类型如下。

① 网页,仅保存当前页面的文字信息,图片无法保留。

② 网页,保存整个网页,页面中的图片会保存在一个与网页同名的文件夹内。

③ Web 档案,保存单一文件,把整个网页的文字和图片一起保存在一个 mht 文件中。

浏览网页时,还可以保存网页中的图片,收藏常用的网址以便以后快速查看等。具体操作请参看实验教程。

2. 搜索引擎

搜索引擎用来搜索网上资源。常用的搜索引擎有百度(Baidu)、雅虎(Yahoo)、谷歌(Google)等。

搜索引擎并不真正搜索 Internet,它搜索的是预先整理好的网页索引数据库。当用户以某个关键词查找时,所有在页面内容中包含了该关键词的网页都将作为搜索结果被搜出来。在经过复杂的算法进行排序后,将结果按照与搜索关键词相关度的高低依次排列,呈现给用户这些网页的链接。搜索结果中的网页快照是保存数据库中的网页,访问速度快,但网页比较凌乱。

除了搜索网页之外,许多搜索引擎还提供其他分类搜索,例如,百度提供了多种搜索,常用的有以下几种。

(1) 百度学术。提供论文索引数据库查询,包括万方、知网、维普以及多个外文索引数据库。

(2) 百度地图。网络地图搜索服务。

(3) 百度百科。内容开放、自由的网络百科全书。

7.4.4 电子邮件

20世纪70年代出现了一种称为电子邮件(E-mail)的新型通信手段,它改变了人们传统的通信方式,从某种意义上说它也改变了人们关于距离的概念。电子邮件速度快,可靠性高,价格便宜,而且可以将文字、图像和语言等多媒体信息集成在一个邮件中传送。正是因为这些优势,才使得电子邮件被广泛地应用,成为Internet上使用最广泛的一种服务。

1. 电子邮件工作原理

电子邮件采用客户机/服务器模式,客户端提供用户界面,负责邮件发送的准备工作,如邮件的起草、编辑以及向服务器发送邮件或从服务器取邮件等。服务器端负责邮件的传输。电子邮件系统的工作原理如图7-25所示。

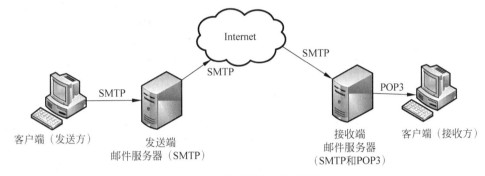

图 7-25　电子邮件工作原理

由图7-25可知,邮件的发送和接收过程主要分为3步。

① 当用户需要发送电子邮件时,首先利用客户端的电子邮件应用程序按规定格式起草、编辑一封邮件,指明收件人的电子邮件地址,然后利用简单邮件传输协议(Simple Mail Transfer Protocol,SMTP)将邮件送往发送端的邮件服务器。

② 发送端的邮件服务器接收到用户送来的邮件后,通过SMTP将邮件送到接收端的邮件服务器,接收端的邮件服务器根据收件人地址中的账号将邮件投递到对应的邮箱中。

③ 利用邮局协议版本3(Post Office Protocol-Version 3,POP3)协议或Internet邮件访问协议(Internet Mail Access Protocol,IMAP),接收端的用户可以在任何时间、地址利用电子邮件应用程序从邮箱中读取邮件,并对邮件进行管理。

2. 电子邮件的格式

邮件信箱实际上是在邮件服务器上为用户分配的一块存储空间,每个电子信箱对应着一个信箱地址(邮件地址),其格式为:用户名@域名。例如 usename@163.com,其中username是用户名,注册邮箱时由用户自己设定,163.com是电子邮件服务器,表示该邮箱所在位置。

3. 注册电子邮箱

为了发送和接收邮件,需要先注册电子邮箱。注册时,进入相应邮箱的注册页面,根据提示填写相关信息进行注册。注册完成后进入登录邮箱界面,填写注册时使用的用户名和密码登录邮箱,即可收发邮件了。一些常用的邮箱如下。

163邮箱:mail.163.com。

126 邮箱：mail.126.com。

QQ 邮箱：mail.qq.com。

7.4.5　文件传输服务

文件传输服务(File Transfer Protocol,FTP)是 Internet 最早提供的服务功能之一。FTP 服务采用客户机/服务器工作模式,如图 7-26 所示。用户的本地计算机称为客户机,远程提供 FTP 服务的计算机称为 FTP 服务器。用户通过用户名和密码与 FTP 服务器建立连接,一旦连接成功,用户就可以向 FTP 服务器发送文件或查看 FTP 文件服务器的目录结构和文件。

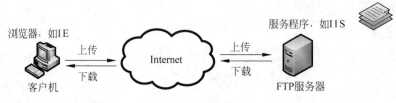

图 7-26　FTP 服务

FTP 有上传和下载两种方式。上传是用户将本地计算机上的文件传输到文件服务器上,下载是用户将文件服务器上提供的文件复制到本地计算机上。

构建服务器的常用软件是 IIS(包含 FTP 组件)和 Serv-U FTP Server;客户机上使用 FTP 服务的常用软件有 Microsoft Edge 以及专用软件 CutFTP。

登录 FTP 服务器有两种方式。

(1) 使用 Microsoft Edge 浏览器登录。

使用方法:打开浏览器,在地址栏输入 FTP 地址,例如 ftp://10.1.26.2,按 Enter 键后会弹出"登录身份"对话框,如图 7-27 所示。输入正确的用户名和密码后,可以根据不同权限访问管理员设置的服务器资源。

登录身份	✕

要登录到该 FTP 服务器,请键入用户名和密码。

FTP 服务器:　　　10.1.26.2

用户名(U):

密码(P):

登录后,可以将这个服务器添加到你的收藏夹,以便轻易返回。

⚠ FTP 将数据发送到服务器之前不加密或编码密码或数据。要保护密码和数据的安全,请使用 WebDAV。

☐ 匿名登录(A)　　　☑ 保存密码(S)

登录(L)　　　取消

图 7-27　FTP 登录对话框

（2）使用资源管理器登录。

使用方法：打开桌面上的"此电脑"，在地址栏输入 FTP 地址，按 Enter 键弹出"登录身份"对话框，使用方法和（1）相同。同时，FTP 管理员还可以设置匿名登录方式，不需要用户名和密码，勾选图 7-27 左下方的"匿名登录"复选框，然后单击"登录"按钮登录 FTP 服务器。

☞提示：使用 FTP 登录服务器，上传作业，下载教学资源等操作请参看实验教程。

7.5 无线网络

近几十年来，无线通信技术得到了飞速发展，截至 2022 年 6 月使用手机无线上网的用户占互联网的 99.6%，可见无线通信应用之普遍。如果说互联网在过去是 PC 互联网，现在可称之为移动互联网了。

本节先讨论无线局域网 WLAN，重点介绍其连接方式，然后对手机无线网络进行简单的介绍。

7.5.1 无线局域网

1. 无线局域网

无线局域网（Wireless Local Area Networks，WLAN）越来越普及，家庭、办公室等公共场所都有相应的设施，通过 WLAN 可以把计算机、PDA 和智能手机连接到 Internet。无线局域网基于 IEEE 802.11 标准，适用于高数据业务需求的热点区域，用于分流 2G/3G/4G 网络高带宽数据业务，低成本承载不断增长的移动互联网流量。

无线局域网接入点 AP 是无线局域网的基础设施，也叫作无线接入点（Wireless Access Point，WAP）。所有在无线局域网中的站点，对网内或网外通信，都必须经过 AP，如图 7-28 所示。家用的接入点 AP 又称为无线路由器，但企业或机构使用的 AP 一般和路由器是分开的。

2. 无线局域网架设

架设无线局域网需要准备以下网络设备。

① 无线网卡。笔记本一般都配有无线网卡，台式机需要配置外置无线网卡。

② 无线访问接入点 AP。计算机通过无线网卡连接到 AP，如图 7-28 所示。

③ 无线路由器。计算机通过无线网卡或网线连接到无线路由器，无线路由器再连接到 Internet，实现上网功能。图 7-29 是大部分家庭使用的上网模式。

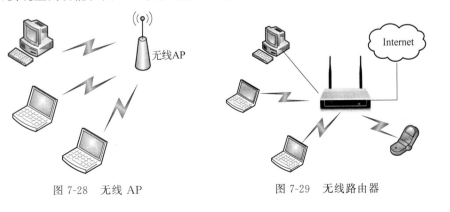

图 7-28 无线 AP   图 7-29 无线路由器

3. Wi-Fi

现在标准的 802.11 系列的无线局域网常称为 Wi-Fi。Wi-Fi 的写法无统一规定,如 WiFi、Wifi、Wi-fi 等都能在文献中见到。现在许多地方,如办公室、机场、快餐店、旅馆、购物中心等都能够向公众提供无偿或有偿的 Wi-Fi 服务。这样的地点就叫作热点,由许多热点和接入点 AP 连接起来的区域叫作热区。

由于无线网络非常普及,因此无论是智能手机、智能电视或计算机,其主板上都已经集成了无线网卡,用户在有无线局域网信号覆盖的地方,能够通过接入点 AP 连接到互联网。

7.5.2 无线传感器网络

近年来,无线传感器网络(Wireless Sensor Network,WSN)引起了人们的广泛关注。无线传感器网络是由大量传感器节点通过无线通信技术构成的自组网络(没有 AP 的无线网络)。无线传感器网络的应用就是进行各种数据的收集、处理和传输,一般不需要很高的带宽,但大部分时间必须保持低功耗,以节省电池的消耗。无线传感器网络主要的应用是组成物联网(Internet of Things,IoT),下面是物联网的一些例子。

(1) 环境监测与保护(如洪水预报)。

(2) 智能交通(自动驾驶汽车)。

(3) 在危险环境下的数据收集(如矿井、核电站等)。

(4) 建筑物内部的温度、照明、安全控制等。

(5) 智能家居,如家电控制、照明控制、防盗防爆系统等。

7.5.3 无线个人区域网

无线个人区域网(Wireless Personal Area Networks,WPAN)就是把个人使用的电子设备(如便携式电脑、打印机、手机等)用无线技术连接起来的自组网络,不需要使用接入点 AP,网络范围约为 10m。

1. 蓝牙系统

最早使用的 WPAN 是 1994 年爱立信公司推出的蓝牙(Bluetooth)系统。目前蓝牙技术由蓝牙技术联盟负责维护技术标准、认证制造厂商并授权使用蓝牙技术和蓝牙标志。蓝牙技术联盟的成员已超过三万,分布在电信、计算机一级消费性电子产品等领域。蓝牙技术现广泛应用于计算机与外设(鼠标、键盘、耳机、打印机等)的连接,家居自动化(如室内照明、温度、家用电器的控制等),医疗和保健(如血糖、血氧、心率的监测)以及汽车上的各种蓝牙设备的连接。

2. 高速 WPAN

高速 WAPN 是专为在便携式多媒体之间传输数据而制定的,不使用连接线能够把计算机和在一间屋子里的打印机、扫描仪以及数码相机、电视机、数码摄像机等连接起来。在不使用连接线的情况下,就能够把他人数码摄像机的视频复制到你的数码摄像机存储卡上。在会议厅,将幻灯片无线投影到大屏幕上。

7.5.4 蜂窝移动通信

蜂窝移动通信不属于计算机网络的分支,但鉴于手机网络的普及和超高使用率,本节简单介绍手机通信的发展和特点。

蜂窝移动通信技术经历了从 1G 到 5G 的历程,G 是英文单词 Generation 的缩写,用来间隔不同时期的通信技术。从 1G 发展到 4G,大约 10 年更新一代。1G 为模拟信号时代,代表产品是"大哥大";2G 实现数字信号,可以发送声音和文字信息;3G 可以发送图片、视频信号,3G 通信时代著名的标志是手机应用商店(App Store)的流行,App 开启了智能手机的新时代,是移动通信的里程碑;4G 可以高速下载观看与电视清晰度不相上下的视频图像。智能手机不仅提供基本的通话,还发展到可以提供多人参加的视频聊天。此外,还增加了互联网之间的通信(下载文件、音乐等)。

为了适应物联网的发展,制定了 5G 标准。5G 的传输业务划分为以下三大类。

(1) 增强型移动宽带。

(2) 大规模机器类通信。

(3) 超高可靠,超低时延通信。

第(1)类主要是三维视频和超高清视频等大流量移动宽带业务。第(2)和(3)类都属于物联网,这两种对数据传输速率和时延要求不高,但连接的终端种类却非常广泛,且终端成本必须很低而电池寿命长,例如 10 年以上。这类应用场景包括智慧城市、智能家居、智能电网、物流跟踪、环境监测、远程制造、远程手术以及无人驾驶等领域。

为了适应上述三个场景,5G 制定的标准规定其下行数据峰值速率为 10Gb/s,在特定场景(AR 和 VR)中达到 20Gb/s。

在更高的工作频率下,每个基站的覆盖范围就缩小了,因而 5G 所架设的基站必须更加密集。这提高了 5G 网络的复杂性,显然会增加网络运营商的投资和维护成本。因此,5G 的发展不单纯是科学问题,而是与商业市场密切相关。也就是说,上述的三个场景今后究竟发展到何种水平,目前还都是未知。

蜂窝移动通信是移动通信的一种,其他移动通信还有卫星通信、无绳电话等。但目前应用最多的还是蜂窝移动通信,又称为小区制移动通信。

蜂窝无线通信网发展迅速,其覆盖面已远远超过 Wi-Fi 无线局域网的覆盖面。原来仅用于通话的手机已经发展为上网的主要设备,手机之间传送数据(音频、视频)已经构成了当今互联网上流量的主要成分。

7.6 计算机网络安全

党的二十大报告提出,培养造就大批德才兼备的高素质人才,是国家和民族长远发展大计。人才要以"德"为先,首先要做到遵守各项法律法规,然后才是掌握科学技能。随着全球信息化的迅猛发展,网络安全问题日渐突出,了解网络安全法规、遵守网络安全制度是我们每一个人都应该做到的。网络安全涉及的范围很大,大到国家军事政治等机密安全,小到防范青少年对不良信息的浏览、个人信息的泄露等。网络环境下的信息安全体系是保证信息安全的关键,包括计算机安全操作系统、各种安全协议、安全机制(数字签名、信息认证及数据加密等),其中任何一个安全漏洞便可能威胁全局安全。每一个社会公民都应该自觉遵守信息安全法规,增强信息安全防范意识,遵守职业道德,肩负起维护信息安全的社会责任。

本节主要介绍网络安全概述、计算机病毒、黑客攻防技术、网络信息安全法律法规以及网络道德规范的建设等内容。

7.6.1 网络安全概述

人们在享受网络带来的便利的同时,也面临着各种网络安全问题。党的二十大提出的健全国家安全体系包括网络安全体系建设,要完善法制体系、管理体系,构建全域联动、立体高效的国家安全防护体系。完善网络安全体系建设,要从大处着眼,小处入手,首先要熟悉我国网络安全法律法规,以及网络安全涉及的方方面面的问题,然后约束自己的网络行为,遵守各项规章制度。网络安全具体指网络系统的硬件、软件及系统中的数据受到保护,不受偶然的或者恶意的破坏、更改、泄露,系统能够持续、可靠、正常地运行,网络服务不中断。

从广义上讲,凡是涉及网络上信息的保密性、完整性、可用性、真实性和可控性的相关技术和理论都是网络安全所研究的领域。网络安全涉及的内容分为两方面:技术和管理。技术方面主要侧重使用技术手段防范非法用户的攻击,例如开发防火墙、杀毒软件等。管理方面侧重于人为因素管理,例如遵守网络安全法、规范青少年上网道德问题等。

网络安全主要考虑以下几方面的问题。

1. 网络系统的安全

(1) 操作系统安全性。

目前流行的服务器操作系统(UNIX、Windows Server 系列、Windows 2000/NT Server 等)以及客户端操作系统(Linux、Windows 系列)均存在网络安全漏洞。

(2) 通信协议软件本身缺乏安全性(如 TCP/IP)。

(3) 计算机病毒感染。

(4) 应用服务的安全。

许多应用服务系统在访问控制及安全通信方面存在不安全因素。

2. 局域网的安全

局域网采用广播技术,两台主机的信息能够被处于同一局域网的所有节点所截获,黑客只要接入该网络的任意节点,就能监听到所有数据包,这就是局域网的安全隐患。

3. 互联网安全

互联网中的数据包大多在公共网络设备中进行传输,所以被截取的可能性比局域网还大。互联网常见安全问题包括:数据被篡改、冒充合法用户、利用网络传播病毒等。

4. 校园网安全

校园网的用户大多是高校在校的学生,对网络充满好奇,勇于尝试,不计后果。有些学生随意在网络中尝试自己研究的各种攻击技术,给校园网带来不同程度的破坏。

5. 数据安全

只要计算机接入互联网,就意味着可能受到各种攻击,数据安全会存在问题。只有放置在一个只有本人知道的密室,不联网、不插电的计算机才可以称为安全。各部门、单位或个人都需要注意数据安全问题,保护自己的资源信息不受到外来侵害。

7.6.2 数据加密技术

数据加密能够对计算机的数据进行一定程度的保护。加密技术是一门涉及数学和计算机的交叉学科,目前主要应用于商业数据、军事领域、企业机密等保密性需求强烈的部门。

1. 数据加密技术

数据加密(Data Encryption)技术是指将一个信息(或称明文,Plain Text)经过加密钥匙(Encryption Key)及加密函数转换,变成无意义的密文(Cipher Text),而接收方则将此密文经过解密函数、解密密钥(Decryption Key)还原成明文。数据加密技术是网络信息安全的核心技术之一,是网络安全技术的基石,它对网络信息安全起着其他安全技术无可替代的作用。

加密是将明文数据进行某种变换,使其成为不可理解的形式,即使这些数据被偷窃,非法用户得到的也只是一堆杂乱无章的垃圾数据。而合法用户通过解密处理,将这些数据还原为明文。数据加密是防止非法使用数据的最后一道防线。加密和解密示意图如图7-30所示。

图 7-30   加密和解密示意图

加密和解密必须依赖两个要素,这两个要素就是算法和密钥。算法是加密和解密的计算方法;密钥是加密和解密所需的一串由数字、字母或特殊符号组成的字符串。

例如,加密时每个字母都替换成另一个字母,给定置换关系如下:

明文中的字母   abcdefghijklmnopqrstuvwxyz

密文中的字母   qwertyulopasdfghjklzxcvbnm

这样明文"attack"就被加密成密文"qzzqea"了。

2. 电子签名

电子签名不是书面签名的电子形式,而是一种认证技术,指与电子记录相联的或在逻辑上相联的电子声音、符号或程序,而该电子声音、符号或程序是某人以签署电子记录的目的而签订或采用的。电子签名有两个特性:其一,用于识别签名人身份;其二,表示签名人认可所签文件的内容。

下面列举几个电子签名实例。

(1)手写签名或印章模式识别。

将手写签名或印章作为图片扫描转换后存储在数据库中,在使用时将手写签名和数据库中的签名进行模式识别对比,以确认真伪。例如银行办理业务使用的电子签名,不仅是对身份的认证,还能够提高银行服务的效率。

(2)生物识别技术。

生物识别技术就是利用人体生物特征进行身份验证的一种技术,包括指纹、眼膜、声音、人脸等。生物识别系统对生物特征进行取样,提取其唯一的特征进行数字化处理,转换成数字代码,并进一步将这些代码组成特征模板存于数据库中。进行身份验证时,识别系统获取其特征并与数据库中的特征模板进行对比,以确认身份真伪。

3. 数字签名与数字证书技术

数字签名是电子签名的一种形式。如果一封邮件非常长,那么加密和解密的花销非常巨大,这时候可以使用数字签名技术。简单来说,数字签名技术是将原文进行算法运算得到一份加密摘要发送给对方。对方使用公钥解密数字签名得到 h1,再对原邮件使用哈希计算得到 h2,若两者相同,证明邮件未被篡改。

数字签名机制提供了一种鉴别方法,以解决伪造、抵赖、冒充和篡改等问题。与加密不同,数字签名的目的是保证信息的完整性和真实性。

数字证书(Digital Certificate)是目前国际上最成熟并得到广泛应用的信息安全技术。通俗地讲,数字证书就是个人或单位在网络上的身份证,是由认证机构 CA(Certificate Authority)发行的一种权威性的电子文档。数字证书以密码学为基础,采用数字签名、数字信封、时间戳服务等技术,在 Internet 上建立起有效的信任机制。它主要包含证书所有者的信息、证书所有者的公开密钥和证书颁发机构的签名等内容。

7.6.3　计算机病毒

"病毒"一词来源于生物学,在生物学中,病毒是一种能够侵入动物、植物,并给动植物带来疾病的微生物。在《中华人民共和国计算机信息安全保护条例》中将计算机病毒定义为:编制或者在计算机程序中插入的破坏计算机功能或者毁坏数据,影响计算机使用并且能够自我复制的一组计算机指令或者程序代码。就像生物病毒一样,计算机病毒能把自身附着在各种类型的文件上,当文件被复制或从一个用户传送到另一个用户时,它们就随同文件一起蔓延开来。简单地讲,计算机病毒就是人为编写的具有破坏性和传染性的短小程序。

早期的病毒一般通过磁盘进行传播,网络越来越发达之后,大多数病毒通过网络电子邮件携带或者文件传输进行传播。网络传播速度更快,范围更广,破坏力也愈发巨大。

1. 计算机病毒的特性

根据对计算机病毒产生、传染和破坏行为的分析,计算机病毒的主要特性如下。

(1) 表现性或破坏性。

计算机病毒发作后,可以对计算机造成死机、占用大量内存、删除或破坏特定类型文件、破坏硬件等不同程度的影响,轻者降低系统工作效率,重者导致系统崩溃、数据丢失。

(2) 隐蔽性。

病毒一般是具有较高编程技巧、短小精悍的程序,通常附在正常程序中或磁盘较隐蔽的地方,也有个别的以隐含文件形式出现。正是由于其隐蔽性,计算机病毒得以在用户没有察觉的情况下扩散并游荡于世界上百万台计算机中。

(3) 传染性。

计算机病毒一般都具有自我复制功能,并能将自身不断复制到其他文件内,达到不断扩散的目的,即传染。病毒不仅可以从一个文件传染到另一个文件,从一台计算机传染到另一台计算机,而且能从一个计算机网络传染到另一个计算机网络,尤其在当今的网络时代,病毒可以通过 Internet 中网页的浏览和电子邮件的收发而迅速传播。

(4) 潜伏性。

许多计算机病毒感染系统后一般不会立即发作,可以隐藏在合法文件中几天、几周甚至几年的时间,在满足触发条件时才开始发作。

(5) 可触发性。

不同病毒的触发机制也不同,可能是输入特定字符、使用特定文件、某个特定日期或特定时刻,或者是病毒内置的计数器达到一定次数等。如:黑色星期五病毒的触发条件是不管哪个月的 13 日又恰逢星期五,CIH 病毒 V1.2 发作日期为每年的 4 月 26 日。

(6) 变种性。

计算机病毒在发展、演化过程中可以产生变种。

(7) 针对性。

有些病毒针对特定类型的文件或系统进行破坏。例如熊猫烧香破坏.exe 文件,CIH 病毒专门破坏 Windows 95/98 可执行文件,宏病毒感染 Office 文件等。

2. 病毒传播途径

计算机病毒的传播有多种途径。

(1) 网络浏览或下载。

浏览不安全网页或是 FTP 下载都有可能传播网络病毒。

(2) 电子邮件。

有的病毒隐藏在附件中,用户打开附件无形中下载了病毒;但有的病毒不需要打开附件,用户打开邮件就能触发病毒。所以对于来历不明的邮件应该直接删除,避免中毒。

(3) 可移动磁盘,例如 U 盘、移动硬盘等。

(4) 扫描二维码。

二维码没有病毒,但很多病毒软件利用扫描二维码下载。

3. 常见病毒及查杀

(1) CIH 病毒。

CIH 病毒感染 Windows 9X 下运行的后缀名为.exe、.com、.vxd、.vxc 的应用程序,毁坏掉磁盘上的所有系统文件,直到硬盘中的数据被全部破坏为止,是迄今为止最凶恶的一种病毒。幸运的是,CIH 病毒是早期的病毒,仅对 DOS 或 16 位计算机危害极大,而对于 32 位、64 位系统基本没有作用。

(2) 宏病毒。

宏是微软公司为其 Office 软件包设计的一个特殊功能,宏病毒是一种寄存在 Office 文档或模板的宏中的计算机病毒。一旦打开这样的文档,其中的宏就会被执行,而且随着文档的复制及打开,宏病毒会传染到其他计算机上。感染了宏病毒后的表现为:内存占用严重,系统资源匮乏;选择"另存为"命令时,只能保存为.dot 模板格式。改变格式后的窗口变成灰色;关闭 Word 文档时不对已经修改的 Word 文档提示保存。

中了宏病毒之后首要先要在 Office 软件中禁用宏,然后使用杀毒软件清理查杀病毒,杀毒时注意关闭所有 Office 文件。

(3) 蠕虫病毒。

蠕虫病毒是一种智能化、自动化,综合网络攻击、密码学和计算机病毒技术,无须计算机使用者干预即可运行的攻击程序或代码。它会扫描和攻击网络上存在系统漏洞的节点主机,通过局域网或者国际互联网从一个节点传播到另外一个节点。此定义体现了新一代网络蠕虫智能化、自动化和高技术化的特征。蠕虫病毒一般是通过 1434 端口漏洞传播。

近几年危害很大的"尼姆亚"病毒就是蠕虫病毒的一种,2007 年春天流行的"熊猫烧香"以及其变种也是蠕虫病毒。蠕虫病毒的一般防治方法是:使用具有实时监控功能的杀毒软件,并且注意不要轻易打开不熟悉的邮件附件。

（4）木马病毒。

木马和病毒都是一种人为的程序,都属于计算机病毒。人们习惯将"木马"单独提出来是因为一般病毒完全是为了搞破坏,破坏计算机里的资料数据。"木马"不一样,木马的作用是赤裸裸地监视别人和盗窃别人密码、数据等。如盗窃管理员密码搞破坏,或者偷窃上网密码用于别处,窃用他人游戏账号、股票账号甚至网上银行账户等,达到偷窥别人隐私和获得经济利益的目的。鉴于木马的这些巨大危害性和它与早期病毒的作用性质不一样,所以木马虽然属于病毒中的一类,但是要单独从病毒类型中间剥离出来,称之为木马程序。

有些杀毒软件设计了木马专杀工具,这种工具的作用是提高查杀木马的效率,杀毒时略过其他病毒,程序只调用木马代码库里的数据,可以一定程度提高木马查杀速度。

（5）勒索病毒。

勒索病毒是一种新型电脑病毒,主要以邮件、程序木马的形式进行传播。该病毒性质恶劣、危害极大,一旦感染将给用户带来无法估量的损失。这种病毒利用各种加密算法对文件进行加密,被感染者一般无法解密,必须拿到解密的私钥才有可能破解。

勒索病毒文件一旦被用户点击打开,会利用连接至黑客的服务器,进而上传本机信息并下载加密公钥和私钥。然后,将加密公钥和私钥写入到注册表中,遍历本地所有磁盘中的Office 文档、图片等文件,对这些文件进行格式篡改和加密;加密完成后,还会在桌面等明显位置生成勒索提示文件,指导用户去缴纳赎金。2019 年我国多地区连续遭受勒索病毒攻击,某信息系统感染病毒,导致重要业务系统瘫痪。

防范勒索病毒的方法有：关闭 445、139、135、3389 端口;严格控制重要区域访问权限;及时做好数据备份;安装漏洞补丁、查杀病毒、升级服务程序;发现机器感染勒索病毒,立即断网隔离。

（6）磁碟机病毒。

磁碟机病毒又名 dummycom 病毒,是截至 2021 年传播最迅速,变种最快,破坏力最强的病毒。"磁碟机"现已经出现 100 余个变种,该病毒感染系统之后,会像蚂蚁搬家一样将更多木马下载到本地运行,以盗号木马为主。目前病毒的感染和传播范围正在呈现蔓延之势,造成的危害及损失 10 倍于"熊猫烧香"。

用户可以通过以下方法判断是否感染。

① 发现安全模式被破坏,用户试图进入安全模式时,显示蓝屏。

② 无法正常显示隐藏文件且工具－文件夹选项下的"隐藏受保护的操作系统文件"一项被破坏。

③ 打开任务管理器,会发现两个 lsass.exe 和 smss.exe 进程。

④ 各盘根目录下有 pagefile.pif 和 autorun.inf 文件。

⑤ 系统目录下存在 dnsq.dll 文件。

尝试的杀毒方案如下。

① 尝试启动系统到安全模式或带命令行的安全模式。

② WINPE 急救光盘引导后杀毒。

③ 挂从盘杀毒。

④ 重装系统。

4. 如何防范病毒

网络的发展给病毒的传播提供了良好的流通载体,每台计算机都必须采取管理和技术措施,增加病毒防护屏障。常用的防病毒方法有以下几种。

(1) 安装合适的杀毒软件。

尽量选择杀毒效果好、占用内存少且容易卸载的病毒查杀软件。Windows 8 以上的系统使用系统自带杀毒软件即可,其他常用的杀毒软件有:Norton(诺顿)、McAfee(迈克菲)、卡巴斯基等。

(2) 随时观察,定期用查毒软件扫描系统,一旦发现病毒,及时断网。

(3) 不要登录可信度低的网站。

选择信誉较好的下载网站下载软件,将下载的软件及程序集中放在非引导分区的某个目录。在使用从 Internet 下载的软件前,最好用杀毒软件查杀病毒。在浏览网页时不要随意安装插件。

(4) 分类存放个人资料,最好不在系统盘上存放用户的数据和程序,以免因系统盘被破坏而造成损失。

(5) 有些邮件附件带有病毒,所以使用邮箱时,不要打开来历不明的邮件和附件。

(6) 对于重要的系统盘、数据盘以及磁盘上的重要信息要经常备份,以便遭到破坏后能及时得到恢复。

7.6.4 黑客攻防技术

黑客(Hacker)一般指计算机网络的非法入侵者,他们大多是程序员,对计算机技术和网络技术非常精通,了解系统的漏洞及其原因所在,喜欢非法闯入并以此作为一种智力挑战而沉醉其中。有些黑客出于好奇或验证自己能力的目的而非法闯入,还有一些黑客则是为了窃取用户的机密信息、盗用系统资源或出于报复心理而恶意破坏信息系统。为了尽可能地避免受到黑客的攻击,有必要了解黑客常用的攻击手段和方法,才能有针对性地进行预防。

1. 黑客攻击方式及破解

(1) 密码破解。

随便输入一次密码猜中的概率非常小,但是如果连续测试 1 万次或更多,那么猜中的概率会大大增加,尤其利用计算机算法进行自动测试。

假设密码只有 8 位,每一位可以是 26 个字母和 10 个数字,那每一位的选择就有 62 种,密码的组合可达 62^8 个(约 219 万亿),如果逐个去验证所需时间太长,所以黑客一般会利用破解程序尝试破解那些用户常用的密码,如生日、手机号、门牌号、姓名加数字等。

应对密码破解的策略就是使用安全密码,首先在注册账户时设置强密码(8-15 位,数字、字母、特殊符号组合),这样不容易被破解。其次在电子银行和电子商务交易平台尽量采用动态密码(每次交易时密码会随机改变),并且使用鼠标点击模拟数字键盘输入而不通过键盘输入,可以避免黑客通过记录键盘输入而获取自己的密码。

另外,手机的手势密码尽量设置复杂一些。当手机丢失后,某些盗用者通过测试简单的"Z"字形手势登录手机,再从手机相片库查找具有身份信息的号码,解开网银登录,从而盗取用户的财产,给用户带来巨大损失。

（2）IP 嗅探（即网络监听）。

黑客通过改变网卡的操作模式，让它接受流经该计算机的所有信息包，这样就可以截获其他计算机的数据报文或口令。监听只能针对同一物理网段的主机，对于不在同一网段的数据包会被网关过滤掉。

应对的措施是对数据进行加密，即便被黑客截获，也无法得到正确的数据。

（3）网络钓鱼（即网络诈骗）。

网络钓鱼就是黑客利用具有欺骗性的电子邮件和伪造的 Web 站点来进行网络诈骗活动，受骗者往往会泄露自己的敏感信息，如信用卡账号与密码、银行账户信息、身份证号码等。

通常诈骗者将自己伪装成网络银行、在线零售商和信用卡公司等，向用户发送类似紧急通知、身份确认等虚假信息，并诱导用户点击其邮件中的超链接，用户一旦点击进入诈骗者精心设计的伪造网页，就会泄露自己的私人信息。

防范此类网络诈骗的最简单方法是不要轻易点击邮件发来的超链接，除非是确实信任的网站，一般都应该在浏览器的地址栏输入网址进行访问。其次是及时更新系统，安装必要的补丁程序，修复软件的漏洞。

（4）端口扫描。

黑客利用一些端口扫描软件（如 SATAN、IP Hacker 等）对被攻击的目标计算机进行端口扫描，查看该机器的哪些端口是开放的，然后通过这些开放的端口发送木马程序，控制被攻击的目标。例如"冰河 V8.0"木马就利用了系统的 2001 号端口。

应对的措施是只有真正需要的时候才打开端口，不为未识别的程序打开端口，端口不需要时立即将其关闭，不需要上网时断开网络连接。

2. 防止黑客攻击的策略

（1）身份认证。

通过密码、指纹、面部特征（照片）或视网膜图案等特征信息来确认用户身份的真实性，只对确认了的用户给予相应的访问权限。

（2）访问控制。

系统应当设置入网访问权限、网络共享资源的访问权限、目录安全等级控制、防火墙的安全控制等，通过各种安全控制机制的相互配合，才能最大限度地保护系统免受黑客的攻击。防火墙的安全设置请参看实验指导。

（3）审计。

平时记录网络上用户的注册信息，如注册来源、注册失败的次数，用户访问的网络资源等，当遭到黑客攻击时，这些数据可以用来帮助调查黑客的来源，并作为证据来追踪黑客，也可以通过对这些数据的分析来了解黑客攻击的手段以找出应对的策略。

（4）保护 IP 地址。

通过路由器可以监视局域网内数据包的 IP 地址，只将带有外部 IP 地址的数据包路由到 Internet 中，其余数据包被限制在局域网内，这样可以保护局域网内部数据的安全。路由器还可以对外屏蔽局域网内部计算机的 IP 地址，保护内部网络的计算机免遭黑客攻击。

7.6.5 网络道德规范

网络信息系统的发展,给人们的工作和生活带来很大的方便。但与此同时,由于因特网上的信息缺乏规范管理,也给人们带来了负面影响,例如一些网站发布虚假和色情等不道德信息,网络病毒的日益泛滥,黑客入侵事件的频繁发生等。对于网络带来的新法律问题,需要合理制定相关的法律法规来加强管理,但同时也必须加强网络道德建设,起到预防网络犯罪的作用。

1. 我国的信息安全法律法规

为保障网络安全,维护网络空间主权和国家安全,促进经济社会信息化健康发展,不断完善网络安全保护方面的法律法规十分必要。中华人民共和国第十二届全国人民代表大会常务委员会第二十四次会议于 2016 年 11 月 7 日通过了《中华人民共和国网络安全法》,自2017 年 6 月 1 日起施行。该法规共七章七十九条,从保障网络产品和服务安全、保障网络运行安全、保障网络数据安全、保障网络信息安全等方面进行了具体的制度设计。

其他有关网络安全的法律法规还有:2018 年 5 月 1 日起施行《信息安全技术个人信息安全规范》,规范了开展收集、保存、使用、共享、转让、公开披露等个人信息处理活动应遵循的原则和安全要求。2011 年 1 月修订《计算机信息网络国际联网安全保护管理办法》,告诉人们哪些网络行为不可为,如果实施了违法行为需要承担哪些法律责任,构成犯罪的还承担刑事责任。

2. 加强青少年的网络安全意识

有些青少年为了满足自己的好奇心,或向他人证明自己的能力,利用从网络上学习的入侵手段,非法获取他人的信息,恶意破坏他人数据、破坏机关团体的网站,这些都触犯了我国的法律。因此,我们应当向青少年普及计算机网络道德法律、规范、常识,加强他们的网络安全意识。

目前很多高校校园网用户注册需要实名制,在上网时能够记录个人信息,当网络管理员发现不明身份的用户或数据异常时,能够追踪数据包,确定主机身份,并发出警告。加强网络安全配置和网络道德规范教育,是保证青少年网络安全的两种手段。

3. 基本规范

遵守网络道德规范是每个公民的义务,为了保护他人和自己的隐私以及数据安全,我们都应该做到以下几点。

(1) 不用计算机去伤害他人。

(2) 不窥探别人的文件。

(3) 不用计算机进行偷窃。

(4) 不未经许可使用别人的计算机资源。

(5) 不盗用别人的智力成果。

(6) 考虑自己所编的程序的社会后果。

(7) 避免伤害他人。

(8) 诚实可靠。

(9) 公正并且不采取歧视性行为。

(10) 尊重包括版权和专利在内的财产权。

（11）尊重知识产权。

（12）尊重他人的隐私。

（13）保守秘密。

总而言之，网络道德的建设仅靠行政部门的干涉、大众媒体的呼吁是远远不够的，网络空间中也应有自己独特的价值体系和行为模式，每一个上网的人都应该参与网络道德的建设。现在对于网络道德这样相对抽象的问题还没有给予足够的重视，但毫无疑问，只有具备了一个成熟的网络道德体系，网络这个虚拟世界才会朝着健康有序的方向发展。

思 考 题

（1）如何接入宽带互联网？

（2）简述 TCP/IP 参考模型中各层的功能。

（3）网络的传输介质有哪些？

（4）计算机网络按地理范围分为几大类？分别有哪些特性？

（5）在 Internet 中，IP 地址的作用是什么？如何分类？

（6）子网掩码的作用是什么？

（7）如何利用搜索引擎查找所需信息？

（8）简述无线局域网、Wi-Fi、蜂窝移动通信的区别。

（9）如何防范计算机病毒？

（10）网络道德基本规范应注意什么？

第8章 计算机新技术

计算机技术是指计算机领域中所运用的技术方法和技术手段,或指其硬件、软件及应用技术。随着科学技术的发展,计算机已逐渐成为人类社会活动中必不可少的工具,它的研究和应用进入了一个新的历史发展阶段。如今,计算机科学技术广泛应用于工业生产、军事、教育和生活中。随着计算机软硬件技术、互联网和大数据的发展,涌现出很多计算机新技术,本章将主要介绍常见的计算机新技术,如大数据、人工智能、云计算、量子计算机、BIM 等。

8.1 大 数 据

8.1.1 大数据的产生

现今高速发展的社会,科技发达,信息流通,人们之间的交流越来越密切,生活越来越便捷,大数据就是高科技时代的产物(图 8-1)。而大数据正在成为融入经济社会发展各领域的要素、资源、动力、观念。大数据带动的新一代信息技术正在从"前沿技术"变为"重要应用",发挥的价值日益明显。

图 8-1 高科技时代的产物——大数据

1980 年,美国著名未来学家阿尔文·托夫勒(Alvin Toffler)在《第三次浪潮》一书中第一次提出了大数据(BigData)的概念。大数据,或称巨量资料,指的是所涉及的资料量规模巨大到无法通过主流软件工具,在合理时间内达到撷取、管理、处理并整理成为帮助企业经营决策的资讯。大数据技术的战略意义不在于掌握庞大的数据信息,而在于对这些具有意义的数据进行专业化处理。它是一个不断演变的概念,是从 IT 技术到数据积累的巨大变化。当今世界,大数据无处不在,影响着我们的工作、生活和学习,并将继续发挥更大的影响力。

大数据如此庞大的数据量是无法通过人工处理的,需要智能的算法、强大的数据处理平台和新的数据处理技术。

8.1.2 大数据的特点

大数据通常指规模(体量)和复杂度(多样性)超出了现有数据管理软件和传统数据处理技术在可接受的时间内收集、存储、管理、检索、分析、挖掘和可视化(价值)的数据集的聚合。业界将大数据的特点归纳为 5V:Volume(大量性)、Variety(多样性)、Velocity(高速性)、Value(低价值密度)、Veracity(真实性)。

1. 大量性

企业、日常生产生活中无时无刻不在产生数据,汇集成了海量的数据。随着技术的发展,数据量开始爆发性增长例如,淘宝网平常每天的商品交易数据约 20TB(1TB = 1024GB),全球最大设计平台 Facebook 的用户,每天产生的日志数据超过了 300TB。

2. 多样性

大数据广泛的数据来源,决定了大数据形式的多样性。数据的种类和来源是多样化的,数据可以是结构化的、半结构化的以及非结构化的,数据的呈现形式包括但不限于文本、图像、视频、HTML 页面等。结构化数据的特点是数据间的因果关系强,比如信息管理系统数据、医疗系统数据等;非结构化数据的特点是数据间没有因果关系,比如音频、图片、视频等;半结构化数据的特点是数据间的因果关系弱,比如网页数据、邮件记录等。

3. 高速性

数据增长快速,处理速度快,且各行各业的数据都在呈现指数级爆炸增长。人类进入了大数据的阶段,每秒钟数据都在变化。实时分析而非批量分析,数据输入、处理与丢弃立刻见效,几乎无延迟。数据的增长速度和处理速度是大数据高速性的重要体现。

4. 低价值密度

价值性是大数据的核心特点。现实中大量的数据是无效或者低价值的,大数据最大的价值在于通过从大量不相关的各种类型数据中,挖掘出对未来趋势与模式预测分析有价值的数据。正因为汇集了这么多的数据,这些数据潜藏着很多的规律、知识、模式,对政府的决策、对便捷老百姓的生活意义很大。

5. 真实性

数据的准确度和可信赖度,代表数据的质量。目前的数据采集渠道涉及物联网系统、互联网系统和传统的信息系统(ERP 等),其中传统信息系统的数据真实性还是比较高的,而且数据的价值密度也比较高。

8.1.3 大数据的发展趋势

随着科技的发展,大数据技术的发展可以分为六个方向。

1. 大数据采集与预处理方向

这个方向常见的问题是数据的多源和多样性,导致数据的质量存在差异,影响到数据的可用性。

2. 大数据存储与管理方向

这个方向常见的挑战是存储规模大,存储管理复杂,需要兼顾结构化、非结构化和半结构化的数据。分布式文件系统和分布式数据库相关技术的发展正在有效地解决这些问题。

3. 大数据计算模式方向

如今出现了多种典型的计算模式,包括大数据查询分析计算、批处理计算、流式计算、迭代计算、图计算和内存计算。

4. 大数据分析与挖掘方向

在数据迅速膨胀的同时,还要进行深度的数据分析和挖掘,因此越来越多的大数据分析工具和产品应运而生。

5. 大数据可视化分析方向

通过可视化方式来帮助人们探索和解释复杂的数据,有利于决策者挖掘数据的商业价值,进而有助于大数据的发展。

6. 大数据安全方向

当使用大数据分析和数据挖掘获取商业价值的时候,黑客很可能发出攻击,收集有用的信息。通过文件访问控制来限制呈现对数据的操作、基础设备加密、匿名化保护技术和加密保护等技术正在最大限度地保护数据安全。

大数据已经从技术、政策和资本等方面深入社会每个角落,未来数据经济也会成为经济驱动因素中越来越重要的一部分,大数据的影响也将更加深远。

8.2 人 工 智 能

人工智能从诞生以来,理论和技术日益成熟,应用领域也不断扩大,可以设想,未来人工智能带来的科技产品,将会是人类智慧的"容器"。人工智能作为计算机科学的一个分支,企图了解智能的实质,并生产出一种新的能以与人类智能相似的方式做出反应的智能机器,该领域的研究包括机器人、语言识别、图像识别、自然语言处理和专家系统等。

8.2.1 人工智能的概念

"人工智能"一词最早是在 1956 年达特茅斯(Dartmouth)学会上提出的。从那以后,发展出了众多理论和原理,人工智能的概念也随之扩展。人工智能(Artificial Intelligence,AI)是研究、开发用于模拟、延伸和扩展人的智能的理论、方法、技术及应用系统的一门新的技术科学。除了计算机科学以外,人工智能还涉及信息论、控制论、自动化、生物学、心理学、数理逻辑、语言学、医学和哲学等多门学科。

人工智能是如何实现的呢?自 20 世纪 80 年代以来,机器学习成为实现人工智能的主要途径,早期的机器学习实际上是属于统计学,而非计算机科学的,就计算机内部来说,机器学习是属于人工智能的。随着科技的发展,深度学习作为机器学习的一种,成为人工智能的主流技术,包含多个隐藏层的多层感知器就是一种深度学习结构。深度学习通过组合低层特征,形成更加抽象的高层表示属性类别或特征,以发现数据的分布式特征表示。人工智能与机器学习、深度学习的关系如图 8-2 所示。

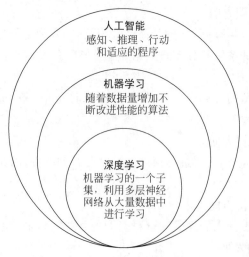

图 8-2　人工智能、机器学习和深度学习的关系图

8.2.2　人工智能的发展

人工智能充满未知的探索道路曲折起伏。我们将人工智能自 1956 年以来 60 余年的发展历程划分为以下 6 个阶段。

1. 起步发展期：1956 年—20 世纪 60 年代初

人工智能概念提出后，相继取得了一批令人瞩目的研究成果，如机器定理证明、跳棋程序等，掀起了人工智能发展的第一个高潮。

2. 反思发展期：20 世纪 60 年代—20 世纪 70 年代初

人工智能发展初期的突破性进展大大提升了人们对人工智能的期望，人们开始尝试更具挑战性的任务，并提出了一些不切实际的研发目标。然而，接二连三的失败和预期目标的落空（例如，无法用机器证明两个连续函数之和还是连续函数、机器翻译闹出笑话等），使人工智能的发展走入低谷。

3. 应用发展期：20 世纪 70 年代初—20 世纪 80 年代中

20 世纪 70 年代出现的专家系统，模拟人类专家的知识和经验解决特定领域的问题，实现了人工智能从理论研究走向实际应用、从一般推理策略探讨转向运用专门知识的重大突破。专家系统在医疗、化学、地质等领域的应用推动人工智能走入应用发展的新高潮。

4. 低迷发展期：20 世纪 80 年代中—20 世纪 90 年代中

随着人工智能的应用规模不断扩大，专家系统存在的应用领域狭窄、缺乏常识性知识、知识获取困难、推理方法单一、缺乏分布式功能、难以与现有数据库兼容等问题逐渐显露出来。

5. 稳步发展期：20 世纪 90 年代中—2010 年

网络技术特别是互联网技术的发展，加速了人工智能的创新研究，促使人工智能技术进一步走向实用化。1997 年，国际商业机器公司深蓝超级计算机战胜了国际象棋世界冠军卡斯帕罗夫；2008 年，IBM 提出"智慧地球"的概念。

6. 蓬勃发展期：2011 年至今

随着大数据、云计算、互联网和物联网等信息技术的发展，以深度神经网络为代表的人工智能技术飞速发展,大幅跨越了科学与应用之间的"技术鸿沟",诸如图像分类、语音识别、知识问答、人机对弈、无人驾驶等人工智能技术实现了从"不能用、不好用"到"可以用"的技术突破,迎来爆发式增长的新高潮。

8.2.3 人工智能的主要研究领域

人工智能是一个非常广泛的领域。当前人工智能涵盖很多大的学科,下面介绍一些主要的研究领域。

1. 认知科学

认知是和情感、动机、意志相对应的理智或认知过程,是为了一定目的,在一定的心理结构中进行的信息加工过程。认知科学的研究目的是说明和解释人类在完成认知活动时是如何进行信息加工的。认知科学几乎涵盖了人工智能所有的理论问题,因此有时人们也用认知科学作为人工智能的代名词。

2. 机器学习

学习是机器获取知识的根本途径,是否具有学习能力是机器是否具有智能的重要标志。机器学习主要研究如何模拟或实现人类的学习能力。围绕这一问题,人们开展了人类学习机型、机器学习方法和学习系统构造技术这三方面的研究。

3. 自然语言处理

自然语言处理主要研究如何使计算机能够理解和生成自然语言。现在的自然语言理解往往与模式识别、计算机视觉等技术相结合,在文字识别和语音识别系统的配合下进行书面语言和有声语音的理解。

随着人工智能的发展,2022 年 11 月以来,一款名为"ChatGPT"的聊天机器人程序开始在国内外爆火。ChatGPT(Chat Generative Pre-trained Transformer)可直译为"做交谈用的生成式预先训练变换器"。它是美国公司 OpenAI 研发的聊天机器人程序,能用于问答、文本摘要生成、机器翻译、分类、代码生成和对话 AI。ChatGPT 最令人震撼的是它在自然语言处理方面体现出来的强大的"背景理解"能力,能够听懂很多问题的上下文并做出相应回答,而非把用户所提问题作为一个个"单独"的问题来处理,这一点比过去的很多聊天机器人(Siri、Google、亚马逊 Alexa)有大幅提高。ChatGPT 属于自然语言处理 NLP 的范畴,核心是对文字信息的处理,随着信息大爆炸,人类大脑已经无法应对如此海量的信息,ChatGPT 就有了用武之地。

4. 计算机博弈

计算机博弈是人工智能中关于对策和斗智问题的研究领域。目前,计算机博弈主要以下棋为研究对象,但研究的主要目的不是让计算机与人下棋,而是给人工智能研究提供一个试验场地。

5. 自动定理证明

自动定理证明就是让计算机模拟人类证明定理的方法,自动实现非数值符号的演算过程。

6. 模式识别

模式识别是研究、模拟和实现人类分类能力的科学,以便能够应用计算机对某一范畴内的事物、事件或过程进行自动地识别和分类。模式识别是人工智能的重要组成部分,它本身又分为文字识别、语音识别、生物特征识别、遥感图像分析、医学图像分析等许多分支。

7. 计算机视觉

计算机视觉是在计算机上实现或模拟人类视觉功能的学科,其主要研究目标是使计算机具有通过二维图像认知三维环境信息的能力,这种能力不仅包括感知三维环境中物体的形状、位置、姿态、运动等几何信息的能力,而且还包括对这些信息进行描述、存储、识别与理解的能力。

8. 人工神经网络

人工神经网络是一个由大量简单处理单元经广泛互连后所构成的人工网络,用于模拟神经网络的结构和功能。

9. 专家系统

专家系统是基于专家知识和符号推理方法的智能系统,它将领域专家的经验用知识表示的方法表示出来,放入知识库中,这些知识将在推理机的作用下用于解决某一专门领域内需要专家才能解决的问题。人们一般普遍认为专家系统是一个能在某特定领域内,以专家水平去解决该领域中困难问题的计算机软件系统。

10. 知识发现与数据挖掘

知识发现与数据挖掘是人工智能中比较新的一个分支,是在数据库基础上实现的知识发现系统,用于从数据库中提炼和抽取知识,以便能够提取出蕴含在数据背后的关于客观世界内在联系和本质原理的信息,实现知识的自动获取。

11. 自动程序设计

自动程序设计是将自然语言描述的程序自动转换成可执行的程序的技术。自动程序设计包括程序综合性和正确性检验两方面。程序综合性用于实现自动编程,用户只需告诉计算机"做什么",无须说"怎么做",计算机就可自动实现程序的设计。

12. 智能控制

智能控制是指无须人的干预,或基本无须人的干预,能独立地驱动机器实现其目标的自动控制技术。它是把人工智能技术、经典控制理论及现代控制理论相结合,研制智能控制方法。

13. 智能决策支持系统

智能决策支持系统是在传统决策支持系统中增加了智能部件的决策支持系统。它是人工智能技术,尤其是专家系统技术与决策支持系统相结合的产物。智能决策支持系统由数据库、模型库、方法库、人机接口及知识库五部分组成,既可发挥专家系统在知识处理方面的特长,又可发挥传统决策支持系统在数值分析方面的优势,具有良好的应用前景。

14. 分布式人工智能

分布式人工智能主要研究如何协调逻辑或物理上分散的智能系统之间的行为,以便实现问题的并行求解。

8.2.4 人工智能的主要实现技术

从语音识别到智能家居,从人机大战到无人驾驶,人工智能的"演化"给我们的一些生活细节带来了一次又一次的冲击与惊喜,人工智能技术关系到其产品是否可以顺利应用到我们的生活场景中。在人工智能领域,普遍包含了机器学习、知识图谱、自然语言处理、人机交互、计算机视觉、生物特征识别等六大关键技术。

1. 机器学习

机器学习是一门涉及统计学、系统识别、逼近理论、神经网络、优化理论、计算机科学、脑科学等多个领域的交叉学科。它研究计算机如何模拟或实现人类的学习行为，以获得新的知识或技能，重新组织现有的知识结构并使其持续。提高其性能是人工智能技术的核心。基于数据的机器学习是现代智能技术中最重要的方法之一，根据不同的学习模式、学习方法和算法，机器学习有不同的分类方法。按学习方法可以将机器学习分为传统机器学习和深度学习，按学习方式可分为监督学习、无监督学习和强化学习。

2. 知识图谱

知识图谱本质上来说是结构化的语义知识库，是一种由节点和边组成的图数据结构，以符号形式描述物理世界中的概念及其相互关系。其基本组成单位是"实体-关系-实体"三元组，以及实体及其相关"属性-值"对。不同实体之间通过关系相互联结，构成网状的知识结构。在知识图谱中，每个节点表示现实世界的"实体"，每条边为实体与实体之间的"关系"。通俗地讲，知识图谱就是把所有不同种类的信息连接在一起而得到的一个关系网络，提供了从"关系"的角度去分析问题的能力。

知识图谱可用于反欺诈、不一致性验证、组团欺诈等公共安全保障领域，需要用到异常分析、静态分析、动态分析等数据挖掘方法。知识图谱在搜索引擎、可视化展示和精准营销方面有很大的优势，已成为业界的热门工具。但是，其发展还存在很大挑战，如数据的噪声问题。

3. 自然语言处理

自然语言处理是计算机科学领域与人工智能领域中的一个重要方向，研究能实现人与计算机之间用自然语言进行有效通信的各种理论和方法，涉及的领域较多，主要包括机器翻译、机器阅读理解和问答系统等。

4. 人机交互

人机交互是人工智能领域的重要外围技术，主要研究人与计算机之间的信息交换。人机交互是一门与认知心理学、人机工程学、多媒体技术和虚拟现实技术密切相关的综合性学科。传统的人与计算机之间的信息交换主要依赖于交互设备，包括键盘、鼠标、操纵杆、数据服装、眼球跟踪器、位置跟踪器、数据手套、压力笔等输入设备，以及打印机、绘图仪、显示器、头盔显示器、扬声器等输出设备。人机交互技术除了传统的基本交互和图形交互外，还包括语音交互、情感交互、体感交互和脑机交互。

5. 计算机视觉

计算机视觉是利用计算机模拟人视觉系统的科学，它使计算机能够提取、处理、理解和分析与人类相似的图像和图像序列。汽车驾驶、机器人、智能医疗等领域需要通过计算机视觉技术从视觉信号中提取和处理信息。近年来，随着深度学习的发展，预处理、特征提取和算法处理逐渐融合，形成了一种端到端的人工智能算法技术。根据所解决的问题，计算机视觉可分为五类：计算成像、图像理解、三维视觉、动态视觉和视频编解码。

随着计算机视觉技术的迅速发展，未来的发展也将面临挑战。比如：如何更好地在不同的应用领域与其他技术结合起来，如何减少计算机视觉算法的开发时间和人力成本，如何加快新算法的设计和开发。随着新的成像硬件和人工智能芯片的出现，针对不同芯片和数据采集设备的计算机视觉算法的设计和开发也是一个挑战。

6. 生物特征识别

生物特征识别是指通过个体的生理或行为特征来识别和鉴别个体身份。从应用过程来看,生物特征识别通常分为注册和识别两个阶段。在注册阶段,人体的生物特征信息由指纹、人脸等光学信息、话筒语音等声学信息、数据预处理和特征提取技术等传感器采集,并存储相应的特征。在识别过程中,根据配准过程进行信息采集、数据预处理和特征提取,然后将提取的特征与存储的特征进行比较,完成识别。

8.3 云 计 算

近年来,全球网络基础设施迅速普及,网络用户规模空前膨胀,新的技术应用层出不穷。云计算作为新的计算存储服务模式,在当今网络环境下表现出了极强的生命力和影响力,受到了国际学术界、产业界和各国政府部门的高度关注与重视。云计算出现在我们身边并改变了我们以往的工作和生活模式,这将成为一场人类社会和技术的伟大革新。

8.3.1 云计算的概念

云计算(Cloud Computing)是一种基于因特网的超级计算模式,在远程的数据中心里,成千上万台电脑和服务器连接成一片电脑云。因此,云计算可以提供每秒 10 万亿次的运算能力,可以模拟核爆炸、预测气候变化和市场发展趋势。用户通过电脑、笔记本、手机等设备接入数据中心,按自己的需求进行运算。

什么是云计算?狭义的云计算是指 IT 基础设施的交付和使用模式,指通过网络以按需、易扩展的方式获得所需的资源(如硬件、平台、软件)。提供资源的网络被称为“云”。“云”中的资源在使用者看来是可以无限扩展的,并且可以随时获取、按需使用、随时扩展、按使用付费。这种特性经常被称为像水电一样使用 IT 基础设施。广义的云计算是指服务的交付和使用模式,指通过网络以按需、易扩展的方式获得所需的服务。这种服务可以是与IT 和软件、互联网相关的,也可以是任意其他的服务。

云计算的可贵之处在于高灵活性、可扩展性和高性价比等,与传统的网络应用模式相比,其具有如下优势与特点。

1. 虚拟化技术

虚拟化突破了时间、空间的界限,是云计算最为显著的特点。虚拟化技术包括应用虚拟和资源虚拟两种。物理平台与应用部署的环境在空间上是没有任何联系的,正是通过虚拟平台对相应终端操作完成数据备份、迁移和扩展等。

2. 动态可扩展

云计算具有高效的运算能力,在原有服务器基础上增加云计算功能,能够使计算速度迅速提高,最终实现动态扩展虚拟化,达到对应用进行扩展的目的。

3. 按需部署

计算机包含了许多应用、程序软件等,不同的应用对应的数据资源库不同,所以以用户运行不同的应用需要较强的计算能力对资源进行部署,而云计算平台能够根据用户的需求快速配备计算能力及资源。

4. 灵活性高

目前市场上大多数 IT 资源、软硬件都支持虚拟化,比如存储网络、操作系统和开发软硬件等。虚拟化要素统一放在云系统资源虚拟池当中进行管理,可见云计算的兼容性非常强,不仅可以兼容低配置机器、不同厂商的硬件产品,还能配置外设获得更高性能的计算。

5. 可靠性高

倘若服务器故障,也不影响计算与应用的正常运行。因为单点服务器出现故障可以通过虚拟化技术将分布在不同物理服务器上的应用进行恢复,或利用动态扩展功能部署新的服务器进行计算。

6. 性价比高

将资源放在虚拟资源池中统一管理,在一定程度上优化了物理资源,用户不再需要昂贵、存储空间大的主机,可以选择相对廉价的 PC 机组成云,减少了费用,计算性能也不逊于大型主机。

7. 可扩展性

用户可以利用应用软件的快速部署条件,简单快捷地将自身所需的已有业务以及新业务进行扩展。如计算机云计算系统中出现设备故障,对于用户来说,无论是在计算机层面抑或是在具体运用上均不会受到阻碍,可以利用计算机云计算具有的动态扩展功能来对其他服务器开展有效扩展,这样就能够确保任务有序完成。在对虚拟化资源进行动态扩展的情况下,能够同时高效扩展应用,提高计算机云计算的操作水平。

8.3.2 云计算的关键技术

云计算是分布式处理、并行计算和网格计算等概念的发展和商业实现,其技术实质是计算、存储、服务器、应用软件等 IT 软硬件资源的虚拟化,云计算在虚拟化、数据存储、数据管理、编程模式等方面具有自身独特的技术。云计算的关键技术包括以下几个。

1. 虚拟机技术

虚拟机,即服务器虚拟化,是云计算底层架构的重要基石。在服务器虚拟化中,虚拟化软件需要实现对硬件的抽象,资源的分配、调度和管理,虚拟机与宿主操作系统及多个虚拟机间的隔离等功能,目前典型的实现有 Citrix Xen、VMware ESX Server 和 Microsoft Hype-V 等。

2. 数据存储技术

云计算系统需要同时满足大量用户的需求,并行地为大量用户提供服务。因此,云计算的数据存储技术必须具有分布式、高吞吐率和高传输率的特点。目前数据存储技术主要有 Google 的 GFS(Google File System,非开源)以及 HDFS(Hadoop Distributed File System,开源),这两种技术已经成为事实标准。

3. 数据管理技术

云计算的特点是对海量的数据进行存储、读取后做大量的分析,如何提高数据的更新速率以及进一步提高随机读速率是未来的数据管理技术必须解决的问题。云计算的数据管理技术最著名的是谷歌的 BigTable 数据管理技术,同时 Hadoop 开发团队正在开发类似 BigTable 的开源数据管理模块。

4. 分布式编程与计算

为了使用户能更轻松地享受云计算带来的服务,利用该编程模型编写简单的程序来实现特定的目的,云计算上的编程模型必须十分简单,保证后台复杂的并行执行和任务调度向用户和编程人员透明。当前各 IT 厂商提出的"云"计划的编程工具均基于 Map-Reduce 的编程模型。

5. 虚拟资源的管理与调度

云计算区别于单机虚拟化技术的重要特征,是通过整合物理资源形成资源池,并通过资源管理层(管理中间件)实现对资源池中虚拟资源的调度。云计算的资源管理需要负责资源管理、任务管理、用户管理和安全管理等工作,实现节点故障的屏蔽、资源状况监视、用户任务调度、用户身份管理等多重功能。

6. 云计算的业务接口

为了方便用户业务由传统 IT 系统向云计算环境的迁移,云计算应对用户提供统一的业务接口。业务接口的统一不仅方便用户业务向云端的迁移,也会使用户业务在云与云之间的迁移更加容易。在云计算时代,SOA 架构和以 Web Service 为特征的业务模式仍是业务发展的主要路线。

7. 云计算相关的安全技术

云计算模式带来了一系列的安全问题,包括用户隐私的保护、用户数据的备份、云计算基础设施的防护等,这些问题都需要用更强的技术手段乃至法律手段去解决。

8.3.3 云计算的体系架构

实现计算机云计算需要创造一定的环境与条件,尤其是体系结构必须具备以下关键特征。第一,要求系统必须智能化,具有自治能力,减少人工作业的前提下实现自动化处理平台智能响应要求,因此云系统应内嵌自动化技术;第二,面对变化信号或需求信号,云系统要有敏捷的反应能力,所以对云计算的架构有一定的敏捷要求。与此同时,随着服务级别和增长速度的快速变化,云计算同样面临巨大挑战,而内嵌集群化技术与虚拟化技术能够应付此类变化。

云计算平台的体系结构由用户界面、服务目录、管理系统、部署工具、监控和服务器集群组成,如图 8-3 所示。

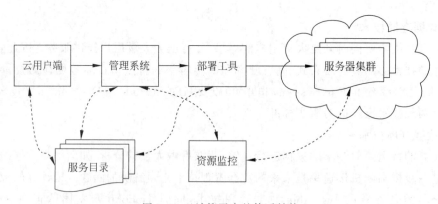

图 8-3 云计算平台的体系结构

① 云用户端。主要用于云用户传递信息,是双方互动的界面。

② 服务目录。顾名思义是提供用户选择的列表。

③ 管理系统。主要对应用价值较高的资源进行管理。

④ 部署工具。能够根据用户请求对资源进行有效部署与匹配。

⑤ 资源监控。主要对云系统上的资源进行管理与控制并制定措施。

⑥ 服务器集群。包括虚拟服务器与物理服务器,隶属管理系统。

8.3.4 云计算服务类型

通常云计算服务类型分为三类,即基础设施即服务(IaaS)、平台即服务(PaaS)和软件即服务(SaaS)。这三种云计算服务有时称为云计算堆栈,因为它们构建堆栈,位于彼此之上,以下是这三种服务的概述:

1. 软件即服务(SaaS)

软件即服务是通过互联网提供按需付费应用程序,云计算提供商托管和管理软件应用程序,允许其用户连接到应用程序并通过全球互联网访问应用程序。它是普通消费者可以感知到的云计算,它的代表有 Dropbox,还有国内用户熟知的百度云、腾讯微云等。这种云计算最大的特征是消费者并不购买任何实体的产品,而是购买具有与实体产品同等功能的服务。

2. 平台即服务(PaaS)

平台即服务是面向开发者的云计算,为开发人员提供通过全球互联网构建应用程序和服务的平台。这种云计算最大的特征是自带开发环境,并向开发者提供开发工具包。它的代表有 Google 的 GAE(Google App Engine),还有国内百度的 BAE、新浪的 SAE 等。平台即服务与软件即服务之间可以相互转换。

3. 基础设施即服务(IaaS)

基础设施即服务是向云计算提供商的个人或组织提供虚拟化计算资源,如虚拟机、存储、网络和操作系统。一般面向的是运维人员,它的代表有 Amazon 的 AWS(Amazon Web Service),还有国内的 PPPCloud 等。这种云计算最大的特征在于不像传统的服务器租赁商一样出租具体的服务器实体,它出租的是服务器的计算能力和存储能力。

基础设施即服务与平台即服务有显著的区别,基础架构即服务提供的只有计算能力和存储能力的服务,平台即服务除了提供计算能力和存储能力的服务,还提供给开发者完备的开发工具包和配套的开发环境。

基础设施即服务是云计算的基石,平台即服务和软件即服务构建在它的上面,分别为开发者和消费者提供服务,而它本身则为大数据服务。三种服务类型的关系如图 8-4 所示。

较为简单的云计算技术已经普遍服务于现如今的互联网服务中,最为常见的就是网络搜索引擎和网络邮箱。其实,云计算技术已经融入现今的社会生活,常见的云服务还包括以下几个。

(1) 存储云。

存储云又称云存储,是一个以数据存储和管理为核心的云计算系统。大家所熟知的谷歌、微软等大型网络公司均有云存储的服务,在国内,百度云和微云则是市场占有量最大的存储云。存储云向用户提供了存储容器服务、备份服务、归档服务和记录管理服务等,大大

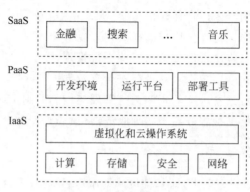

图 8-4　三种服务类型的关系

方便了使用者对资源的管理。

（2）医疗云。

医疗云是指在云计算、移动技术、多媒体、4G 通信、大数据以及物联网等新技术基础上，结合医疗技术，使用"云计算"来创建医疗健康服务云平台，实现了医疗资源的共享和医疗范围的扩大。像现在医院的预约挂号、电子病历、医保等，都是云计算与医疗领域结合的产物。

（3）金融云。

金融云是指利用云计算的模型，将信息、金融和服务等功能分散到庞大分支机构构成的互联网"云"中，旨在为银行、保险和基金等金融机构提供互联网处理和运行服务，同时共享互联网资源，从而解决现有问题并且达到高效、低成本的目标。例如在 2013 年 11 月 27 日，阿里云整合阿里巴巴旗下资源并推出阿里金融云服务，是金融与云计算的结合，现在只需要在手机上简单操作，就可以完成银行存款、购买保险和基金买卖。

（4）教育云。

教育云是将所需要的任何教育硬件资源虚拟化，传入互联网中，向教育机构、学生和老师提供一个方便快捷的平台。现在流行的慕课（MOOC）就是教育云的一种应用。

8.4　量子计算机

量子计算机从概念提出到现在，已经有 40 多年的发展历史。近些年量子计算机的研究更是飞速发展，日新月异，可解决部分实际问题的量子计算机正初见曙光。量子计算机的概念源于对可逆计算机的研究，它的研制已成为世界科技前沿的最大挑战之一。

8.4.1　量子计算机的概念

量子计算机以量子态为记忆单元和信息储存形式，以量子动力学演化为信息传递与加工基础的量子通信与量子计算，在量子计算机中，其硬件中各种元件的尺寸达到原子或分子的量级。它的基本运行单元是量子比特，能够同时处在多个状态，而不像传统计算机那样只能处于 0 或 1 的二进制状态，因而具有传统计算机无法比拟的强大并行计算能力。对于海量的信息，能够从中提取有效的信息进行加工处理，使之成为新的有用信息。

量子计算机一旦实用化，将会在很多领域取得革命性的成果。因此，近年来世界各国研究人员展开的研发竞争非常激烈。而追寻真正可以超越现有计算机速度的量子计算机，即所谓的"量子优越性"（又称"量子霸权"），被认为具有划时代的意义。

量子计算机拥有强大的量子信息处理能力，量子信息的处理需要先对量子计算机进行储存处理，之后再对所给的信息进行量子分析。运用这种方式能准确预测天气状况，目前计算机预测的天气状况的准确率达 75%，但是运用量子计算机进行预测，准确率能进一步上升，更加方便人们的出行。

8.4.2　量子计算机的发展

量子计算机研制从以高校、研究所为主发展为以公司为主力，从实验室的研究迈进到企业的实用器件研制，量子计算机将经历 3 个发展阶段。

1. 量子计算原型机阶段

原型机的比特数较少，信息功能不强，应用有限，但"五脏俱全"，是地地道道地按照量子力学规律运行的量子处理器。2019 年 1 月，IBM 推出世界上第一台商用的集成量子计算系统——IBM Q System One，就是这类量子计算机原型机，如图 8-5 所示。

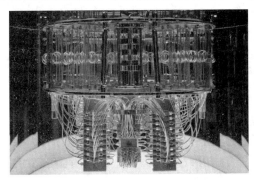

图 8-5　第一台商用的集成量子计算系统——IBM Q System One

2. 量子霸权阶段

量子比特数在 50～100，其运算能力超过任何经典的电子计算机。但未采用"纠错容错"技术来确保其量子相干性，因此只能处理在其相干时间内能完成的那类问题，故又称为专用量子计算机，这种机器实质是中等规模带噪声量子计算机（Noisy Intermediate-Scale Quantum，NISQ）。"量子霸权"实际上是指在某些特定的问题上，量子计算机的计算能力超越了任何经典计算机。这些特定问题的计算复杂度经过严格的数学论证，在经典计算机上呈指数增长或超指数增长，而在量子计算机上是多项式增长，因此体现了量子计算的优越性。

3. 通用量子计算机阶段

这是量子计算机研制的终极目标，用来解决任何可解的问题，可在各个领域获得广泛应用。通用量子计算机的实现必须满足两个基本条件，一是量子比特数要达到几万到几百万量级，二是应采用"纠错容错"技术。鉴于人类对量子世界的操控能力还相当不成熟，因此最终研制成功通用量子计算机还有相当长的路要走。

由图 8-6 可以看出，从基础理论到实践还是以美国为主导。近年来，我国在量子计算领域的研究发展较快，但过去主要以理论研究为主，最近加大了在实验研究方面的投入，参与者主要是科研机构、高校。

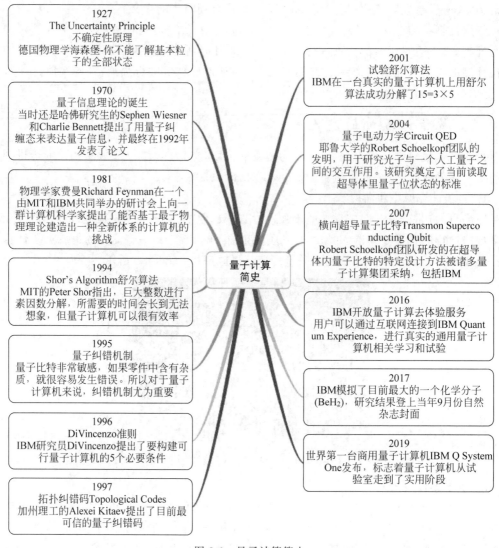

图 8-6　量子计算简史

根据 IBM 量子计算网站资料整理 https://www.ibm.com/quantum-computing

我国在量子计算领域研究发展的关键性重要事件如下。

(1) 2017 年 5 月 3 日,中国科学院潘建伟团队构建的光量子计算机实验样机计算能力已超越早期计算机。此外,中国科研团队完成了 10 个超导量子比特的操纵,成功打破了当时世界上最大位数的超导量子比特的纠缠和完整的测量纪录。

(2) 2020 年 6 月 18 日,中国科学院宣布,中国科学技术大学潘建伟、苑震生等在超冷原子量子计算和模拟研究中取得重要进展——在理论上提出并实验实现原子深度冷却新机制的基础上,在光晶格中首次实现了 1250 对原子高保真度纠缠态的同步制备,为基于超冷原子光晶格的规模化量子计算与模拟奠定了基础。这一成果在线发表于学术期刊《科学》上。

(3) 2020 年 12 月 4 日,中国科学技术大学宣布该校潘建伟等成功构建 76 个光子的量子计算原型机"九章",如图 8-7 所示,求解数学算法高斯玻色取样只需 200s。这一突破使中国成为全球第二个实现"量子优越性"的国家。国际学术期刊《科学》发表了该成果,审稿人评价这是"一个最先进的实验""一个重大成就"。和传统超算相比较,"九章"花 200s 采集到的 5000 个样本,如果用我国的"太湖之光"需要运行 25 亿年,而太湖之光在很长一段时间里都是世界最快的超算。如果换作现在最快的超算 IBM 的 Summit,也要 6 亿年。"九章"量子计算机性能更加强劲,数据传输更稳定,实用性更强。该成果牢固确立了我国在国际量子计算研究中的第一方阵地位,为未来实现可解决具有重大实用价值问题的规模化量子模拟机奠定技术基础。

图 8-7 "九章"系统图

(4) 2021 年 10 月,"九章二号"的问世更是彻底颠覆了世人的认知,因为它在本就夸张的老一代量子计算机的运算速度上又一次提升了 100 亿倍。如此计算下来,新一代的九章计算机在运算速度方面已经达到了超级计算机的亿亿亿倍。"九章二号"是构建了 113 个光子 144 模式的量子计算原型机,并实现了相位可编程功能,完成了对用于演示"量子计算优越性"的高斯玻色取样任务的快速求解。

我们的传统计算机都是通过编写程序来驱动计算机去进行各种各样的工作,如果没有程序,那么计算机将不能进行正常的工作。而第一代的"九章"因为还处在原型机阶段,所以并不支持编程,这也就意味着,它是没有办法真正应用于生产的。而如今"九章二号"已经具备了编程能力,这意味着后续一旦时机成熟,"九章二号"是可以投入生产和科研中的。

8.4.3 量子计算机的应用

量子计算技术以其特有的量子叠加与纠缠特性,能够实现超大规模并行运算,从而为人类提供远超经典计算的算力提升。理论上,对超大规模数据处理有需求的场景,都是量子计算可以应用的领域。从当前科研理论与实际研究来看,量子计算将应用于密码破解、人工智能、生物医药、金融工程、航空航天与交通等多个领域。

1. 密码破解

1994 年,彼德·肖尔(Peter Shor)第一次发现了使用理论量子计算机的方法,震惊了物理学界和计算机科学界——这种方法可能有用但也令人担忧。他写了一种算法,可以让量子计算机以闪电般的速度将整数分解为质因数。今天大部分网络的安全性都是由基于大质数的加密技术来保证的。破解这些密码很难,因为经典计算机分解大整数质因数的速度很慢。如今,量子计算机已经成为现实,其威胁到网络加密只是一个时间问题。

2. 人工智能

目前来看,量子计算比较有前景和"钱景"的领域之一是人工智能。由于人工智能是在分析大量数据集的基础上进行操作的,因此在学习过程中的误差和准确度有很大的改进空间,而量子计算很可能让我们提高算法的学习和解释能力。

量子计算在人工智能领域,更具体地说,现代机器学习的效率和成功程度很大程度上取决于它所获得的数据集。数据集的大小决定了结果的质量,所以如果信息不充足,输出的结果也不乐观。不过,由于量子计算能够超越传统的二进制编码体系,数据集的数量和多样性都有可能扩大和丰富。有了更好、更深入的数据集,就有可能更好地训练机器学习模型,从而有助于现实问题的解决。

量子计算给人工智能带来的另一个提升是"自然语言处理"能力的提升,可以对文本数据进行更深入的理解和分析。通过量子计算,算法可以更加了解文本数据的内容,机器将能够真正理解数据背后的含义,分析整个句子和短语,而不仅仅是单词。

本源量子已在量子人工智能领域进行了初步探索。2020年9月,本源量子推出了量子人工智能应用——量子手写数字识别。该技术采用经典算法与量子算法混合,利用QPanda量子计算编程框架、VQNET量子机器学习框架实现QNN量子神经网络,为后续量子算法加速计算机视觉量子化处理提供了可能。虽然手写数字识别在经典计算机中并不新鲜,这件工作在现有的模式识别中也较为平凡,但却是小规模量子计算机具有一定实用价值的重要标志。该应用的实现标志了在经典计算机与量子计算机的相互配合下,能够解决某些具体问题。

3. 生物医药

传统计算机所能容纳和分析的数据量有限,而量子计算的介入扩大了可供研究和比较的各种分子的规模和种类。分子模拟和比较的过程是任何药物开发计划的核心,量子计算将拓展医学研究的边界,允许更全面和多样化的模拟,从而测试药物和人体分子之间的相互作用。除了研究之外,量子计算还可以提高模式识别的能力,创建扩大的数据集,提高核磁共振图像的准确性,从而使医疗专业人员能够更快地诊断和治疗疾病。

4. 金融工程

与医疗保健领域的诊断类似,量子计算还将在金融行业释放新的能力。具体来说,欺诈检测技术主要依靠模式识别。量子计算机可以帮助在早期发现欺诈行为,并基于强大的计算功率与容量而显著提高分析速度。

8.5 BIM

BIM(Building Information Modeling)技术已经在全球范围内得到业界的广泛认可,它可以帮助实现建筑信息的集成,基于BIM进行协同工作,有效提高工作效率、节省资源、降低成本,以实现可持续发展。

8.5.1 BIM 概述

BIM技术是Autodesk公司在2002年率先提出,是一种应用于工程设计、建造、管理的数据化工具。通过对建筑的数据化、信息化模型整合,在项目策划、运行和维护的全生命周期过程中进行共享和传递,使工程技术人员对各种建筑信息做出正确理解和高效应对,为设计团队以及包括建筑、运营单位在内的各方建设主体提供协同工作的基础,在提高生产效率、节约成本和缩短工期方面发挥着重要作用。

BIM的核心是通过建立虚拟的建筑工程三维模型,利用数字化技术,为这个模型提供完整的、与实际情况一致的建筑工程信息库。该信息库不仅包含描述建筑物构件的几何信息、专业属性及状态信息,还包含了非构件对象(如空间、运动行为)的状态信息。借助这个三维模型,大大提高了建筑工程的信息集成化程度,从而为建筑工程项目的相关利益方提供了一个工程信息交换和共享的平台。

BIM具有以下五个特点。

(1) 可视化。

对于建筑行业来说,可视化的真正运用作用是非常大的,例如经常拿到的施工图纸,只是各个构件的信息在图纸上采用线条绘制表达,但是其真正的构造形式就需要建筑业从业人员去自行想象了。BIM提供了可视化的思路,让人们将以往的线条式的构件形成一种三维的立体实物图形展示在人们的面前。BIM提到的可视化是一种能够同构件之间形成互动性和反馈性的可视化。由于整个过程都是可视化的,可视化的结果不仅可以用效果图展示及报表生成,更重要的是,项目设计、建造、运营过程中的沟通、讨论、决策都在可视化的状态下进行。

(2) 协调性。

协调是建筑业中的重点内容,不管是施工单位还是业主及设计单位,都在做着协调及相互配合的工作。BIM建筑信息模型可在建筑物建造前期对各专业的碰撞问题进行协调,生成协调数据,并提供出来。BIM的协调作用也并不是只能解决各专业间的碰撞问题,它还可以解决例如电梯井布置与其他设计布置及净空要求的协调、防火分区与其他设计布置的协调、地下排水布置与其他设计布置的协调等。

(3) 模拟性。

在设计阶段,BIM可以对设计进行模拟实验。例如:节能模拟、紧急疏散模拟、日照模拟、热能传导模拟等;在招投标和施工阶段可以进行4D模拟(三维模型加项目的发展时间),也就是根据施工的组织设计模拟实际施工,从而确定合理的施工方案来指导施工;还可以进行5D模拟(基于4D模型加造价控制),从而实现成本控制;后期运营阶段可以模拟日常紧急情况的处理方式,例如地震人员逃生模拟及消防人员疏散模拟等。

(4) 优化性。

事实上整个设计、施工、运营的过程就是一个不断优化的过程。优化受信息、复杂程度等因素制约。没有准确的信息,做不出合理的优化结果,BIM模型提供了建筑物的实际存在信息,包括几何信息、物理信息、规则信息,还提供了建筑物变化以后的实际存在信息。复杂程度较高时,参与人员本身的能力无法掌握所有的信息,必须借助一定的科学技术和设备的帮助。现代建筑物的复杂程度大多超过参与人员本身的能力极限,BIM及与其配套的各种优化工具提供了对复杂项目进行优化的可能。

(5) 可出图性。

BIM模型不仅能绘制常规的建筑设计图纸及构件加工的图纸,还能通过对建筑物进行可视化展示、协调、模拟、优化,并出具各专业图纸及深化图纸,使工程表达更加详细。

8.5.2 BIM 的典型软件

常用的 BIM 建模软件如下。

1. Autodesk 公司的 Revit 建筑、结构和设备软件

Revit 是 Autodesk 公司一套系列软件的名称。Revit 系列软件是专为建筑信息模型(BIM)构建的,可帮助建筑设计师设计、建造和维护质量更好、能效更高的建筑,常用于民用建筑。AutodeskRevit 作为一种应用程序提供,结合了 AutodeskRevit Architecture、AutodeskRevit MEP 和 AutodeskRevit Structure 软件的功能,如图 8-8 所示。

2. Bentley 建筑、结构和设备系列

Bentley 产品常用于工业设计(石油、化工、电力、医药等)和基础设施(道路、桥梁、市政、水利等)领域。

Bentley 系列软件提供了支持建筑全生命周期的工具,支持协同管理并与专业软件集成,如与 RAM 和 STAAD 集成实现结构分析。Bentley 系列软件还包括 3D 协调和 4D 规划功能,以方便项目团队之间的协同管理。其他功能还包括支持二次开发、数据交换、项目数据集成、变更管理、版本控制等。Bentley 系列软件也支持三维可视化、导航、漫游和标记等功能。

3. ArchiCAD

ArchiCAD 提供独一无二的、基于 BIM 的施工文档解决方案,如图 8-9 所示。ArchiCAD 简化了建筑的建模和文档过程,使模型达到了前所未有的详细程度。ArchiCAD 自始至终的 BIM 工作流程,使得模型可以一直使用到项目结束。

图 8-8　Revit 软件　　　　　图 8-9　ArchiCAD 软件

8.6　其他计算机新技术

计算机的新技术与我们的生活密不可分,如家居、购物、医疗、城市和建筑发展也渗透在我们的生活中。除了上述技术外,近年来物联网、智能家居、智慧建筑、智慧城市、虚拟现实和可穿戴计算等新技术蓬勃发展,以下做简要介绍。

8.6.1 物联网

物联网(Internet of Things,IoT)起源于传媒领域,是信息科技产业的第三次革命。物联网是指通过信息传感设备,按约定的协议,将任何物体与网络相连接,物体通过信息传播媒介进行信息交换和通信,以实现智能化识别、定位、跟踪、监管等功能。

物联网就是物物相连的互联网,是将各种信息传感设备与网络结合起来而形成的一个巨大网络,实现任何时间、任何地点,人、机、物的互联互通。物联网的相关关键技术,主要包括无线传感器网络、ZigBee、M2M 技术、RFID 技术、NFC 技术、低能耗蓝牙技术等。

8.6.2 智能家居

智能家居的概念起源很早,直到 1984 年美国联合科技公司(United Technologies Building System)将建筑设备信息化、整合化概念应用于美国康涅狄格州(Connecticut)哈特福德市(Hartford)的 CityPlaceBuilding 时,才出现了首栋"智能型建筑",从此揭开了全世界争相建造智能家居的序幕。

所谓的智能家居,是以住宅为平台,利用综合布线技术、网络通信技术、安全防范技术、自动控制技术、音视频技术,将家居生活相关的设备集成起来,构建可集中管理、智能控制的住宅设施管理系统,从而提升家居的安全性、便利性、舒适性、艺术性,并实现环保节能的居住环境。

智能家居是在互联网影响之下物联化的体现。因为智能家居是通过物联网技术将家中的各种设备(如音视频设备、照明系统、窗帘控制、空调控制等)连接到一起,提供家电控制、照明控制、电话远程控制、室内外遥控、防盗报警、环境监测、暖通控制、红外转发以及可编程定时控制等多种功能和手段。与普通家居相比,智能家居不仅具有传统的居住功能,还兼备建筑、网络通信、信息家电、设备自动化、全方位的信息交互功能,甚至为各种能源费用节约资金。

8.6.3 智慧建筑

物联网概念的出现对智慧建筑的发展具有深远的意义。智慧建筑根据用户的需要,利用建筑的结构、系统软件、服务和管理进行最佳组合,满足数字建筑空间中不同场景、不同业务、不同用户的需求,实现物联网的智慧建筑云架构。智慧建筑已成为未来的发展方向之一。

智慧建筑是集现代科学技术之大成的产物。其技术基础主要由现代建筑技术、现代电脑技术、现代通信技术和现代控制技术组成。主要面向办公楼、商业综合楼、文化、媒体、学校、体育场馆、医院、交通、工业建筑、住宅小区等新建、扩建或改建工程,通过对建筑物智能化,实现高效、安全、节能、舒适、环保和可持续发展的目标。

8.6.4 智慧城市

智慧城市(Smart City)起源于传媒领域,是指在城市规划、设计、建设、管理与运营等领域中,通过对物联网、云计算、大数据、空间地理信息集成等智能计算技术的应用,使城市管理、教育、医疗、房地产、交通运输、公用事业和公众安全等城市组成的关键基础设施组件和服务更互联、高效和智能,从而为市民提供更美好的生活和工作服务,为企业创造更有利的商业发展环境,为政府赋能更高效的运营与管理机制。

随着信息技术的不断发展,城市信息化应用水平不断提升,智慧城市建设应运而生。建设智慧城市在实现城市可持续发展、引领信息技术应用、提升城市综合竞争力等方面具有重要意义。建设智慧城市是实现城市可持续发展的需要,也是信息技术发展的需要,更是提高中国综合竞争力的战略选择。

8.6.5　虚拟现实

虚拟现实技术(Virtual Reality,VR)又称虚拟实境或灵境技术,是 20 世纪发展起来的一项全新的实用技术。虚拟现实技术囊括计算机、电子信息、仿真技术,其基本实现方式是以计算机技术为主,利用并综合三维图形技术、多媒体技术、仿真技术、显示技术、伺服技术等多种高科技的最新发展成果,借助计算机等设备产生一个逼真的三维视觉、触觉、嗅觉等多种感官体验的虚拟世界,从而使处于虚拟世界中的人产生一种身临其境的感觉。随着社会生产力和科学技术的不断发展,各行各业对 VR 技术的需求日益旺盛。VR 技术也取得了巨大进步,并逐步成为一个新的科学技术领域。

虚拟现实技术受到了越来越多人的认可,用户可以在虚拟现实世界体验到最真实的感受,其模拟环境的真实性与现实世界难辨真假,让人有种身临其境的感觉。虚拟现实具有一切人类所拥有的感知功能,比如听觉、视觉、触觉、味觉、嗅觉等感知系统。它具有超强的仿真系统,真正实现了人机交互,使人在操作过程中,可以随意操作并且得到环境最真实的反馈。正是虚拟现实技术的存在性、多感知性、交互性等特征使它受到了许多人的喜爱。

8.6.6　可穿戴计算

Google 眼镜的出现使可穿戴计算成为当前信息技术的一个热点话题,也使人们认识到,可穿戴计算设备的研发、制作与应用将成为信息产业下一个新的增长点。

可穿戴计算技术研究的核心是适应某一种应用需求的计算机体系结构、计算模型和软件,而计算模型的研究又涉及计算机科学、智能科学、光学工程、微电子技术、传感器技术、机械制造、通信科学、生物学、数学、生物医学、工业设计与心理学等多个学科和技术领域的交叉。可穿戴计算技术体现了"以人为本,人机合一"和"无处不在的计算"的理念,有力地支持着"从人围着计算机转到计算机围着人转"的重要演变趋势。可穿戴计算系统与人类紧密结合成一个整体,能够拓展人的视觉、听觉,增强人的大脑记忆和应对外界环境变化的能力,代表着计算机的一个重要的发展趋势,是一个跨学科的研究领域。

思　考　题

(1) 什么是大数据? 大数据的核心内容是什么?

(2) 什么是人工智能? 它的发展有哪些阶段?

(3) 大数据与人工智能的关系是什么?

(4) 深度学习与神经网络是什么关系?

(5) 虚拟现实的应用主要有哪些? 举例说明。

(6) 你见过的可穿戴计算设备有哪些?

参 考 文 献

[1] 龚玉清,程宇,朱云.大学计算机应用基础教程[M].北京:清华大学出版社,2022.

[2] 李凤霞,陈宇峰,史树敏,等.大学计算机[M].2版.北京:高等教育出版社,2014.

[3] 龚沛曾,杨志强.大学计算机[M].7版.北京:高等教育出版社,2017.

[4] 刘志成,石坤泉.大学计算机基础[M].3版.北京:人民邮电出版社,2020.

[5] 李暾,毛晓光,刘万伟,等.大学计算机基础[M].3版.北京:清华大学出版社,2018.

[6] 阿里研究院.互联网+从IT到DT[M].北京:机械工业出版社,2015.

[7] 吴鹤龄,崔林.ACM图灵奖(1966—2001)——计算机发展史的缩影[M].4版.北京:高等教育出版社,2002.

[8] 唐培和,徐奕奕.计算思维:计算学科导论[M].北京:电子工业出版社,2015.

[9] 易建勋,范丰仙,刘青,等.计算机网络设计[M].3版.北京:人民邮电出版社,2016.

[10] 王万良.人工智能导论[M].4版.北京:高等教育出版社,2017.

图书资源支持

感谢您一直以来对清华版图书的支持和爱护。为了配合本书的使用,本书提供配套的资源,有需求的读者请扫描下方的"书圈"微信公众号二维码,在图书专区下载,也可以拨打电话或发送电子邮件咨询。

如果您在使用本书的过程中遇到了什么问题,或者有相关图书出版计划,也请您发邮件告诉我们,以便我们更好地为您服务。

我们的联系方式:

地　　址:北京市海淀区双清路学研大厦 A 座 714

邮　　编:100084

电　　话:010-83470236　010-83470237

客服邮箱:2301891038@qq.com

QQ:2301891038(请写明您的单位和姓名)

资源下载:关注公众号"书圈"下载配套资源。

资源下载、样书申请

书 圈

图书案例

清华计算机学堂

观看课程直播